BUILDING A SMART ROUTER WITH OPENWRT
B 智能路由器
开发指南

张永智 李章明 著

人民邮电出版社

北京

图书在版编目（CIP）数据

智能路由器开发指南 / 张永智，李章明著. -- 北京：
人民邮电出版社，2016.10（2023.1重印）
ISBN 978-7-115-43085-4

Ⅰ．①智… Ⅱ．①张… ②李… Ⅲ．①路由器 Ⅳ.
①TN915.05

中国版本图书馆CIP数据核字(2016)第182687号

内 容 提 要

OpenWrt 是在实现路由器功能方面最受欢迎的开源软件之一。本书基于 OpenWrt，详细介绍了智能路由器的开发。

本书共计 15 章，按照认识路由器的顺序进行编写，介绍了智能路由器、开发环境及编译分析、OpenWrt 包管理系统、OpenWrt 配置、软件开发、GDB 调试、网络基础知识、路由器基础软件模块、常用软件模块、IP 路由、DNS 与 DHCP、iptables 防火墙、UCI 防火墙、UPnP、网络测试及分析工具等。丰富的理论知识和代码示例可以帮助读者深入认识和理解 OpenWrt 技术，并能够提升开发水平和开发效率。

本书适合软件架构师、软件开发工程师、软件测试工程师以及计算机相关专业的学生阅读。读者通过阅读本书，不仅可以掌握 OpenWrt 技术，还能进一步提升自己的软件开发水平。

◆ 著　　　　张永智　李章明
　　责任编辑　胡俊英
　　责任印制　焦志炜

◆ 人民邮电出版社出版发行　　北京市丰台区成寿寺路 11 号
　　邮编　100164　　电子邮件　315@ptpress.com.cn
　　网址　http://www.ptpress.com.cn
　　北京捷迅佳彩印刷有限公司印刷

◆ 开本：800×1000　1/16
　　印张：19　　　　　　　　　2016 年 10 月第 1 版
　　字数：356 千字　　　　　　2023 年 1 月北京第 18 次印刷

定价：59.00 元

读者服务热线：**(010)81055410**　印装质量热线：**(010)81055316**
反盗版热线：**(010)81055315**

前言

OpenWrt 成功的秘密

可以实现路由器功能的开源软件很多，为什么只有 OpenWrt 成功了？OpenWrt 软件成功的关键在于 3 个方面：领导者、基础设施以及实现软件的技术。通常领导者是最重要的，因为领导者决定着社区的规则和技术方向，但是每个人都是独特的而且是无法复制的，因此通常无法借鉴。基础设施和实现软件的技术则是可以借鉴的。

OpenWrt 社区采用六大基础设施工具支撑整个社区的运转，这六大基础设施工具分别是代码管理工具 Git、邮件列表、自动构建工具 buildbot、文档管理工具 WiKi、Trac 和技术论坛。

代码管理工具 Git 可以跟踪文件和目录的历史信息，包含 4 个 W（Who、When、Why 和 What），即谁做了修改，什么时间做了修改，为什么修改以及修改的内容是什么。此外，Git 还支持分布式代码仓库，适合开源软件项目的跨地域开发，这个工具可以让每个人看到代码的变化过程。OpenWrt 经过了 12 年的发展，代码仓库还保留了最初的提交记录。

邮件列表是代码审查及代码提交集成的地方，开发人员将修改代码生成补丁发送给所有的邮件订阅者，每个人都可以进行代码评审，核心开发人员看到后会将代码集成到代码仓库中。邮件内容可以永久保存到邮件列表中。邮件列表和普通邮件的主要区别在于订阅机制和存档机制，每个人都可以自由订阅并查看历史邮件。

自动构建工具 buildbot 的核心是一个作业调度系统，它会将任务排队，当提供了任务所需的资源时，执行任务并报告结果。buildbot 不仅仅支持持续集成及自动化测试，还支持应用程序的自动化部署和软件发布的管理。同时在多个平台开发时，通常最后的编译验证都是重复的，编译机器人（buildbot）将这一部分接管过来，每日自动下载代码进行编译验证，并将安装包上传到文件服务器上，如果编译失败则将用邮件通知感兴趣的人。

文档管理工具 WiKi 的特点是具有开放性，可以让任何参与人员非常方便地进行编辑、访问和搜索。大多数软件公司的软件文档均保存为二进制格式，在经过一段时间和人员流动之后，这些文档就会成为固定的资料，因为它会被遗落在某个角落而无法找到，而 OpenWrt 社区的软件开发文档和使用手册均保存到 WiKi 上。WiKi 是一个协同写作和分享平台，允许所有人修改页面。WiKi 使用简化的语法来代替复杂的 HTML 语言，降低了内容维护的门槛。

Trac 是一个集成 WiKi 和问题跟踪管理系统的项目管理平台，可以帮助开发人员更好地管理软件开发过程，从而开发出高质量的软件。任何人都可以使用该系统来提交 Bug 并查询当前的进展。Trac 采用面向进度的项目管理模型，采用里程碑的方式来组织开发。里程碑是以 ticket（问题）来组织的，所有的问题都解决了，就到达了里程碑。但社区并不完全遵从这个标准，因为其开发人员全部是志愿者，通常到了一定时间会发布一个版本。

技术论坛是一个技术讨论的平台，每个注册用户均可发帖参与讨论。在开发过程中，每个新版本的说明通过该平台发布。

社区的运转是通过以上所述的六大基础设施工具来实现的，我们通过这些工具可以理解到，开源软件和社区的精髓在于其开放性，任何人员均可以通过网络自由地获取其信息并参与其中，这样可以激励每个人贡献出自己的力量，开发人员同时也从社区获得回报。开源社区的工具大多都是相同的，掌握这些工具可以帮助你深入了解开源社区和 OpenWrt。

OpenWrt 技术上成功的秘诀在于：统一编译框架、统一配置接口（Unified Configuration Interface，UCI）、开放的软件包管理系统及其读写分区系统、系统总线 ubus 和进程管理模块 procd。

- 统一编译框架使得数千个软件以相同的方式进行编译，并且可以在几十个平台编译。每个软件模块按照相同的步骤进行代码下载、解压缩、打补丁、配置、编译及生成安装包。

- 统一配置接口使得数千个软件在几十个平台上以相同的方式来存取配置数据，配置以统一格式的文本文件进行管理。

- 开放的软件包管理系统和读写分区系统使得软件管理非常方便，并且能够方便地处理软件包的依赖关系。读写分区系统可以自由地安装软件，而不像大多数专有系统需要全部重新编译才能安装新的软件。

- 系统总线 ubus。每个进程均可以注册到系统总线上进行消息传递，并且提供命令行工具来访问系统总线。

- 进程管理模块 procd。每一个进程交给 procd 来启动，并在意外退出之后再次调用。

所有的这些功能并不是一次性设计出来的，而是随着时间的推进，根据用户和开发进展逐步发展起来的，每一种技术都有其独特的价值。

写作本书的目的

我从写下第一行 C 语言代码到现在已经有近 20 年了，实际从事嵌入式软件开发也有

12 年的时间了。由于在工作中经常会分析一些开源软件，因此在接触 OpenWrt 的过程中，我发现它的设计和实现思路非常好。但是在实际工作中往往会受到时间进度、项目研发人员的水平以及研发人员的更迭等因素的影响，导致软件架构存在种种不足或者过度设计的问题，但并没有很好的解决方法，开发进度一再延迟，因此有了写出本书的想法。

本书可以帮助各种嵌入式设备开发工程师对 OpenWrt 技术有一个清晰的认识，并能够帮助他们对开源的 OpenWrt 进行借鉴，提高软件开发水平。

OpenWrt 始终在发展，本书中所提到的系统使用 OpenWrt 12.09 和 OpenWrt 15.05.1 来介绍，大部分不区分版本，如有区分，我会特别说明。

希望大家通过学习本书能够掌握 OpenWrt 各种技术的应用，同时在一定程度上可以参考 OpenWrt 的技术框架，使自己的职业技能有一个质的提高，从而加快企业产品项目的开发，提高开发效率。

读者对象

本书的读者对象如下：
- 软件架构师；
- 软件开发工程师；
- 软件测试工程师；
- 计算机相关专业的学生。

如何阅读本书

本书的结构是按照通常对路由器的认识顺序来编写的，全书内容共分为 15 章。

第 1 章对路由器进行了概述，主要介绍了 OpenWrt 的发展历史，OpenWrt 的主要功能和几种开源路由器操作系统的对比。

第 2 章介绍了开发环境的搭建以及如何编译代码，并对常用编译脚本和编译选项进行了分析，也讲述了 VirtualBox 虚拟网络环境的设置。

第 3 章介绍了 OPKG 软件包管理系统。OPKG 用于管理软件包的下载、安装、升级、卸载和查询等，并处理软件包的依赖关系。

第 4 章介绍了统一配置接口，OpenWrt 数千个软件均采取该该配置接口，它包含 3 个部分：配置文件、访问 API 和命令行工具。

第 5 章介绍了如何在 OpenWrt 中新增一个软件包,提供了一个简易模块供参考,还介绍了 OpenWrt 的软件启动机制和补丁文件的格式以及补丁工具的使用。

第 6 章介绍了 GDB 的使用。首先介绍了如何使用 GDB 启动程序调试,然后介绍了在 GDB 中如何设置断点以及查看程序的运行状态,最后介绍了使用 GDB 对运行中程序的执行流程进行修改,这样能以最快的速度定位问题所在。

第 7 章介绍了 TCP/IP 网络模型,从下到上依次讲述了数据链路层、IP 层和传输层协议,并以一个综合案例来讲述报文的网络处理流程。

第 8 章介绍了 OpenWrt 路由器最近几年新增的核心模块,包括系统总线 ubus、网络设备和接口管理模块 netifd、进程管理模块 procd 等。

第 9 章介绍了在各种领域内的常用软件模块,例如 CWMP 用于远程网络管理,SSH 用于用户登录,QoS 用于保障服务质量,uHTTPd 用于提供 Web 服务,SMTP 用于发送邮件,NTP 用于网络时间协议,PPPoE 用于网络拨号服务等。

第 10 章介绍了路由功能,包括普通的路由及源地址路由和组播路由。

第 11 章介绍了域名系统和动态主机服务,并讲述了动态域名更新系统。

第 12 章和第 13 章讲述防火墙。首先介绍了 iptables,它是用来设置、维护和检查 Linux 内核的防火墙 IP 报文过滤规则和网络地址转换规则。Netfilter 是在内核中依据规则对报文进行处理。UCI 防火墙设置了一个易用的防火墙模型来对防火墙进行管理。

第 14 章介绍了 UPnP 标准框架和 UPnP 工作流程,并以增加端口映射为例讲述了 Internet 网关如何实现广域网访问局域网提供的服务。

第 15 章首先介绍了网络调试和诊断的"瑞士军刀"NetCat,它可以用来进行传输文件,扫描端口等;其次介绍网络流量分析工具 TcpDump,它可以输出网卡接口上的网络报文,也可以根据选项将报文保存为文件。

大家可以根据自己的需求选择阅读的侧重点,不过我还是建议你首先通读前 8 章,再根据自己的需求来阅读其他章节,这样可以对 OpenWrt 架构上有一个清晰的认识,还可以对架构中的技术有一个简单的对比。

致谢

感谢本书的第二作者李章明,他负责 UPnP 一章和 Wi-Fi 一节的编写。另外,还要感谢程晶对本书的贡献。

感谢本书编辑胡俊英对本书的仔细审读,她耐心地帮助修改了很多文字错误,使本书的写作质量有了很大的提高。

感谢 OpenWrt 开发社区，没有迈克·贝克和格里·罗泽马创立的 OpenWrt 社区，这本书就不能完成。本书的很多资料都参考了社区邮件列表、WiKi 以及代码，感谢 OpenWrt 社区所有人员的贡献。同时，本书有一些素材来自 Linux 社区，也感谢林纳斯和他所创建的 Linux。

最后感谢在工作和生活中曾经帮助过我的所有人，感谢你们，正是因为有了你们，才有了本书的面世。

关于勘误

虽然花了很多时间和精力去核对书中的文字、代码和图片，但因为时间仓促和水平有限，书中仍难免会有一些错误和纰漏，如果大家发现什么问题，恳请反馈给我，相关信息可发到我的邮箱 zyz323@163.com。由于时间和技术水平有限，可能不能及时回答大家的所有问题，但我会定期将问题整理并放在网上。

如果大家对本书有任何疑问或想与我探讨 OpenWrt 和防火墙相关的技术，可以访问我的个人网站，网址为 http://openwrt.bjbook.net。大家在编译的过程中如果遇到下载软件包失败，可以在我的镜像地址进行下载，网址为 http://openwrt.bjbook.net/download。另外，我还提供了 OpenWrt 代码搜索引擎，网址为 http://openwrt.bjbook.net/source，大家可以在学习过程中在该地址浏览并搜索代码。

目录

第 1 章
智能路由器概述

近年来，智能路由器领域越来越火，但这方面的开发资料却很少，并且不成体系。因此，本书针对智能路由器领域的开发进行了详细介绍，也可以用于指导其他智能家庭设备的开发。

接入网络的家庭用户终端越来越多，路由器控制越来越复杂，因此需要一个智能网关来管理家庭的设备。另外，这个智能网关直接连在互联网上，需要隔离家庭网和互联网的连接，因此需要带有防火墙功能。智能路由器就像智能手机一样，其定义并非其字面含义所表现出的那样（可以智能地选择路由），而是其带有可扩展功能，用户自己可以安装软件进行扩充。传统的路由器仅可以升级厂商自己的操作系统版本，且未提供扩展接口。

公共场所无线接入是一个大的需求，因此无线接入市场越来越大。接入费用谁来负担？一个思路是商家提供接入费用，另外一个思路是通过广告来分担接入费用。OpenWrt 就是这样一个智能路由器操作系统，它可以提供 Web 认证等成熟的功能给这类用户进行选择。

OpenWrt 是一个针对嵌入式设备的 Linux 发行版，有非常高的可扩展性，可以非常容易地从零开始构建出全功能的智能路由或服务器设备。

1.1 OpenWrt 简介

OpenWrt 是一个嵌入式设备的 Linux 发行版，以 GPL 许可协议发行。

OpenWrt 项目始于 2004 年 1 月，其第一个版本采用了 LinkSys 的源码。在 LinkSys 的代码收费后，改为采用正式发布的 Linux 内核来集成，并将 OpenWrt 完全模块化，不断推出补丁和驱动。OpenWrt 的主要特点在于其高扩展性，并且文件系统可写，开发者无需在每一次修改后完全重新编译，只要编译自己的软件包即可，这样就加快了开发的进度。另外 OpenWrt 提供了 SDK，每个运行软件均能够以 SDK 来进行编译，以软件包形式进行安装和卸载。其主要特点有如下几个。

- 代码里不含第三方开源包，只包含开源包地址链接。

- 编译时自动下载源代码、打补丁来满足指定平台要求，并编译。还可以修改 Makefile 来下载最新的软件包。

- 使用 LuCI 作为最终用户管理界面。LuCI 以 Apache 许可协议发布 Web 管理功能代码。

- UCI 通用配置管理方法。

- 通过脚本来调用 iptables 来实现防火墙功能，配置保存在 UCI 文件中。

- 开放和可扩展的 OPKG 格式安装升级包。

OpenWrt 历史

OpenWrt 在 2004 年由迈克·贝克和格里·罗泽马创立，到今天为止已经发展了 12 个年头了。OpenWrt 定期发布版本，发行版本以代码线和日期作为版本号。它的第一个正式版为 Kamikaze 7.06，第二个正式版本为 Backfire 10.03。

Backfire

2010 年 4 月 7 日，OpenWrt 发布 Backfire 10.03 正式版。相对上一个稳定版本，其内核升级为 Linux 2.6.32，使用了新的 Web 服务器 uhttpd，支持了一些新的平台硬件（如 TP-Link TL-WR1043ND 等），增加了机器可读的版本信息/etc/openwrt_release。

2011 年 12 月 21 日，OpenWrt 发布了 Backfire 10.03.1 正式版。期间，OpenWrt 发布了 6 个 RC 版本。这一版本将内核升级为 Linux 2.6.32.16，修正了很多 BUG，并增加了对 TP-Link、TL-MR3420 等的支持。

Attitude Adjustment

2013 年 4 月 25 日，OpenWrt 发布 12.09 正式版。相对于 Backfire 版本，Attitude Adjustment 将内核更新至 Linux 3.3，改进了并行编译支持；使用密文存储密码；各种防火墙功能增强；无线驱动更新及稳定性增强；新平台支持 ramips、bcm2708（树莓派）等；发布镜像文件中支持网桥防火墙。

Barrier Breaker

2014 年 7 月 31 日，OpenWrt 发布 14.07 正式版。相对于 Attitude Adjustment 版本，内核升级到 3.10，增加了原生 IPv6 支持，文件系统增强；UCI 配置增强，支持测试配置和回滚最近工作状态机制，增加配置更改按需触发服务重启机制；网络功能增强，可以支持动态防火墙规则，增加网桥的多播传输到单播传输的转换等。

Chaos Calmer

OpenWrt 于 2015 年 9 月 11 日发布 15.05 正式版。Chaos Calmer 中间发布了 3 个 RC 版本。相对于 Barrier Breaker，其内核升级到了 3.18；网络功能增强，添加了多个 3G/4G 路由器支持，改进了 IPv6 等功能增强，增加了自管理网络的支持；各种平台和驱动设备的支持，例如飞思卡尔 i.MX23/28 系列等各种品牌，增加了树莓派的支持。这个版本在 64 位平台的 VirtualBox 下运行还存在问题。

表 1-1 OpenWrt 最近历史版本

版 本	内核版本	发布日期	发布代码地址
Kamikaze 8.09.2	2.6.26	2010-01-10	svn://svn.openwrt.org/openwrt/tags/8.09.2
Backfire 10.03	2.6.32	2010-04-07	svn://svn.openwrt.org/openwrt tags/backfire_10.03
Backfire 10.03.1	2.6.32	2011-12-21	svn://svn.openwrt.org/openwrt/tags/backfire_10.03.1
Attitude Adjustment 12.09	3.3.8	2013-04-25	svn://svn.openwrt.org/openwrt/tags/attitude_adjustment_12.09
Barrier Breaker 14.07	3.10	2014-10-02	svn://svn.openwrt.org/openwrt/branches/barrier_breaker -r42625
Chaos Calmer 15.05	3.18	2015-09-11	svn://svn.openwrt.org/openwrt/branches/chaos_calmer -r46767

注 1：对于各种硬件平台内核版本可能不一致。因为每个平台的内核版本在独立的文件中定义（target/linux/<平台>/ Makefile:LINUX_VERSION），在 Barrier Breaker 及以后的发布版中，内核版本定义变量改为 KERNEL_PATCHVER。

注 2：最新的两个发布版本没有创建标签，需要根据 SVN 版本号来下载代码。

注 3：2016 年 3 月，OpenWrt 已经从 SVN 代码仓库切换到 Git 代码仓库了，因此不再支持 SVN。

1.2 整体功能组件

1.2.1 整体架构

路由器的典型架构划分为管理平面、控制平面和数据转发平面，如图 1-1 所示。

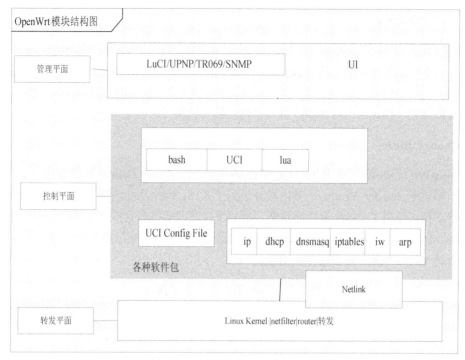

图 1-1　OpenWrt 架构

　　管理平面是提供网络管理人员使用 UCI、Web、SNMP 和 TR069 等方式来管理路由器，以及执行这些管理功能所需的配置命令等，管理平面提供了控制平面正常运行所需的配置参数。

　　控制平面用于控制和管理所有网络协议的运行，例如 ARP、DHCP、DNS 及组播协议的管理和控制。

　　转发平面用于处理和转发不同网络接口上各种类型的数据，例如进行网络地址转换、路由、ACL 等。典型路由器在数据转发平面占用最多的系统资源。转发平面应用控制平面提供的路由信息对数据报文的接收，进行网络地址转换，查找路由表，从出接口发出报文等工作。如果找不到路由，则发送 ICMP 不可达消息，我们可以使用 route 命令查看路由转发数据库。路由器的 3 平面划分仅是逻辑意义上的功能划分，在实际的功能模块并没有完全区分。

　　OpenWrt 是一个基于 Linux 的智能路由器操作系统。用户可以自定义安装各种应用软件。OpenWrt 提供各种功能插件，使用户可以自定义安装来管理路由器；默认内置了一些基础功能。其主要功能可以分为 3 个部分：网络功能、系统管理功能和状态监控功能。以下各节将分别详细介绍。

1.2.2 网络功能

网络功能是路由器的核心功能，如图 1-2 所示。"Network"标签高亮显示表示正在使用网络管理功能，下一层标签是静态路由管理。主要包含以下几个功能。

- 网络接口设置和管理。

- DHCP 协议支持，家庭网内作为 DHCP 服务器，在广域网作为 DHCP 客户端。

- 主机及 DNS 功能，可以加快 DNS 响应和减少广域网 DNS 流量。

- 静态路由及组播路由功能。

- 便捷的网络问题诊断工具 ping、traceroute 和 nslookup 等。

- 防火墙功能（IPv4 网络地址转换、DMZ、报文过滤及防洪水攻击等）。

- IP 带宽控制（QoS）。

- 设备即插即用（UPnP）。

图 1-2　静态路由管理功能

1.2.3 系统管理

系统管理是路由除了网络管理之外的其他管理功能，如图 1-3 所示。系统管理主要包含以下几个功能。

- 主机名称设置、日志服务器设置、NTP（网络时间）和密码设置等。

- 远程安全登录设置（SSH）。

- 软件管理/配置备份等，如图 1-3 所示。

- 进程启动管理及定时任务管理。

- 系统属性设置。如时区、时间设置及语言设置等。

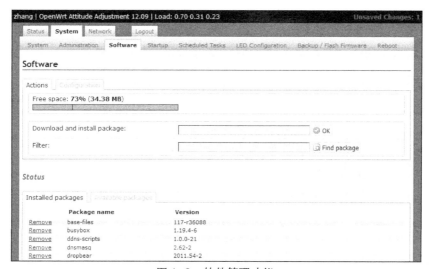

图 1-3　软件管理功能

1.2.4　状态监控

状态监控主要用于监控路由器的当前状态，并且只能查看当前的路由器状态。如图 1-4 所示，"Status" 标签高亮显示表示正在使用状态监控功能，下一层标签是 "Overview"，用于查看路由器的系统状态和内存占用情况。状态监控主要包含以下几个功能。

- 查看系统固件版本、运行时间、平均负载及内存占用等。

- 网络状态、DHCP 用户及无线用户等。

- 防火墙状态统计、路由转发表及 ARP 表。

- 系统日志和内核启动日志。

- 系统进程负载状态，包括 CPU 使用率及内存使用率。

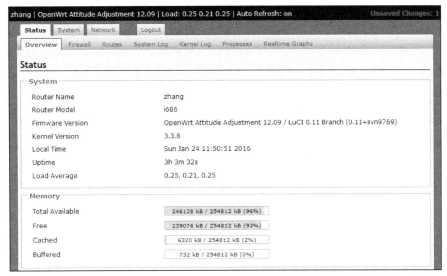

图 1-4 状态监控功能

此外 OpenWrt 还为开发人员提供了一些开发支撑功能以及代码调试工具等，例如：

- 编译工具链（gcc、binutils 和 libc）。

- build 固件工具（mksquashfs、mkcramfs）。

- 编译 SDK 功能，不用完全编译整个系统，即可编译单独模块。

- 可写磁盘分区，便于安装验证功能。

1.3 开源嵌入式操作系统比较

开源嵌入式操作系统，其字面意思有 3 点，即开放源代码、嵌入式和操作系统，但实质上其流行的关键在于其可扩展性。

开源是指开放源代码，是指软件在开放源代码许可证下发布软件，保障软件用户自由查看软件源代码的权利。这同时也保障了用于修改、复制和再分发的权利，但仍需遵守开源许可协议中的一些约束。开放源代码不仅仅指开放源代码的软件，也是一种软件开发模式。

"许可证"是指授权条款，是指使用、修改、复制和再分发的条款和条件的法律文件。最常见的开源许可证有几种：GNU GPL 许可证、Apache 许可证等。许可证通常也称为许可协议。

"Apache 许可证"是著名非盈利开源组织 Apache 采用的协议。该协议鼓励代码共享和尊重原作者的著作权，同样允许代码修改、再发布（作为开源或商业软件）。获得该许可证需要满足以下 4 个条件。

- 需要给代码的用户一份 Apache 许可协议。

- 如果你修改了代码，需要在被修改的文件中说明。

- 在延伸的代码中（修改和有源代码衍生的代码中）需要带有原来代码中的协议、商标、专利声明和其他原来作者规定需要包含的说明。

- 如果再发布的产品中包含一个 Notice 文件，则在 Notice 文件中需要带有 Apache 许可证。你可以在 Notice 文件中增加自己的许可内容，但不可以表现为对 Apache 许可证构成更改。

Apache 许可协议是对商业应用友好的许可。使用者也可以在需要的时候修改代码来满足需要并作为开源或商业产品发布和销售。

GPL 是著名的开源软件 Linux 采用的许可协议。GPL 许可证和 Apache 许可证等鼓励代码重用的许可很不一样。GPL 许可证的出发点是代码的开源使用和引用/修改/衍生代码的开源使用，但不允许修改和衍生的代码做为闭源的商业软件发布和销售。这也就是为什么我们能用使用各种商业软件公司发布各种 Linux 系统以及他们的源代码。

GPL 许可证主要有以下两个特点。

- 程序运行不受许可协议的限制。

- 只要在一个软件中使用 GPL 许可证的产品，则该软件产品发布时也必须采用 GPL 许可证，即必须同时发布其源代码。这就是所谓的"传染性"。并且在发布任何基于 GPL 许可的软件时，不能添加任何限制性的条款。

嵌入式系统，是指嵌入到硬件系统内部，为特定应用功能而设计的专用软件系统。与个人计算机的通用操作系统不同，嵌入式系统通常只针对特殊的用途。因此可以对它进行优化，并裁剪到最小。现在通用的硬件系统发展非常迅速，因此出现了在通用硬件系统上的嵌入式操作系统。目前在嵌入式领域广泛使用的操作系统有：Linux、Windows Embedded 和 VxWorks 等。

基于 Linux 内核也衍生出很多操作系统发行版本。Linux 基金会负责 Linux 内核的开发、发行及维护工作。对于各个基于 Linux 内核的发行版本来说，可以选择某款 Linux 内核长期支持版（LFS）作为自己操作系统的内核。如果对主干版本进行修改，可以将修改反馈给上游。等到下次升级内核版本时，就会得到包含自己修改代码的内核了。

相对于专有的闭源操作系统，如 Windows 和 Mac，开源 Linux 操作系统最大的特点就是其可扩展性非常好。但如果从头开始构建操作系统，则会因为使用者的技术水平、软件包的依赖关系、软件包的版本等出现很多不可预知的兼容性问题。这就要求个人和企业用户在选择操作系统时需要注意根据自己的实际情况来选择，这也是目前使用开源 Linux 操作系统较为困难的最主要原因。还好有些技术社区组织已经针对某些领域做了一些特殊的定制和优化。例如，针对防火墙的操作系统有 IPFire；针对智能路由器领域通常使用的嵌入式操作系统有 Tomato 和 OpenWrt 等；针对个人桌面领域操作系统有 Ubuntu 和 Fedora 等；针对手机有 Android 和 Firefox OS 等。它们均是基于 Linux 内核的操作系统。

1.3.1　和 Android 比较

Android 是谷歌研发的一款智能终端操作系统，是一种基于 Linux 的开放源代码的操作系统，主要使用于移动设备，如智能手机、平板计算机等，也应用于智能电视等。它由谷歌公司和开放手机联盟领导开发。Android 操作系统最初由安迪·鲁宾开发，最初目的是用于数码相机的操作系统。2005 年 8 月谷歌全资收购了 Android 操作系统。2007 年 11 月，谷歌与 84 家硬件制造商、软件开发商及电信营运商组建开放手机联盟，共同研发改良 Android 系统。随后谷歌以 Apache 开源许可协议的授权方式发布了 Android 的源代码，Android 以 JAVA 层封装了系统层提供给应用开发者统一的 API 接口。第一部 Android 智能手机发布于 2008 年 10 月。目前，Android 已逐渐扩展到平板计算机及其他领域，如电视、智能手表、数码相机和游戏机等。2015 年，Android 以 85% 的市场占有率占据移动操作系统市场之首。表 1-2 所示为 OpenWrt 和 Android 的比较。

Android 操作系统已经演化为一个移动设备开发平台，其软件层次大体上分为 4 层，即操作系统内核、中间层、应用程序框架层和应用程序。应用程序框架层为应用程序开发者提供了功能强大的 API，包括图形显示的各种组件，如视图、列表、文本框、按钮以及嵌入式的 Web 浏览器等。

表 1-2　OpenWrt 和 Android 操作系统的比较

	Android	OpenWrt
内核	Linux 内核	Linux 内核
许可协议	Apache2.0	GNU License
使用场景	面向终端用户，手持设备。用户接口采用 JAVA 提供图形用户界面 GUI	服务器、家庭路由器等，用户接口默认为 UCI 命令行提供，也支持通过 Web 方式来管理
开发主导模式	由谷歌公司主导开发	由 OpenWrt.org 社区主导，社区由个人组成，更开放

1.3.2　和其他 WRT 比较

1. Tomato WRT

Tomato 是一种小型的 LinkSys 的 WRT54G 是博通路由器的另外一种可选的替换固件。它有一个新的易于使用的 GUI，一个新的带宽监控工具，更为先进的服务质量（QoS）和访问限制，使用新的无线功能，如 WDS 和无线客户端模式，P2P 最大连接上的限制，允许你运行自定义脚本或者 Telnet、SSH 登录到路由器，在做各种各样的事情。例如重新编程的 SES/AOSS 按钮，添加无线站点调查来查看你的 Wi-Fi 邻居，等等。Tomato 有以下特点。

- 代码压缩包 35.4MB，仅提供必要的代码，其他代码需要自己手动下载。

- 在 LinkSys 提供的源码上仅做少量修改，内核还是采用 2.4 版本。

- 在编译时需要特别注意设置环境变量，例如：Export LC_ALL=en_US.UTF-8。

- 编译时代码有时间依赖，复制时需要保留时间，使用命令"cp –a"。

- "www.polarcloud.com/tomato"提供源代码及二进制包，源代码和思科发布的代码相近，仅修改一些必须的代码。编译时需要首先下载思科的代码，并替换相应的文件。

- 代码地址为 git://repo.or.cz/tomato.git，最新版本为 Tomato1.28，更新日期为 2010-6-29。

它有一些明显缺点，例如仅有发布说明，没有详细修改记录；最近不再更新等。

2. DD-WRT

DD-WRT 是一个基于 Linux 的开源固件，适合各种各样的无线路由器和嵌入式操作系统。其重点在于提供最简单的处理，同时在各种硬件平台的框架内支持大量的功能。它是另外一款路由器代码发行版，从 2006 年 2 月开始开发，没有分支稳定版本。代码库包含所有的代码，包含 SVN 信息共大约 18GB。其代码始终在更新，2015 年 10 月也有代码提交。有一个缺点是 SVN 上包含所有的代码，没有分支及标签，无法区分稳定版本。用在私人用途，DD-WRT 是免费的，如果用在商业用途则需要获取软件许可。

表 1-3 所示为开源路由器各种发行版本的对比。

表 1-3 开源路由器各种发行版本对比

路由器	Tomato Wrt	DD-WRT	OpenWrt
网站	www.polarcloud.com/tomato	www.dd-wrt.com	www.openwrt.org
历史	未知	2006 年 2 月开始开发	2004 年 2 月开始，平均两年发布一个稳定版本
代码管理	git://repo.or.cz/tomato.git，仅提供自己修改的代码。仅有一个可用版本	svn://svn.dd-wrt.com/DD-WRT，包含所有的代码，没有分支及标签，无法确定哪个是稳定版本	svn://svn.openwrt.org/openwrt/，diff 文件进行提交管理。不同版本使用分支来管理
问题跟踪管理	无	无	采用 trac 管理缺陷
编译	<ul><li>代码压缩包 35.4MB，仅提供必要的代码，其他代码需要自己手动下载</li><li>在编译时需要特别注意设置环境变量，例如：Export LC_ALL=en_US.UTF-8</li><li>编译时代码有时间依赖，复制时需要保留时间，使用命令 cp -a</li></ul>	<ul><li>包含所有代码，一次下载完成后，编译构建时不用联网</li></ul>	<ul><li>构建时需要联网，编译时根据选择自动下载第三方代码</li><li>支持编译 SDK</li></ul>
活跃程度	Tomato1.28 最后更新日期为 2010-06-29	一直在更新，2015-10-6 也有提交	一直在更新，2015-10-06 也有提交，最新稳定版本为 15.05
文档	资料较少	自己网站英文资料较多	中文资料较多
缺点	X86 平台不支持，已经不再更新	无法确定稳定版本；商业版本需要获取软件许可	无明显缺点

注 1：最后更新日期为 2015 年 10 月 6 日统计。

3. 比较结果

OpenWrt 相对于其他几个无线路由器操作系统来说，版本管理最为规范，社区最活跃，是最适合选为基础来进一步开发的。当然，OpenWrt 也适合初学者来学习。本书中采用了 OpenWrt 来论述智能路由器的开发过程，非常有利于初学者快速上手。

1.4　参考资料

- Tomato 介绍（http://www.polarcloud.com/tomato [2015-07-12] ）。

- DD-WRT 介绍（http://dd-wrt.com/site/content/about [2015-07-12] ）。

- OpenWrt 官方网站（https://openwrt.org/ ）。

- OpenWrt 版本历史（http://wiki.openwrt.org/about/history [2015-10-07] ）。

- GNU 通用公共许可证（http://www.copu.org.cn/node/24 [2016-01-23] ）。

- Apache 许可协议（2.0 版）（http://www.copu.org.cn/node/366 [2016-01-23] ）。

- 5 种开源协议的比较（http://www.copu.org.cn/node/25 [2016-01-23] ）。

第2章
开发环境及编译分析

如果你想从事智能路由器 OpenWrt 开发，首先必须掌握如何编译 OpenWrt。本章将从搭建环境，到编译代码，再到安装部署运行以及 VirtualBox 虚拟网络环境的搭建，一步一步地教你如何进入到 OpenWrt 大门。

OpenWrt 是一个针对嵌入式设备的 Linux 发行版。OpenWrt 提供了非常方便的开发环境，使用流行的 Linux 操作系统 Ubuntu 即可搭建好编译环境。OpenWrt 有非常多的平台适应性，可以运行在 ARM/MIPS/X86 平台上，因此我们的研发网络部署也可以在虚拟机 VirtualBox 上运行 (这样可以降低研发中的硬件成本)，待软件开发成熟后再在实际环境中进行运行。因此最后我们也会讲解 VirtualBox 的网络环境设置。

2.1 安装编译环境

2.1.1 Ubuntu 安装

首先安装 Linux 操作系统 Ubuntu 14.4。个人机器多为 Windows 操作系统，为了方便使用及节省硬件资源，我们采用虚拟机 VirtualBox 来安装编译软件环境。如果是实体机安装 Linux 操作系统，则可略过安装虚拟机这一步。硬件设备只需要一台连接互联网的计算机。软件从互联网下载。建议使用 VirtualBox 虚拟机来搭建编译环境及开发调试。

下载和安装 VirtualBox 和 ubuntu 14.04.3。下载地址分别为：

- http://download.virtualbox.org/virtualbox/5.0.0/VirtualBox-5.0.0-101573-Win.exe

- http://releases.ubuntu.com/14.04/ubuntu-14.04.3-desktop-i386.iso

VirtualBox 是一个跨平台的虚拟化应用程序。这意味着什么？第一，是它可以安装在你已存在的 Intel 或 AMD 兼容的机器上，无论是它运行 Windows、Mac、Linux 还是 Solaris 操作系统。第二，它可以扩展你已存在的计算机系统的能力，你可以同时运行多个操作系统（在多个虚拟机内部），例如，可以在你的 Mac 机上运行 Windows 和 Linux，在 Linux 服务器上运行 Windows Server 2008，在 Windows 系统上运行 Linux 等等，这些都在你的 VirtualBox 应用程序中。你可以安装运行很多虚拟机器，唯一的限制是磁盘空间和内存。

虚拟机软件 VirtualBox 完成安装后，在 VirtualBox 软件中新建计算机，并分配 20GB 左右的硬盘空间。然后在虚拟机中安装 Ubuntu 操作系统。Ubuntu 操作系统及编译环境需要 5GB 左右硬盘空间，OpenWrt 编译根据选择软件包的多少不同，编译所需空间大小不同。我这里编译完成需要 7.1GB 的硬盘空间，一般我们会同时编译至少两个版本进行，因此建议虚拟机预留 20GB 以上的磁盘空间。

安装增强功能

虚拟机和主机之间如何传递内容和文件？这就需要"安装增强功能"来在虚拟机和宿主机之间共享剪切板和共享文件目录。可在虚拟机软件上进行以下设置。

- 依次单击"设备→安装增强功能"，安装完成后重启生效。

- 依次单击"设备→共享文件夹"，进行共享文件夹设置，这样虚拟机将宿主机的文件目录挂载在自己的根目录下，两个机器可以相互传递文件。

- 依次单击"设备→共享剪切板"，改为双向。这样虚拟机和宿主机之间就可以相互复制粘贴了。

设置完成后在 Ubuntu 系统下进行自动挂载设置。在/etc/fstab 增加如下一行：

```
share              /mnt          vboxsf     rw 0          0
```

这样宿主机的共享目录 share 就可以挂载在虚拟机的/mnt 目录下，虚拟机和宿主机均可以对该目录进行操作。这个就可以将编译完成后的文件从虚拟机中传递出来。

另外一种方式是通过 telnet 或 SSH 或串口来登录到 Ubuntu 上进行控制，使用 FTP 等工具来进行文件传输。

2.1.2　安装编译工具

Ubuntu 采用 APT（Advanced Packaging Tool）来管理软件包安装、更新、升级及删除等。APT 系统的配置文件为/etc/apt/sources.list 和/etc/apt/sources.list.d 目录。sources.list 文件格式如下：

```
deb uri distribution [component1] [component2] [···]
```

首先第一列为类型，可选类型为 deb 或 deb-src，deb 表示为二进制安装包；deb-src 表示源代码包。第二列为 URI 地址，例如，为通过 HTTP 访问的统一资源定位符。第三列用于指定一个发布版，例如，为 trusty 表示 14.4 发布版。最后一列为各个组件标识。

设置 Ubuntu 配置升级及更新路径的文件为/etc/apt/sources.list，修改为国内网易的镜像服务器，这样下载速度会比较快。为了防止修改错误，修改之前应事先进行备份，并增加以下内容（参考 http://mirrors.163.com/.help/ubuntu.html）。

```
deb http://mirrors.163.com/ubuntu/ trusty main restricted universe
multiverse
    deb http://mirrors.163.com/ubuntu/ trusty-security main restricted
universe multiverse
    deb http://mirrors.163.com/ubuntu/ trusty-updates main restricted
universe multiverse
    deb http://mirrors.163.com/ubuntu/ trusty-proposed main restricted
universe multiverse
    deb http://mirrors.163.com/ubuntu/ trusty-backports main restricted
universe multiverse
```

OpenWrt 选择了一种自动化的方式来生成固件：编译环境检查、生成交叉编译链、下载代码包、打补丁、编译及生成固件，一切均从源代码开始，没有隐藏任何细节。我们先来安装代码管理工具 Subversion 及编译工具。首先输入以下命令进行更新：

```
sudo apt-get update
```

这条命令用于更新 Ubuntu 软件仓库中软件包的索引文件。软件仓库的地址是由/etc/apt/sources.list 文件指定的。更新之后安装编译工具，编译工具安装命令如下：

```
sudo apt-get install subversion
sudo apt-get install g++ flex patch
sudo apt-get install libncurses5-dev zlib1g-dev
sudo apt-get install git-core
sudo apt-get install libssl-dev
sudo apt-get install gawk
sudo apt-get install xz-util
```

（1）Subversion 是一个版本管理系统，可以跟踪文件和目录的历史信息，包含 4 个 W（Who、When、Why 和 What），即谁做了修改、何时做了修改、为什么修改以及修改的内容。它像 CVS 一样保存数据源的单份复制，称为仓库，仓库包含了项目中文件的所有历史信息。

Subversion 允许对源代码进行并行修改及管理，知名的 Apache 社区就采用 Subversion 来管理代码，其中最重要的是代码管理客户端工具，缩写为 svn。这里我们只用到其下载代码功能。

Subversion 采用集中式版本控制系统，其特点是其高可靠性，可用作一种有价值的数据安全的避风港；它的模型使用简单；它支持各种各样的用户和项目需求的能力，包括从小型单人到大型企业的管理需求，因此大多数软件研发公司均采用 Subversion 作为其代码管理工具。如果个人在 Windows 平台上使用，推荐采用 "VisualSVN Server" 作为服务器，其可视化安装及管理非常便于用户使用。

（2）g++是 GNU 工程的 C/C++编译工具，用于将 C 语言及 C++语言编译为动态链接库或二进制可执行程序。它对代码进行预处理、编译、汇编和链接。通过命令选项可以控制整个编译过程。

（3）FLEX（The Fast Lexical Analyzer）一个快速词法分析工具。

（4）patch 是将 diff 文件应用到原始文件的工具，用于在程序开发过程中提交代码，是应用差异文件的工具。这些差异文件由 diff 程序按行产生。

（5）libncurses5-dev 用于屏幕终端控制。这个包中包括运行那些使用 ncurses 编译的程序所必须的共享库，同样包含开发使用的头文件、静态库和开发使用的链接文件、文档等。

（6）zlib1g-dev 是压缩及解压缩开发库。包含头文件、静态库、开发示例和文档等。

（7）git-core 是设计用于大型工程的分布式版本管理工具，是另外一种代码管理工具软件。它的每一个仓库都完全保存了整个代码历史，可以脱离网络而使用，首先应用于 Linux 社区。这里用于下载一些以 git 管理的软件包。

（8）libssl-dev 是 openssl 开发库，用于加密解密、计算哈希和数据签名等。

（9）gawk 是 GNU 工程实现的 AWK 语言工具，是文本模式扫描和处理的工具。

（10）xz-util 是 xz 格式的压缩工具集。它有非常高的压缩比率，并且更快更容易解压缩。

2.1.3　下载代码

OpenWrt 社区同时使用 Subversion 和 Git 两种工具来管理代码。Subversion 管理代码非常灵活，通常会创建 tags、branches 和 trunk 共 3 个目录管理代码。trunk 目录用来保存开发的主线，一般最新的功能均在 trunk 目录提交。 branches 目录存放分支，用于功能开发完成之后创建分支、修改 BUG 及发布版本使用，或者某些功能开发分支。tags 目录保存标签复制，一个标签是一个项目在某一时间点的"快照"，用来给发布版本的代码创建快照，以便多数开发人员基于这个版本进行开发修改及测试使用，一般永远不再修改。

OpenWrt 也是采用了 Subversion 的推荐目录配置，除此之外还增加了 docs、feeds 和 packages 这 3 个目录，我们采用 svn list 命令来查看代码仓库共有 6 个目录。

```
zhang@zhang-laptop:~$ svn list svn://svn.openwrt.org/openwrt/
branches/
docs/
feeds/
packages/
tags/
trunk/
```

（1）分支（branches）用于功能开发完成之后创建分支、修改 bug 及发布版本使用，或者某些功能开发分支。OpenWrt 社区每隔两年左右会创建一个分支用于发布特定版本，最新的代码线分支为 chaos_calmer。社区在 2015 年 9 月 12 日发布了 15.05 版本，但未使用 SVN 创建标签。最近 3 个分支信息地址请参见表 2-1。

（2）docs 保存文档，使用 SVN 来查看修改历史信息，得出最后修改时间为 2007-10-24，现在 OpenWrt 已经不再使用这个目录。

（3）feeds 保存一些额外扩展的软件包，最后修改时间为 2012-11-14，也逐渐不再使用，其中代码已转到使用 Git 仓库来管理。地址为 https://github.com/openwrt。

（4）packages 保存 OpenWrt 基础软件包，会被经常用到。最后修改时间为 2015-06-01。

（5）标签（tags）下为发布版本代码，最近稳定版本标签有 backfire_10.03.1，attitude_adjustment_12.09。以后版本未创建标签。

（6）主干（trunk）始终是最新的代码，OpenWrt 社区将最新的代码线命名为 "Designated Driver"。最新代码包含实验性质的代码，可能会碰到编译或运行的问题，建议新手不要采用。

注：以上修改时间均为 2015 年 10 月 12 日查询得出，OpenWrt 的外围代码已经逐渐转到 github 提供的 Git 托管空间上。

表 2-1 OpenWrt 版本对比表

分支	chaos calmer 15.05(CC)	Barrier Breaker 14.07(BB)	Attitude Adjustment 12.09(AA)
内核	Linux kernel 3.18.21	Linux kernel 3.10	Linux kernel 3.3
SVN 代码地址	svn://svn.openwrt.org/openwrt/branches/chaos_calmer	svn://svn.openwrt.org/openwrt/branches/barrier_breaker	svn://svn.openwrt.org/openwrt/branches/attitude_adjustment
Git 代码地址	git://git.openwrt.org/15.05/openwrt.git	git://git.openwrt.org/14.07/openwrt.git	git://git.openwrt.org/12.09/openwrt.git
其他主要修改	• 增加大量的 3G/4G 调制解调器支持 • Netfilter 性能增强 • 网络栈多核支持 • 支持只能队列管理 Qos 等 • DNSSEC 增强支持 • 增加自管理网络支持等	• 增加 procd 新的 preinit、init、热拔插及事件通知机制 • 原生 IPv6 支持 • 文件系统增强 • UCI 配置增强：支持测试配置和回滚最近工作状态机制，增加配置更改按需触发服务重启机制 • 网络功能增强：例如，支持动态防火墙规则，增加网桥的多播传输到单播传输的转换，等等	• 增加并行编译支持 • 使用密文密码 • 各种防火墙功能增强 • 无线驱动更新及稳定性增强 • 新平台支持：ramips，bcm2708 (Raspberry Pi)等等 • 发布镜像文件中支持网桥防火墙
发布版本	svn://svn.openwrt.org/openwrt/branches/chaos_calmer -r46767	svn://svn.openwrt.org/openwrt/branches/barrier_breaker -r42625	svn://svn.openwrt.org/openwrt/tags/attitude_adjustment_12.09

我们选择"Chaos Calmer"的发布代码进行编译，因此使用目录"cc"下载代码。OpenWrt 在 2016 年 3 月将代码库由 Subversion 彻底转换为 GIT，因此我们使用 git 命令来下载代码，下载命令如下所示：

```
git clone git://git.openwrt.org/15.05/openwrt.git cc
```

2.1.4　配置及编译

现在代码和编译环境准备好了，我们可以开始配置和编译了。我们进入代码目录 cc 下进行编译。通常分 3 步，第 1 步首先更新和安装所有可选的软件包。

./scripts/feeds update　更新最新的包定义

./scripts/feeds install -a　安装所有的包

feeds 命令将安装扩展代码包编译选项。如果不运行该命令，在 menuconfig 配置时将没有选择这些扩展包的机会。

第 2 步进行编译配置。输入"make defconfig"，在这里会检查所需的编译工具是否齐备，并生成默认的编译配置文件".config"。

输入"make menuconfig"后系统将进入配置工具选项菜单来配置编译固件的内容，如图 2-1 所示。配置选项和 Linux 内核的编译配置非常相似，使用上下左右箭头按键来在编译选项菜单上导航。按 Enter 键进入子菜单，连续两次按下 Esc 键返回上一级菜单，输入问号键将获取帮助信息，顶层配置选项含义如表 2-2 所示。OpenWrt 提供模块化选择编译，每一个模块通常都有 3 个选项[Y|N|M]可供选择，输入 Y 该模块将包含在固件中；输入 M 将作为一个模块来编译，可以后续再进行安装；输入 N 将不编译该模块。还有一些是单选选项菜单，按空格键进行选择，再次按空格键则取消选择。

另外还有一些高级功能可以输入字符串进行配置。例如下载文件夹路径设置，可以不使用编译系统默认的源代码下载目录 dl，输入系统路径"/opt/dl"来设置，这样在很多人使用同一服务器来编译代码时，不用多次下载相同的代码文件。

为了便于开发及调试，我们选择 x86 平台进行编译，并选择自己所需要的软件包，例如网络开发中最常用的抓包工具 TcpDump、代码调试工具 GDB 和 Web 管理界面 luCI 等。

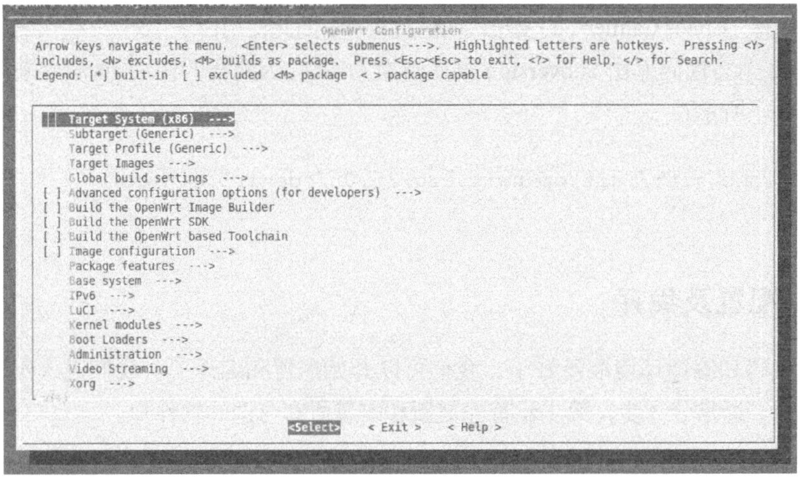

```
                              OpenWrt Configuration
 Arrow keys navigate the menu.  <Enter> selects submenus --->.  Highlighted letters are hotkeys.  Pressing <Y>
 includes, <N> excludes, <M> builds as package.  Press <Esc><Esc> to exit, <?> for Help, </> for Search.
 Legend: [*] built-in  [ ] excluded  <M> package  < > package capable

         Target System (x86)  --->
         Subtarget (Generic)  --->
         Target Profile (Generic)  --->
         Target Images  --->
         Global build settings  --->
     [ ] Advanced configuration options (for developers)  --->
     [ ] Build the OpenWrt Image Builder
     [ ] Build the OpenWrt SDK
     [ ] Build the OpenWrt based Toolchain
     [ ] Image configuration  --->
         Package features  --->
         Base system  --->
         IPv6  --->
         LuCI  --->
         Kernel modules  --->
         Boot Loaders  --->
         Administration  --->
         Video Streaming  --->
         Xorg  --->

                  <Select>    < Exit >    < Help >
```

图 2-1　OpenWrt 配置选项菜单

表 2-2　OpenWrt 配置选项含义

编译配置选项	含　义
Target System (x86)	目标平台，例如一般 Windows 系统均为 X86 系统架构，嵌入式路由器通常有 ARM、MIPS 系统和博通系统等
Target Images	编译生成物控制，根据目标平台不同选项不同。例如根文件系统格式、内核空间大小和是否生成 VirtualBox 映像文件等
Global build settings	全局编译设置，例如是否打开内核 namespace 等
Advanced configuration option (for developers)	针对开发人员的高级配置选项，包含设置下载文件目录、编译 log 和外部编译工具目录等
Build the OpenWrt SDK	是否生成 OpenWrt 的软件开发包，这样就可以离开 OpenWrt 整体环境而进行模块编译和增加功能
Image configuration	固件生成的软件包模块，即是否打开 feed.conf 中的各个模块
Base system	OpenWrt 基本系统。包括 OpenWrt 的基本文件系统 base-files 模块、实现 DHCP 和 DNS 代理的 dnsmasq 模块、软件包管理模块 opkg、通用库 ubox、系统总线 ubus 和防火墙 firewall，等等
Development	开发包，例如调试工具 gdb，代码检查和调优工具 valgrind 等
Firmware	各种硬件平台固件
Kernel modules	内核模块，运行在操作系统内部。例如加密模块、各种 USB 驱动和 netfilter 扩展模块等
Languages	不是国际化中的多语言支持模块，而是软件开发语言模块，现在可选的有 perl 和 lua
libraries	一些动态链接库。例如 XML 语言解析库 libxml2，和内核进行通信的 libnfnetlink 库，压缩和解压缩算法库 zlib，微型数据库 libsqlite3 等

续表

编译配置选项	含　义
luCI	OpenWrt 管理 UI 模块，例如动态 DNS 管理模块 luci-app-ddns、防火墙管理模块 luci-app-firewall 和 QOS 管理模块 luci-app-qos 等
Mail	邮件传输客户端模块，例如 msmtp 软件包
MultiMedia	多媒体模块，例如 ffmpeg
Network	网络功能，OpenWrt 最具特色的核心模块。例如防火墙、路由、VPN 和文件传输等
Sound	音频模块
Utilities	一些不常用的实用工具模块

第 3 步，输入 make 命令就可以开始编译。编译时首先从 Internet 上下载软件模块代码，因为 OpenWrt 仅有编译及配置指令，各种依赖的代码包在上游网站及代码仓库里面。OpenWrt 网站也有第三方的代码包镜像，在上游网站不可用时将使用 OpenWrt 自己的服务器地址，下载地址为 http://downloads.openwrt.org/sources/。 根据下载速度和选择软件包的数量多少，编译所占时间不同，大约需要 3 小时以上。编译完成后的二进制安装文件在 bin/x86 下，各种可选软件安装包在 packages 目录下。

make V=s　可以输出编译过程中每一步的执行动作，出错后显示详细的错误信息。

make -j2 使用 2 个线程进行并行编译，这样编译速度将大大加快。

编译过程首先检查编译环境，然后编译 host 工具，再编译编译工具链，最后编译目标平台的各个软件包。编译 make 进入各个模块进行编译时，首先下载代码压缩包，然后解压缩，并打补丁，再根据设置选项来生成 Makefile，最后根据生成的 Makefile 进行编译和安装。在编译时需要连接互联网，因为 OpenWrt 采用补丁包方式来管理代码，第三方的代码不放在它自己的代码库中，仅在编译前从第三方服务器下载。

编译过程如图 2-2 所示，我使用了两个进程来编译，除了下载之外花费 3 小时左右编译完成。

```
~/cc$ make -j2
make[1] world
 make[2] tools/install
 make[2] package/cleanup
 make[3] -C tools/patch compile
```

图 2-2　OpenWrt 编译过程

```
make[3] -C tools/sstrip compile
make[3] -C tools/make-ext4fs compile
make[3] -C tools/firmware-utils compile
make[3] -C tools/patch-image compile
make[3] -C tools/flock compile
make[3] -C tools/sstrip install
make[3] -C tools/make-ext4fs install
make[3] -C tools/firmware-utils install
make[3] -C tools/patch-image install
make[3] -C tools/flock install
make[3] -C tools/patch install
make[3] -C tools/sed compile
make[3] -C tools/m4 compile
make[3] -C tools/xz compile
make[3] -C tools/yaffs2 compile
make[3] -C tools/cmake compile
make[3] -C tools/scons compile
make[3] -C tools/lzma compile
make[3] -C tools/sed install
make[3] -C tools/m4 install
make[3] -C tools/pkg-config compile
make[3] -C tools/xz install
make[3] -C tools/mkimage compile
make[3] -C tools/yaffs2 install
make[3] -C tools/scons install
make[3] -C tools/lzma install
make[3] -C tools/squashfs4 compile
make[3] -C tools/autoconf compile
make[3] -C tools/pkg-config install
make[3] -C tools/mkimage install
make[3] -C tools/squashfs4 install
make[3] -C tools/autoconf install
make[3] -C tools/automake compile
```

图 2-2　OpenWrt 编译过程（续）

```
make[3] -C tools/missing-macros compile
make[3] -C tools/automake install
make[3] -C tools/missing-macros install
make[3] -C tools/libtool compile
make[3] -C tools/libtool install
make[3] -C tools/gmp compile
make[3] -C tools/libelf compile
make[3] -C tools/flex compile
make[3] -C tools/mklibs compile
make[3] -C tools/e2fsprogs compile
make[3] -C tools/mm-macros compile
make[3] -C tools/cmake install
make[3] -C tools/gengetopt compile
make[3] -C tools/patchelf compile
make[3] -C tools/gmp install
make[3] -C tools/libelf install
make[3] -C tools/flex install
make[3] -C tools/mklibs install
make[3] -C tools/e2fsprogs install
make[3] -C tools/mm-macros install
make[3] -C tools/patchelf install
make[3] -C tools/qemu compile
make[3] -C tools/mpfr compile
make[3] -C tools/bison compile
make[3] -C tools/mtd-utils compile
make[3] -C tools/gengetopt install
make[3] -C tools/qemu install
make[3] -C tools/mpfr install
make[3] -C tools/mtd-utils install
make[3] -C tools/mpc compile
make[3] -C tools/mpc install
make[3] -C tools/bison install
make[3] -C tools/findutils compile
make[3] -C tools/bc compile
```

图 2-2 OpenWrt 编译过程（续）

```
make[3] -C tools/bc install
make[3] -C tools/findutils install
make[3] -C tools/quilt compile
make[3] -C tools/padjffs2 compile
make[3] -C tools/padjffs2 install
make[3] -C tools/quilt install
make[2] toolchain/install
make[3] -C toolchain/gdb prepare
make[3] -C toolchain/binutils prepare
make[3] -C toolchain/gcc/minimal prepare
make[3] -C toolchain/kernel-headers prepare
make[3] -C toolchain/uClibc/headers prepare
make[3] -C toolchain/gcc/initial prepare
make[3] -C toolchain/gdb compile
make[3] -C toolchain/binutils compile
make[3] -C toolchain/kernel-headers compile
make[3] -C toolchain/uClibc prepare
make[3] -C toolchain/gcc/final prepare
make[3] -C toolchain/uClibc/utils prepare
make[3] -C toolchain/binutils install
make[3] -C toolchain/gcc/minimal compile
make[3] -C toolchain/gdb install
make[3] -C toolchain/gcc/minimal install
make[3] -C toolchain/kernel-headers install
make[3] -C toolchain/uClibc/headers compile
make[3] -C toolchain/uClibc/headers install
make[3] -C toolchain/gcc/initial compile
make[3] -C toolchain/gcc/initial install
make[3] -C toolchain/uClibc compile
make[3] -C toolchain/uClibc install
make[3] -C toolchain/gcc/final compile
make[3] -C toolchain/gcc/final install
make[3] -C toolchain/uClibc/utils compile
make[3] -C toolchain/uClibc/utils install
```

图 2-2 OpenWrt 编译过程（续）

```
make[2] target/compile
make[3] -C target/linux compile
make[2] package/compile
make[3] -C package/system/opkg host-compile
make[3] -C package/libs/toolchain compile
make[3] -C package/libs/ncurses host-compile
make[3] -C package/system/usign host-compile
make[3] -C package/boot/grub2 host-compile
make[3] -C package/firmware/linux-firmware compile
make[3] -C package/network/services/dropbear compile
make[3] -C package/libs/libpcap compile
make[3] -C package/network/utils/linux-atm compile
make[3] -C package/network/utils/resolveip compile
make[3] -C package/libs/ocf-crypto-headers compile
make[3] -C package/utils/busybox compile
make[3] -C package/utils/mkelfimage compile
make[3] -C package/libs/libnl-tiny compile
make[3] -C package/libs/libjson-c compile
make[3] -C package/utils/lua compile
make[3] -C package/libs/lzo compile
make[3] -C package/libs/zlib compile
make[3] -C package/libs/ncurses compile
make[3] -C package/kernel/linux compile
make[3] -C package/libs/openssl compile
make[3] -C package/libs/libubox compile
make[3] -C package/utils/util-linux compile
make[3] -C package/utils/jsonfilter compile
make[3] -C package/system/usign compile
make[3] -C package/boot/grub2 compile
make[3] -C package/network/utils/iptables compile
make[3] -C package/network/ipv6/odhcp6c compile
make[3] -C package/network/services/dnsmasq compile
make[3] -C package/network/services/ppp compile
make[3] -C package/system/mtd compile
```

图 2-2　OpenWrt 编译过程（续）

```
make[3] -C package/system/opkg compile
make[3] -C package/system/ubus compile
make[3] -C package/system/uci compile
make[3] -C package/utils/ubi-utils compile
make[3] -C package/network/config/firewall compile
make[3] -C package/network/services/odhcpd compile
make[3] -C package/network/config/netifd compile
make[3] -C package/system/ubox compile
make[3] -C package/system/procd compile
make[3] -C package/system/fstools compile
make[3] -C package/base-files compile
make[2] package/install
make[3] package/preconfig
make[2] target/install
make[3] -C target/linux install
make[2] package/index
```

图 2-2 OpenWrt 编译过程（续）

编译生成物位于代码目录下"**bin/x86**"目录下。如果想单独编译一个模块可以输入以下命令进行编译，以 TcpDump 模块为例：

- make package/tcpdump/clean 清除编译生成的文件，包含安装包及编译过程生成的临时文件。

- make package/tcpdump/prepare 进行编译准备，包含下载软件代码包、并解压缩和打补丁。

- make package/tcpdump/configure 根据设置选项进行配置并生成 Makefile。

- make package/tcpdump/compile 根据生成的 Makefile 进行编译。

- make package/tcpdump/install 生成安装包。

以上编译命令都可以添加"**V=s**"来查看详细编译过程。还有很多全局编译命令含义如下：

- make download 下载所有已选择的软件代码压缩包。

- make clean   删除编译目录。

- make dirclean 除了删除编译目录之外还删除编译工具目录。

- make printdb 输出所有的编译变量定义。

2.2 编译脚本分析

2.2.1 顶层目录概述

OpenWrt 代码有 8 个固定的顶层目录及 6 个编译时创建的临时目录，顶层的固定目录含义如表 2-3 所示。

表 2-3 顶层目录含义

目 录	含 义
config	编译选项配置文件，包含全局编译设置、开发人员编译设置、目标文件格式设置和内核编译设置等 4 部分
docs	文档目录
include	包含准备环境脚本、下载补丁脚本、编译 Makefile 以及编译指令等
package	各种功能的软件包，软件包仅包含 Makefile 和修改补丁及配置文件。其中 Makefile 包含源代码真正的地址及 MD5 值。OpenWrt 社区的修改代码以补丁包形式管理，package 只保存一些常用的软件包
scripts	包含准备环境脚本、下载补丁脚本、编译 Makefile 以及编译指令等
target	指的是嵌入式平台，包括特定嵌入式平台的内容
toolchain	编译器和 C 库等，例如包含编译工具 gcc 和 glibc 库
tools	通用命令，用来生成固件的辅助工具，如打补丁工具 patch、编译工具 make 及 squashfs 等

目录 config 是编译配置文件目录，是 OpenWrt 15.05 的新增目录，是将一些编译选项配置文件分类放在这里，包含全局编译设置、开发人员编译设置、目标文件格式设置和内核编译设置等 4 部分。

目录 include 和 scripts 包含各种脚本和 Makefile。目录 target 是指目标嵌入式设备，针对不同的平台有不同的特性代码。针对这些平台特性，"target/linux"目录下按照平台进行目录划分，里面包括了针对各种平台标准内核的补丁及特殊配置等。目录 tools 和 toolchain 包含了一些通用命令，用来生成固件、编译器和 C 语言链接库。目录 docs 在编译时不需要，用于存放开发文档。目录 package 则用于存放各种必要的软件包。

编译生成结果会储存在以下 3 个目录下："build_dir/host"是一个临时目录，用来储存不依赖于目标平台的工具；"build_dir/toolchain-<arch>*"用来储存依赖于指定平台的编译工具链；"staging_dir/toolchain-<arch>*"是编译工具链的最终安装位置。通常我们不需要改动编译链目录下的任何东西，除非要更新编译工具版本等。

在 OpenWrt 固件中，几乎所有东西都是软件包（package），可以编译为以".ipk"结尾的安装包，这样就可以很方便地安装、升级和卸载了。注意，扩展软件包不是在主分支中维护的，但是可以使用软件包编译扩展机制（feeds）来进行扩展安装。这些包能够扩展基本系统的功能，只需要将它们链接进入主干。之后，这些软件包将会显示在编译配置菜单中。

编译工具链、目标平台的软件包等需要下载的文件都放在 dl 目录下。目标平台和软件包两部分都需要"build_dir/<arch>"作为编译的临时目录，并且会将目录 staging_dir 作为编译的临时安装目录，最终的生成文件保存在目录 bin 下。

目录 feeds 用于保存扩展软件包，可以使用软件包编译扩展机制来进行扩展安装。这些包能够扩展基本系统的功能，只需要将它们链接进入编译主目录的 package 目录下。之后，这些软件包将会显示在配置菜单中。编译后生成 6 个临时目录，其含义如表 2-4 所示。

表 2-4 OpenWrt 编译生成目录含义

目　　录	含　　义
dl	下载软件代码包临时目录。编译前，将原始的软件代码包下载到该目录
feeds	扩展软件包目录。将一些不常用的软件包放在其他代码库中，通过 feed 机制可以自定义下载及配置
bin	编译完成后的最终成果目录。例如安装映像文件及 ipk 安装包
build_dir	编译中间文件目录。例如生成的.o 文件
staging_dir	编译安装目录。文件安装到这里，并由这里的文件生成最终的编译成果
log	如果打开了针对开发人员 log 选项，则将编译 log 保存在这个目录下，否则该目录并不会创建

2.2.2 编译脚本

目录 scripts 为编译工具脚本文件,例如 patch-kernel.sh 封装了 patch 命令,在编译时,首先将 patches 目录下的所有补丁文件打上,并且判断如果打补丁失败将退出编译过程。download.pl 为下载源代码的工具脚本,封装下载工具 wget 的选项以及设置从哪里下载。表 2-5 所示为典型编译脚本功能。目录 include 用于保存各种 makefile 文件。

表 2-5　典型编译脚本功能

脚 本 文 件	含　　义
scripts/download.pl	下载编译软件包源代码
scripts/patch-kernel.sh	打补丁脚本,并且判断如果打补丁失败将退出编译过程
scripts/feeds	收集扩展软件包的工具,用于下载和安装编译扩展软件包工具
scripts/diffconfig.sh	收集和默认配置不同之处的工具
scripts/kconfig.pl	处理内核配置
scripts/deptest.sh	自动 OpenWrt 的软件包依赖项检查
scripts/metadata.pl	检查 metadata
scritps/rstrp.sh	丢弃目标文件中的符号,这样就将执行文件和动态库变小
scripts/timestamp.pl	生成文件的时间戳
scripts/ipkg-make-index.sh	生成软件包的 ipkg 索引,在使用 opkg 安装软件时使用
scripts/ext-toolchain.sh	工具链
scripts/strip-kmod.sh	删除内核模块的符号信息,使文件变小

2.2.3 下载工具

OpenWrt 在构建时首先下载代码,就是使用 scripts/download.pl 脚本进行下载,使用方法如下:

```
Syntax: ./download.pl <target dir> <filename> <md5sum> [<mirror> ...]
```

<target dir>为下载之后的保存位置,下载代码通常均保存在 dl 目录下。

<filename> 待下载的文件名。

<md5sum> 下载内容的 MD5，用于校验下载文件是否正确。

<mirror> 为可选的参数，是下载文件的镜像地址，可以有多个地址，优先选择第一个，如果下载失败则顺序选择后面的地址。

该程序由 Perl 语言开发出来，代码并不复杂。代码首先进行初始条件检查，判断参数是否足够，至少需要 3 个参数分别为下载文件保存位置、下载文件名及下载内容 MD5 值。接着从命令行参数中顺序读取数据，并赋值给局部变量，最后判断 md5sum 或 md5 工具是否存在，如果不存在提示工具不存在后退出。

紧接着调用 localmirrors() 函数读取本地的源码镜像地址，我们可以在企业内部创建自己的代码镜像服务器，然后将镜像地址放在 "scripts/localmirrors" 文件中，这样我们就不用每次编译时都从互联网上去下载了。例如我这里修改如下：

```
zhang@zhang-laptop:~/cc/scripts$ cat localmirrors
http://192.168.1.106:8080/openwrt/
http://mirror.bjtu.edu.cn/gnu/
```

紧接着遍历命令行并将代码中的镜像地址加到备选镜像中。最后使用 while 循环进行下载，如果下载完成就对下载文件的 MD5 进行对比，如果 MD5 值一致则退出循环，否则进入下一个镜像地址进行下载。下载成功后调用 cleanup() 函数来清理临时变量。

这个下载功能最重要的接口是我们可以通过 "scripts/localmirrors" 文件自定义软件包下载地址，方便开发人员进行设置。

最近有很多 iPhone/Android 编译工具爆出后门问题，就是因为使用其他第三方镜像地址文件来下载编译工具，但没有对下载的软件内容进行 MD5 值对比，从而导致编译的应用程序感染后门。OpenWrt 的下载检查机制从源头上解决了这类问题。在我开发 OpenWrt 时也发现了下载的一些内容被感染的问题，但检查机制丢弃了不正确的内容，从下一个的镜像网站上继续下载。

2.2.4　patch-kernel.sh 脚本

OpenWrt 的代码包中大多均有 patches 目录。下载代码包完成后进行打补丁，采用的就是 patck-kernel.sh 脚本。脚本的第一个参数为编译代码目录，第二个为补丁目录，调用脚本形式举例如下。

```
../scripts/patch-kernel.sh iproute2-3.3.0 ../package/iproute2/patches/
```

执行流程如下。

（1）首先进行参数赋值，第一个参数为代码目录，第二个参数为补丁目录。

（2）第二步判定代码目录和补丁目录是否存在，如果不存在则提示错误并退出。

（3）遍历补丁文件，根据后缀判断补丁文件类型。

（4）调用 patch 命令应用补丁。

（5）检查补丁应用是否正确，如果存在"*.rej"文件表示出现错误，返回"1"并退出。

（6）最后检查如果存在应用补丁后的备份文件，则删除备份文件。

2.2.5　编译扩展机制 feeds

传统的 Linux 操作系统在编译某一个软件的时候，会检查其依赖软件及头文件是否存在，如果没有安装，则会报缺少头文件或缺少链接库等错误，编译将退出。这种机制使得开发者在编译一个软件之前，需要查找该软件所需的依赖库及头文件，并手动去安装这些软件。有时候碰到比较娇贵的软件时，嵌套式的安装依赖文件，会使得开发者头昏脑胀。OpenWrt 通过引入 feeds 机制，很好地解决了这个问题。

feeds 是 OpenWrt 开发所需要的软件包套件的工具及更新地址集合，这些软件包通过一个统一的接口地址进行访问。这样用户可以不用关心扩展包的存储位置，可以减少扩展软件包和核心代码部分的耦合。它由两部分组成，即扩展包位置配置文件 feeds.conf.default 和脚本工具 feeds。目前在配置文件中保存最重要的扩展软件包集合有以下 4 个。

- 'LuCI'OpenWrt 默认的 Web 浏览器图形用户接口。
- 'routing'一些额外的基础路由器特性软件，包含动态路由 Quagga 等。
- 'telephony'IP 电话相关的软件包，例如 freeswitch 和 Asterisk 等。
- 'management'TR069 等各种管理软件包。

当我们下载了 OpenWrt 对应源码之后，进行如下操作：

```
$> ./scripts/feeds update -a
```

```
$> ./scripts/feeds install -a
```

上述操作，就是利用 feeds 提供的接口将 OpenWrt 所需的全部扩展软件包进行下载并安装。在更新时，需要能够访问互联网。在下载之前可以通过查看"feeds.conf.default"文件，来检查哪些文件需要包含在编译环境中。feeds 工具用法如下。

```
zhang@zhang-VirtualBox:~/cc$ ./scripts/feeds
Usage: ./scripts/feeds <command> [options]

Commands:
    list [options]: List feeds, their content and revisions (if
installed)
    Options:
        -n :            List of feed names.
        -s :            List of feed names and their URL.
        -r <feedname>: List packages of specified feed.
        -d <delimiter>: Use specified delimiter to distinguish rows
(default: spaces)

    install [options] <package>: Install a package
    Options:
        -a :  Install all packages from all feeds or from the specified
feed using the -p option.
        -p <feedname>: Prefer this feed when installing packages.
        -d <y|m|n>:   Set default for newly installed packages.
        -f :   Install will be forced even if the package exists in core
OpenWrt (override)

    search [options] <substring>: Search for a package
    Options:
        -r <feedname>: Only search in this feed

    uninstall -a|<package>: Uninstall a package
    Options:
        -a :            Uninstalls all packages.
```

```
    update -a|<feedname(s)>: Update packages and lists of feeds in
feeds.conf .
    Options:
        -a : Update all feeds listed within feeds.conf. Otherwise the
specified feeds will be updated.
        -i : Recreate the index only. No feed update from repository is
performed.

    clean:  Remove downloaded/generated files.
```

update：下载在 feeds.conf 或 feeds.conf.default 文件中的软件包列表并创建索引。-a 表示更新所有的软件包。只有更新后才能进行后面的操作。

list：从创建的索引文件"feed.index"中读取列表并显示。只有进行更新之后才能查看列表。

install：安装软件包以及它所依赖的软件包，从 feeds 目录安装到 package 目录，即在"package/feeds"目录创建软件包的软链接。只有安装之后，在后面执行"make menuconfig"时，才可以对相关软件包是否编译进行选择。

例如安装 luci-app-firewall：

```
zhang@zhang-laptop:~/openwrt$ ./scripts/feeds install luci-app-firewall
Installing package 'luci-app-firewall' from luci
Installing package 'luci-base' from luci
Installing package 'luci-lib-nixio' from luci
Installing package 'luci-lib-ip' from luci
```

search：按照给定的字符串来查找软件包，需要传入一个字符串参数。

uninstall：卸载软件包，但它没有处理依赖关系，仅仅删除本软件包的软链接。

clean：删除 update 命令下载和生成的索引文件，但不会删除 install 创建的链接。

feeds 代码处理过程是这样的：这个命令首先读取并解析 feeds.conf 配置文件，然后执行相应的命令，例如 install 时，将安装应用程序包和它所有直接或间接依赖的所有软件包。安装时将创建一个符号链接，从 packages/feeds/$feed_name/$package_name 指向 feeds/$feed_name/$package_name， 这样在 "make menuconfig" 时，feeds 的软件包就可以被处理到，就可以选择编译了。例如 luci-app-firewall 指向 feeds/luci/applications/luci-app-firewall：

```
zhang@zhang-laptop:~/openwrt$ ls package/feeds/luci/luci-app-firewall -alht
lrwxrwxrwx 1 zhang zhang 50 2015-07-04 15:17 package/feeds/luci/luci-
app-firewall -> ../../../feeds/luci/applications/luci-app-firewall
```

用一句话来说，编译扩展安装过程就是将 feeds 目录下的软件包链接到 packages/feeds 对应目录下。可使用的 feeds 列表配置为 feeds.conf 或者 feeds.conf.default。优先选择 feeds.conf 文件，这个文件包含了扩展安装源列表，每一行由 3 部分组成，包含 feed 方法、feed 名字和 feed 源。下面是一个扩展安装源配置文件的例子。

```
src-git luci https://github.com/openwrt/luci.git;for-15.05
src-git routing https://github.com/openwrt-routing/packages.git;for-
15.05
src-git telephony https://github.com/openwrt/telephony.git;for-15.05
src-gitmanagement https://github.com/openwrt-management/packages.git;
for-15.05
```

我们可以修改该文件使编译时从自己指定的位置进行下载。主要支持 feed 方法的类型有以下 3 种。

- **src-cpy** 通过从数据源路径复制数据。

- **src-git** 通过使用 Git 从代码仓库地址下载代码数据。

- **src-svn** 通过使用 SVN 从代码仓库地址下载代码数据。

2.3　使用 VirtualBox 部署

首先将编译完成的安装文件 openwrt-x86-generic-combined-ext4.img.gz 解压缩，然后将解压后的 img 文件复制出来并转换为 VirtualBox 支持的 vdi 文件。

```
zhang@zhang-laptop:~/cc/bin/x86$ gunzip openwrt-x86-generic-combined-
ext4.img.gz
zhang@zhang-laptop:~/cc/bin/x86$ cp openwrt-x86-generic-combined-ext4.
img /mnt/
```

将 img 文件转换为 Virtualbox 支持的 vdi 文件的转换命令为：

```
C:\Program Files\Oracle\VirtualBox>VBoxManage.exe convertfromraw
-format VDI D:\ubuntu\openwrt-x86-generic-combined-ext4.img d:\ubuntu\
openwrt15.vdi
Converting from raw image file="D:\ubuntu\openwrt-x86-generic-combined-
ext4.img"
 to file="d:\ubuntu\openwrt15.vdi"...
Creating dynamic image with size 55050240 bytes (53MB)...
```

使用 VirtualBox 来安装 OpenWrt 时，先在 Virtualbox 中选择新建虚拟计算机，类型为 Linux，版本选择"Linux 2.6/3.x/4.x（32-bit）"，如图 2-3 所示。

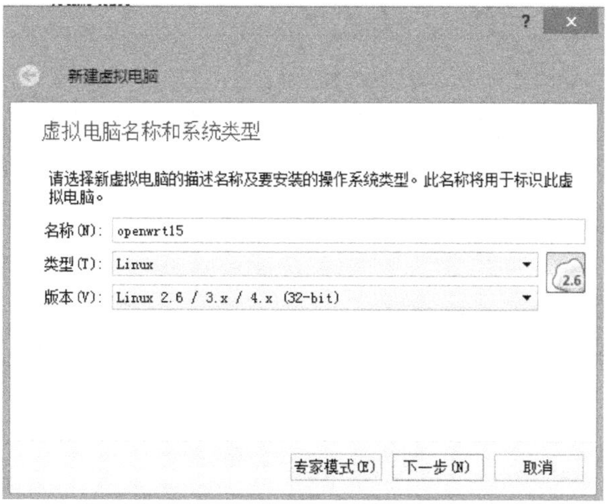

图 2-3　选择操作系统类型

紧接着选择内存的大小，采用默认设置 256MB 即可。然后单击"下一步"继续进行设置。如图 2-4 所示。

最后选择"使用已有的虚拟硬盘文件（U）"。然后在硬盘上选择编译出来的 openwrt-x86-generic-combined-ext4.vdi 文件或者转换成功的 openwrt15.vdi。单击"创建"，这时路由器虚拟计算机就创建完成了。如图 2-5 所示。

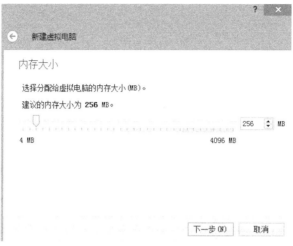

图 2-4　选择内存大小

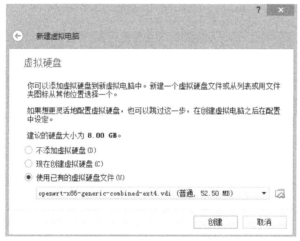

图 2-5　虚拟硬盘选择

　　创建完成后，选择设置并且设置两个网卡接口，接口类型分别为"网络地址转换"和"Host　Only"。如果在之前没有添加虚拟硬盘，可以在"设置→存储→控制器→控制器（IDE）"中添加虚拟硬盘，选择"openwrt15.vdi"即可。这时我们就可以启动 OpenWrt 了。启动完成后按 Enter 键即可登录到 OpenWrt 的终端中。注意某些版本在未启用串口时会启动失败。如图 2-6 所示，在图形用户界面下的"设置→串口→端口 1"，在启用串口选项上打勾，即可成功启动。

图 2-6 串口设置

通常默认编译安装的 OpenWrt 路由器固件没有 Web 管理界面，因此需要我们通过 opkg
命令进行安装。

```
opkg update
opkg install luci
/etc/init.d/uhttpd enable
/etc/init.d/uhttpd start
/etc/init.d/firewall stop
```

默认会不会打开 HTTP 管理服务？端口为 80，并且防火墙会默认打开，通过外网不能
访问 HTTP 管理页面服务。需要将防火墙关闭。

在 VirtualBox 中的网卡设置中 NAT 启动 tcp 端口转发，将主机端口的 80 端口转到子
系统的 80 端口，这样就可以通过 http://127.0.0.1 来访问路由器管理页面。

2.4　编译部署出现问题的解决方法

1. 虚拟机和 Window 10 之间不能访问

请查看 Window 10 的防火墙设置，关闭 Windows 10 的防火墙来解决这个问题。

2. 编译 grub2 模块出错，提示下载失败

直接使用 wget 工具或浏览器来下载，如果确实下载不成功，可以替换为之前 grub-2.0.0
的版本来进行编译。

3. 提示 opkg 编译失败，使用 Git 下载失败

使用 wget 直接下载即可。如果下载还失败，可以使用迅雷等下载工具来下载，如果
还不行则可以替换为较低的版本来编译。

4. 提示 cyassl-3.2.0.zip 下载失败

使用 http://fossies.org/linux/misc/cyassl-3.2.0.zip，下载后放在 dl 目录下即可。

5. mpc-1.0.2.tar.gz 下载失败

建议将北京交通大学的 GNU 开源镜像加入到下载列表中，这样可以加快下载速度，
并且可以在国外网站下载失败时使用国内资源。加入到 "scripts/localmirrors" 中，或者加
入到 download.pl 每一类的第一行，即分别为第 155 行及 173 行。

```
push @mirrors, "http://mirror.bjtu.edu.cn/gnu/$1";
push @mirrors, "http://mirror.bjtu.edu.cn/gnome/$1";
```

大部分问题为在特定网络条件下下载资源失败的问题，在其他网络条件下没有该类问
题，可以更换其他网络进行下载。

6. 启动失败

某些版本的 OpenWrt 在虚拟机下启动失败，可以将虚拟机"串口 1"启用，避免 OpenWrt
判断串口时失败。

此外，某些系统（如 Windows8 或 Windows10）下的 VirtualBox 安装 15.05 不能启动，
但安装较低版本 12.09 和 10.3.1 可以启动。

2.5　VirtualBox 虚拟机网络设置

VirtualBox 提供了 7 种网络接入模式，最常用的网络模式有以下 4 种。

1. 网络地址转换（Network Address Translation，NAT）模式

如果你想使用虚拟机浏览网站、下载文件和查看邮件，这个模式最适合。NAT 模式是实现虚拟机上网的最简单的方式。

2. 桥接模式

VirtualBox 连接你的真实网卡并和真实网卡直接交换数据，这是高级网络需求，例如在虚拟机中直接对外提供服务。相当于一个网卡有两个 MAC 地址。

3. 内部网络模式

这个模式通常用于创建不同的软件虚拟网络，这些网络可以为不同的虚拟机所使用。但这些网络不能被宿主机或外部网络所应用。

4. 仅主机网络模式（Host-Only）

这个模式应用于创建包含主机和一组虚拟机之间的网络，不需要主机的物理网卡，而是创建一个虚拟网卡以提供虚拟机和宿主机之间的网络互联。

2.5.1 网络地址转换模式

如果你想使用虚拟机浏览网站、下载文件和查看邮件，这个模式最适合。NAT 模式是实现虚拟机上网的最简单的方式，不需要经过特别配置。虚拟机不占用局域网的 IP 地址，仅分配到连接宿主机的内部地址，如果需要上网就要经过地址转换到宿主机再去访问网络。你可以这样理解：虚拟机就相当于是家庭网络内部的一台计算机，主机就是家庭网络外部的计算机，VirtualBox 就是运行中的路由器，虚拟机访问网络的所有数据都通过路由器，家庭网络内的计算机不真实存在于网络中，宿主机与网络中的任何机器都不能查看和访问到虚拟机。这种分割也最大程度地保证了虚拟机的安全。

虚拟机默认可以通过网卡访问到宿主机和网络。网络地址转换模式的最大劣势在于，虚拟机在外部网络不可访问，除非你设置端口转发规则。宿主机无法通过网络访问到虚拟机，是因为虚拟机的 IP 地址是私有地址，宿主机不会路由到虚拟机中。通过设置端口转发规则，宿主机就可以访问到虚拟机中的服务，例如，宿主机需要访问虚拟机中的 HTTP 服务，设置为 80 端口转发，如图 2-7 所示，就可以将访问宿主机 127.0.0.1 的请求转发到虚拟机中的 80 端口上。

图 2-7　虚拟机端口映射设置

实际上虚拟机分配到的 IP 地址通常为 10.0.2.15，网关地址为 10.0.2.2。虚拟机将设置一个默认路由指向下一跳地址为网关地址。NAT 方案的特点是，默认情况下，虚拟机即获取到 IP 地址，可以通过这个 IP 地址访问宿主机和网络。宿主机经过设置之后也可以访问虚拟机上的服务。

NAT 使用受到一些限制，主要有以下 3 个限制。

（1）ICMP 协议限制。一些经常使用的网络调试工具（如 ping 和 traceroute 等）使用 ICMP 发送和接收消息。ICMP 支持在 VirtualBox 已经增加，但其他工具可能不支持。

（2）接收 UDP 广播不可用。虚拟机为了节省资源不接收广播。

（3）协议例如 GRE 不支持。TCP 及 UDP 以外的协议不支持。这意味着一些 VPN 产品（例如微软的 PPTP）不能使用。仅使用 TCP 及 UDP 的 VPN 产品可以使用。这个限制不影响标准网络的使用。

2.5.2　桥接网络模式

桥接网络就相当于两个网卡组织为两个交换机接口，虚拟机和宿主机同时接在一个交换机的两个网口上。它就是通过主机网卡，架设了一条桥，直接连入到网络中。因此，它使得虚拟机能被分配到一个网络中独立的 IP 地址，所有网络功能完全和在网络中的真实机器一样。宿主机通过网卡发送数据给虚拟机，接收数据也通过这个网卡。这意味着你可以设置虚拟机和网络之间的路由或桥接。

通过图形用户接口"设置→网络"，设置"启动网络连接"，从"连接方式"下拉框中选择"桥接网卡"，然后选择自己系统的网卡即可。注意不要选择无线网卡，因为大多数无线网卡无法设置为混杂模式。

该模式存在以下缺点：需要接入网络并分到网络中的 IP 地址才能相互访问；如果网络中对 IP 及 MAC 地址接入有限制，则无法分配到 IP 地址，不能工作。

2.5.3　内部网络模式

内部网络模式在和外部通信方面和桥接网络模式相似，不过这个外部仅限于同一个主机上连接同一个内部网络的其他虚拟机。虚拟机与宿主机和外网完全断开，只实现虚拟机与虚拟机之间的网络连接模式。

在技术上内部网络模式所能完成的工作，桥接网络也可以完成，但内部网络有安全优势。在桥接网络模式中，所有流量均通过宿主机的物理接口，通过包探测器可以记录所有的网络流量。因此如果你想让自己的数据保密，就不能使用桥接模式。

内部网络在设置时会自动创建，没有也不需要中心配置。每一个内部网络根据名称来区分。一旦有一个以上的活动虚拟网卡具有相同的内部网络 ID，VirtualBox 支持驱动程序会自动将它们接到同一个网络交换机上。VirtualBox 支持驱动程序实现了一个完整的以太网交换机，包含支持广播/组播帧和混杂模式等。通过以下方式进行设置：通过图形用户接口"设置→网络"设置"启动网络连接"，从"连接方式"下拉框中选择"内部网络"。

2.5.4　仅主机网络模式

仅主机（Host-Only）网络模式被认为是桥接网络和内部网络模式的混合体：与桥接网络相似，虚拟机和宿主机可以互相通信，宿主机和它们通过一个物理以太网交换机连接。同样，作为内部网络，不需要存在一个物理网卡；虚拟机无法跟外面世界通信，因为它们没有连接到一个物理网络接口上。

使用这个模式，VirtualBox 将在宿主机上创建一个新的软件接口。就像一个本地回环接口一样，VirtualBox 在主机中模拟出一张专供虚拟机使用的网桥，所有虚拟机都是连接到该网桥上的。当实体机运行多个虚拟应用程序时，例如一个虚拟机运行 Web 服务，另外一个运行数据库，两个虚拟机就可以通过仅主机适配器网络相互进行通信，Web 服务器再通过网桥对外提供服务，数据库服务器不能被外部访问，数据不会泄露到外部。通过以下方式进行设置：通过图形用户接口"设置→网络"设置"启动网络连接"，从"连接方式"下拉框中选择"仅主机 Host-only 适配器"。

虚拟机默认分到的 IP 为 192.168.56.101，主机的 IP 地址为 192.168.56.1，两者可以通过 IP 相互访问。其他虚拟机默认都分到 192.168.56.X 的 IP 地址，虚拟机之间通过 IP 可以相互访问。和主机本身的网卡是否启用没有关系。

2.5.5　网络模式比较

每一种网络模式均有自己的使用场景，对 VirtualBox 的 4 种网络设置的比较如表 2-6 所示。

表 2-6　VirtualBox 网络设置比较

特　点	NAT	桥　接	内　部　网　络	仅　主　机
宿主机和虚拟机是否相互访问	默认不能访问虚拟机	默认可以相互访问，需要网卡外接交换机上认为网卡工作才能相关访问	不能相互访问，彼此不属于同一个网络，无法相互访问	可以相互访问
和其他虚拟机关系	完全相互独立，不能相互访问	同一桥接网卡可以访问	可以相互访问，有一个前提是在设置网络时，两台虚拟机设置同一网络名称	可以相互访问
和其他主机关系	其他主机不能访问	对等关系，可以相互访问	不能相互访问	不能相互访问

2.5.6　组建路由器实验环境

如图 2-8 所示，将虚拟机 1 当作智能路由器，安装 OpenWrt 软件，并创建两个网卡，NAT 网卡用于连接互联网，内部网络用于连接家庭网个人计算机。虚拟机 2 当作家庭 PC 使用，自动从 OpenWrt 网关处分配 IP 地址。这样我们就可以模拟常见的路由器场景，例如上网、防火墙和 DNS 代理等功能，任何家庭网的数据流量均通过路由器来转发到外部网络。

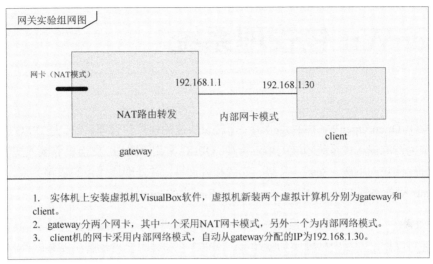

图 2-8　家庭路由器验证环境

2.6　参考资料

- Backfire 发布说明（https://forum.openwrt.org/viewtopic.php?id=24177 [2014-10-31]）。

- GNU 北京交通大学镜像网站（http://mirror.bjtu.edu.cn/gnu/ ）。

- Ubuntu 镜像使用帮助（http://mirrors.163.com/.help/ubuntu.html [2015-07-11]）。

- 虚拟机 VirtualBox 用户手册（http://www.virtualbox.org ）。

- 快速词法分析工具（http://www.gnu.org/software/flex/ [2014-12-10]）。

- subversion（http://subversion.apache.org [2014-12-12]）。

第3章
OpenWrt 包管理系统

OPKG（Open/OpenWrt Package）是一个轻量快速的软件包管理系统，是 IPKG 的克隆，目前已成为开源嵌入式系统领域的事实标准。OPKG 常用于路由、交换机等嵌入式设备中，用来管理软件包的下载、安装、升级、卸载和查询等，并处理软件包的依赖关系。功能和桌面 Linux 操作系统 Ubuntu 中的 apt-get、Redhat 中的 yum 类似。

OPKG 是一个针对根文件系统全功能的软件包管理器。它不仅仅是在独立的目录安装软件，还可以用于安装内核模块和驱动等。OPKG 在安装时会自动解决安装软件时的包依赖关系，如果遇见错误，就中止安装。

3.1　工作原理

当执行"opkg update"命令进行软件列表的更新时，OPKG 首先会读取配置文件/etc/opkg.conf，这个文件保存了 OPKG 的全局配置信息。紧接着，OPKG 会根据配置地址位置下载软件包列表文件 Packages.gz 到/var/opkg-list 目录下，这个文件是软件仓库中所有软件列表及其依赖关系的清单，是使用 gzip 压缩的文件，这样在网络传输时所占用网络流量比较小。其后任何安装命令均需首先读取这两个文件。

软件安装之后的信息会保存在目录/usr/lib/opkg/下面，这里就相当于 Windows 操作系统中的注册表。它包含状态文件，OPKG 通过访问这个状态文件确定该软件是否已安装、安装的版本，以及依赖关系是否满足等，从而可以确定安装软件的版本、文件路径等信息。

OPKG 命令执行会读取以下 3 部分的信息：配置文件、已安装软件包信息和软件仓库的软件包信息。

- 配置文件默认位置为/etc/opkg.conf。

- 已安装软件包状态信息保存在/usr/lib/opkg 目录下。

- 软件仓库的软件包信息保存在/var/opkg-lists 目录下。

3.2 OPKG 命令

3.2.1 命令用法

OPKG 必须带有一个子命令，如果不带有子命令，将输出 OPKG 的详细使用提示信息。首先是提示必须有一个子命令参数，然后是命令格式提示信息，最后是各个子命令和选项信息含义描述。

```
opkg must have one sub-command argument:
usage: opkg [options...] sub-command [arguments...]
where sub-command is one of:
Package Manipulation:
  update              Update list of available packages
  upgrade <pkgs>       Upgrade packages
  install <pkgs>       Install package(s)
  configure <pkgs> Configure unpacked package(s)
  remove <pkgs|regexp> Remove package(s)
  flag <flag> <pkgs>   Flag package(s)
   <flag>=hold|noprune|user|ok|installed|unpacked (one per invocation)
Informational Commands:
  list          List available packages
  list-installed       List installed packages
  list-upgradable      List installed and upgradable packages
  list-changed-conffiles   List user modified configuration files
  files <pkg>          List files belonging to <pkg>
  search <file|regexp> List package providing <file>
```

```
find <regexp>       List packages whose name or description matches <regexp>
info [pkg|regexp]   Display all info for <pkg>
status [pkg|regexp] Display all status for <pkg>
download <pkg>      Download <pkg> to current directory
compare-versions <v1> <op> <v2>
                    compare versions using <= < > >= = << >>
print-architecture  List installable package architectures
depends [-A] [pkgname|pat]+
whatdepends [-A] [pkgname|pat]+
whatdependsrec [-A] [pkgname|pat]+
whatrecommends[-A] [pkgname|pat]+
whatsuggests[-A] [pkgname|pat]+
whatprovides [-A] [pkgname|pat]+
whatconflicts [-A] [pkgname|pat]+
whatreplaces [-A] [pkgname|pat]+
```
……各种选项描述省略

OPKG 的功能主要分两类，一种是软件包的管理命令，另外一种是软件包的查询命令。另外还有很多可以修饰的选项。我们分 3 节来介绍。

3.2.2　软件包的管理

软件包的管理是 OPKG 最重要的功能，主要包含更新软件包列表、安装、卸载和升级等功能。

1. opkg update

该命令用于更新可以安装的软件包列表。该命令不需要参数，执行时从服务器地址下载软件包列表文件并存储在/var/opkg-lists/目录下。OPKG 在安装或升级时需要读取这个文件，这个文件代表当前仓库中所有可用的软件包。也可以删除该文件来释放存储空间，在安装软件前需要重新获取这个文件。

2. opkg install

该命令用于安装软件包，需要一个参数，传递一个软件包名称。如果软件包之间有依赖关系，会自动下载所有被依赖的软件包，并依次将所有被依赖的软件包安装上。示例 3-1

所示代码用于安装 file 软件包，其所依赖的软件包 libmagic 会自动安装上。

示例 3-1：

```
root@zhang:/#> opkg install file
Installing file (5.11-1) to root...
Downloading http://downloads.openwrt.org/attitude_adjustment/12.09/
x86/generic/packages/file_5.11-1_x86.ipk.
Installing libmagic (5.11-1) to root...
Downloading http://downloads.openwrt.org/attitude_adjustment/12.09/
x86/generic/packages/libmagic_5.11-1_x86.ipk.
Configuring libmagic.
Configuring file.
```

3. opkg remove

该命令用于卸载软件包，需要一个参数，传递一个软件包名称。需要注意的是，在安装时自动安装的软件包并不会删除，需要自己手动删除，或者在卸载软件包的同时增加 (--autoremove)参数将不需要的安装包也删除。示例 3-2 所示代码用于删除 file 软件包及不再使用的依赖包。

示例 3-2：

```
root@zhang:/#> opkg remove file --autoremove
Removing package file from root...
libmagic was autoinstalled and is now orphaned, removing.
Removing package libmagic from root...
```

4. opkg upgrade

该命令用于升级软件包。如果软件包没有安装，该命令执行之后和"opkg install"效果相同。如果升级多个软件包，以空格分隔列在命令之后即可。例如使用 opkg upgrade ipwget 来升级两个软件包。

对大多数用户来说，不推荐升级软件包。OpenWrt 发布后再进行升级大多数情况下是不可能的，这是因为 OpenWrt 发布之后一般不再更新，除非主干的快照被编译机器人（buildbot）自动更新。如果内核升级了，可能带来升级风险，因为内核可能和原始安装的应用软件不兼容。因此一般只升级应用，即非内核软件包。

3.2.3　查询信息

OPKG 查询命令可以在软件仓库中查询，也可以在运行的系统中查询。OPKG 提供了软件包的双向查询功能：正向查询，即从软件包来查询所包含的文件列表；也可以反向查询，从系统中所安装的文件查询所属的软件包。

1.　opkg list

该命令用于列出所有可使用的软件包，列出内容格式为：

软件包名称 – 版本 – 描述。

描述内容是可以有换行的。如果使用 grep 命令来查找软件包则需注意，grep 是单行匹配，因此使用 grep 查找的结果并不准确。

2.　opkg list-installed

该命令用于列出系统中已经安装的软件包。

3.　opkg list-changed-conffiles

该命令用于列出用户修改过的配置文件。

4.　opkg files <pkg>

该命令用于列出属于这个软件包（<pkg>）中的所有文件，这个软件包必须已经安装。示例 3-3 所示代码用于查看 ip 软件包所包含的文件列表。

示例 3-3：

```
#opkg files ip
Package ip (3.3.0-1) is installed on root and has the following files:
/usr/sbin/ip
/etc/iproute2/rt_tables
```

5.　opkg search <file>

该命令用于列出提供<file>的软件包，注意：需要传递文件的绝对路径。

6. opkg find <regexp>

该命令用于列出软件包名称和<regexp>匹配的软件包。<regexp>是一个正则表达式，可以精确匹配，也可以使用星号来模糊匹配，例如使用"net*"或者"*net*"，均可以匹配 NetCat。

7. opkg info [pkg]

该命令用于显示已安装[pkg]软件包的信息，包含软件包名称、版本、所依赖的软件包名称、安装状态和安装时间等。如果没有指定参数则输出所有已安装软件包的信息。"opkg status"和这个命令功能完全相同。

8. opkg download <pkg>

该命令用于将软件包<pkg>下载到当前目录。

9. opkg print-architecture

该命令用于列出安装包的架构。

10. opkg whatdepends [-A] [pkg]

该命令用于针对已安装的软件包，输出依赖这个软件包的软件包。示例 3-4 所示代码用于查询依赖 libmagic 的软件包。

示例 3-4:

```
root@zhang:/#> Opkg whatdepends libmagic
Root set:
  libmagic
What depends on root set
   file 5.11-1  depends on libmagic
```

3.2.4 选项

OPKG 有很多选项可以使用，这里只列出几个最常用的选项。

- -A：查询所有的软件包，包含未安装的软件包。

- -d <dest_name>：使用<dest_name>作为软件包的安装根目录。<dest_name>是配置文件中定义的目录名称。

- -f <conf_file>：指定使用<conf_file>作为 opkg 的配置文件。如不指定，默认配置文件是/etc/opkg.conf。

- --nodeps：不按照依赖来安装，只安装软件包自己。这可能会导致缺少依赖文件，导致程序不能执行。

- --autoremove：卸载软件包时自动卸载不再使用的软件包（在安装时依赖会自动安装上）。

- --force-reinstall：强制重新安装软件包，在软件包版本未修改时不会再次安装，增加该选项来强制重新安装。

3.3　OPKG 配置

OPKG 需要一个配置文件来保存全局配置，例如软件从哪里下载、安装到哪里等。

3.3.1　调整软件仓库地址

OPKG 配置文件默认是/etc/opkg.conf。内容参考如下。

```
src/gz attitude_adjustment http://192.168.1.106:8080/openwrt
dest root /
dest ram /tmp
lists_dir ext /var/opkg-lists
option overlay_root /overlay
```

OPKG 可以使用多个仓库，每一个仓库需要一个唯一标识符，即使用它们的逻辑名字。例如：

```
src/gz attitude_adjustment http://downloads.openwrt.org/attitude_
adjustment/12.09/x86/generic/packages/
src/gz local http://192.168.1.106:8080/openwrt
```

3.3.2 调整安装目录

OPKG 的一个非常有用的特性，是有能力指定任何安装包的安装目录。安装目录在配置文件/etc/opkg.conf 中定义。配置文件中目的地址格式是以 dest 开头，紧跟着目的地址的名称，最后是目录路径，必须从根目录开始。

```
dest root /
dest ram /tmp
dest usb /opt
```

安装目录定义之后，目的地址名称就可以在安装命令中引用了。安装时目的地址名称只能引用在/etc/opkg.conf 中定义的地址名称，例如 "-d ram" 表示软件将安装到临时目录/tmp 下。安装命令类似如下格式：

```
opkg install <pkg> -d <目的地址名称>
```

3.3.3 代理设置

OPKG 通过下载软件包来安装，如果你通过 HTTP 代理服务器来上网，那就不能直接连接到服务器地址，这时就需要设置代理服务器地址。在/etc/opkg.conf 中加入以下设置：

```
option http_proxy http://proxy.example.org:3128/
```

如果代理服务器需要认证，则需要增加以下认证信息：

```
option proxy_username xxxxxx
option proxy_password xxxxxx
```

如果使用 busybox 的 wget 命令，这个工具不支持认证功能，下载时将认证失败。可以改为在 URL 中传递用户名和密码：

```
option http_proxy http://username:password@proxy.example.org:3128/
```

3.4 使用举例

3.4.1 安装软件包

假设我们想要安装一个 svn 工具，可以将路由器中的内容直接提交到代码库中，但我们并没有记清楚这个工具的完整软件名称，我们可以通过命令来查询。首先我们更新可用的软件包列表，然后查询所有带有 svn 信息的。示例 3-5 是查询 svn 软件包。

示例 3-5：

```
root@zhang:~#> opkg update
root@zhang:~#> opkg list |grep svn
libvorbisidec - 1.0.2+svn14261-1 - libvorbisidec is "tremor", a fixed-
point implementation of libvorbis. It also has libogg built-in. It is suitable
as a replacement for  libvorbis and libogg in tremor-aware applications.
Tremor is a decoder only.
luci - 0.11+svn9769-1 - Standard OpenWrt set including full admin with
ppp support and the default OpenWrt theme
luci-app-ahcp - 0.11+svn9769-1 - LuCI Support for AHCPd
luci-app-commands - 0.11+svn9769-1 - LuCI Shell Command Module
luci-app-ddns - 0.11+svn9769-1 - Dynamic DNS configuration module
luci-app-diag-core - 0.11+svn9769-1 - LuCI Diagnostics Tools (Core)
luci-app-diag-devinfo - 0.11+svn9769-1 - LuCI Diagnostics Tools (Device
Info)
#更换关键字来查询
root@zhang:/#> opkg list |grep subversion
subversion-client - 1.6.17-3 - Subversion is a free/open-source version
control system. That is, Subversion manages files and directories, and the
changes made to them, over time. This allows you to recover older versions
of your data, or examine the history of how your data changed. In this regard,
```

```
many people think of a version control system as a sort of time machine.
This package contains the subversion client tools.
```
　　#省略其他输出

　　我们第一次查到的都是带有 svn 关键字的软件包，这些软件包指的都是在 svn 仓库中的版本号，并没有 svn 客户端工具的软件包。我们知道 svn 的全称为 subversion，我们更换关键字来查询。我们查到了 subversion-client 是一个 svn 客户端工具，因此我们使用"opkg install subversion-client"命令来选择安装。

　　也可以通过"opkg find"命令来查找软件包。这个命令需要我们记住想要查找软件包的名称，或者名称的一部分。可以使用星号"*"通配符来查找。例如使用"opkg find subversion*"。

3.4.2　查询已安装的 OPKG 软件包文件列表

　　用户经常想知道某个文件属于哪一个软件包，或者是某个软件包包含哪些文件。这时 OPKG 查询命令就派上用场了。示例 3-6 用于查询文件所属的软件包和查询软件包所包含的文件。

示例 3-6:

```
#查询文件所属的软件包
root@zhang:/#>opkg search /usr/bin/netcat
netcat - 0.7.1-2
#查询软件包所包含的文件。
root@zhang:/#> opkg files subversion-client
Package subversion-client (1.6.17-3) is installed on root and has the
following files:
/usr/bin/svnsync
/usr/bin/svnversion
/usr/bin/svn
```

3.4.3　自定义安装目录

　　在路由器中如果空间不足，我们需要将软件安装到另外的磁盘分区上。例如，将软件安装到 USB 盘分区中，例如我们安装 file、nmap 和 openvpn 软件包。

USB 盘的文件系统通常是 vfat 格式，我们首先安装 vfat 格式的相关软件包，然后将 USB 盘挂载到/srv 目录下。示例 3-7 用于安装 mount 工具并挂载 USB 磁盘到 srv 目录下。

示例 3-7：

```
opkg install knod-nsl-cp437
opkg install knod-nsl-iso8859-1
opkg install mount-utils
mkdir /srv -p
mount /dev/sdb1 /srv
```

然后我们编辑/etc/opkg.conf 文件，在文件最后增加一行，内容为 "dest usb /srv"。到这里你就可以在外接 USB 盘中安装软件并执行了，首先更新软件包列表，然后安装软件。示例 3-8 用于安装 nmap 软件到 USB 盘中。

示例 3-8：

```
echo "dest usb /srv">> /etc/opkg.conf
opkg update
opkg install nmap  -d usb
```

在 nmap 安装完成后，如果执行 nmap，并不会找到该命令，还需要设置环境变量 PATH。如果仅是临时设置，可以在终端中使用 export 命令进行设置。如果要重启也生效就需要在 /etc/profile 文件中修改。编辑配置文件/etc/profile，将你新增的软件目录加入到 PATH 环境变量中。示例 3-9 用于将 srv 目录增加到命令搜索和动态库搜索的环境变量中。

示例 3-9：

```
export PATH=/bin:/sbin/:/usr/bin/:/usr/sbin:/srv/bin:/srv/sbin:/srv/
usr/bin:/srv/usr/sbin
export LD_LIBRARY_PATH=/srv/lib:/srv/usr/lib
```

在执行 nmap 时还提示有错误 "nmap: can't load library 'libstdc++.so.6'"，这时因为动态链接文件库名没有创建成功，只需要将 "libstdc++.so.6.0.16" 文件改名为 "libstdc++. so.6" 即可。

在安装 openvpn 时，如果你的安装包在/etc/init.d 目录下有一个启动脚本，但你安装到外接磁盘目录中，你就需要创建一个启动软链接，例如：

```
ln -s /srv/etc/init.d/openvpn /etc/init.d/openvpn
```

如果软件因为链接库的问题不能启动，就需要在启动脚本里面增加动态链接库目录。另外你需要解决特定程序的配置文件默认路径问题，需要通过命令行来指定配置文件的路径，也可以增加一个包装脚本。示例 3-10 就是增加了一个 file 包装脚本。安装 file 并使用 -m 来指定配置文件路径，并在最后通过 chmod +x 增加执行权限，这样就可以像以前一样执行 file 命令了。

示例 3-10:

```
opkg install file -d usb
touch /usr/bin/file
echo "#!/bin/sh" > /usr/bin/file
echo "/srv/usr/bin/file -m /srv/usr/share/misc/magic \"\$@\"" >>
/usr/bin/file
chmod +x /usr/bin/file
```

需要注意以下两点：

⚠ 许多软件包在自定义的位置时不能启动或者即使启动也不能成功执行，因为它在默认位置读取配置文件（如 file 命令），因此需要在参数中指定配置文件位置，否则将不能找到它自己必须的配置文件。

⚠ 许多软件包在更改了目录之后需要额外的软链接或者修改动态链接库文件名后缀才能使用。

3.5 OPKG 包结构

最后我们讲述 OpenWrt 最重要的软件包文件格式。OPKG 安装包（ipk 文件）是一个 gzip 压缩文件，可以用 file 命令来查看文件格式描述。其实，ipk 文件就是一个 "tar.gz" 文件，我们可以用 tar 命令来解压缩并查看文件内容，其内容包含两个压缩文件和一个版本文件。我们以 TcpDump 软件包为例来说明安装包格式，首先使用 tar 命令来解压缩 TcpDump 的安装包。命令如下：

```
$>tar -xzf tcpdump_4.2.1-3_x86.ipk  -v
./debian-binary
./data.tar.gz
./control.tar.gz
```

解压缩完成后生成 3 个文件，其中 debian-binary 是一个纯文本文件，包含字符串 "2.0"，表示格式为 debian2.0 格式。data.tar.gz 包含 "/usr/sbin/tcpdump" 文件，在安装时复制到安装目录下。

```
$>$tar -xzf data.tar.gz  -v
./
./usr/
./usr/sbin/
./usr/sbin/tcpdump
```

control.tar.gz 解压缩后发现仅包含一个文件 "control"，文件内容包含软件包名称、版本、依赖关系、所属分类、状态、优先级、平台架构和软件描述等。例如，TcpDump 可执行程序依赖 libc 和 libpcap 库，libc 库默认已经安装在系统中，在安装 TcpDump 时将自动下载并安装 libpcap 软件包。control 文件内容为：

```
Package: tcpdump
Version: 4.2.1-3
Depends: libc, libpcap
Provides:
Source: feeds/packages/net/tcpdump
Section: net
Status: unknown ok not-installed
Essential: no
Priority: optional
Maintainer: OpenWrt Developers Team <openwrt-devel@openwrt.org>
Architecture: x86
Installed-Size: 304571
Description: Network monitoring and data acquisition tool
```

控制部分还可以包含一些其他的控制文件。控制部分所有文件的含义，如表 3-1 所示。

表 3-1 OPKG 软件包控制文件含义

文 件	含 义
control	控制文件，包含软件包名称、版本、依赖关系和所属分类等信息
conffiles	配置文件，内容包含该软件的配置文件列表，一个文件占一行
preinst	安装文件之前执行脚本
postinst	安装文件之后执行脚本，例如安装之后设置用户及启动程序等
prerm	卸载之前执行的脚本，例如卸载之前首先结束运行的程序进程
postrm	卸载之后执行的脚本

3.6 参考资料

- OPKG 包管理器（http://wiki.openwrt.org/doc/techref/opkg）。

- OPKG 概述（http://wiki.openmoko.org/wiki/Opkg）。

- OPKG 网站（http://code.google.com/p/opkg/）。

- Debian 二进制如何打包（http://tldp.org/HOWTO/html_single/Debian-Binary-Package-Building-HOWTO/）。

- Maximum RPM（http://rpm5.org/docs/max-rpm.html）。

第4章
OpenWrt 配置

MVC（Model-View-Control）模式是经典的 Web 开发编程模式，OpenWrt 也采用该设计模式。该设计模式为分层设计，模型层负责数据的持久化操作。OpenWrt 的模型层采用统一配置接口（Unified Configuration Interface，UCI）。

UCI 的目的在于集中 OpenWrt 系统的配置。这样每一个开发人员只需学习一次即可，减少了学习成本。这是 OpenWrt 成功的关键原因之一。它成功地应用于 OpenWrt 的 WhiteRussian 之后的系列版本。UCI 可以看作 OpenWrt 系统中最重要系统设置的主要配置接口。通常情况下这些设置对设备的功能运转至关重要，例如网络接口的配置、DHCP 和防火墙设置等。本章首先讲述 UCI 配置及配置接口，接着讲述系统内核设置，最后还会讲述一些非 UCI 系统配置，这些配置通常不提供用户修改接口，但在系统运行时也是非常重要的。

4.1　UCI 简介

4.1.1　文件语法

配置文件由配置节（section）组成，配置节由多个 "name/values" 选项对组成。每一个配置节都需要有一个类型标识，但不一定需要名称。每一个选项对都有名称和值，写在其所属于的配置节中。语法如下：

```
config  <type> ["<name>"]    # Section
    option  <name> "<value>"    # Option
```

在 UCI 的配置文件中通常包含一个或多个配置节，所谓的配置节是带有一个或多个选项的语句。示例 4-1 所示的是 OpenWrt 中的一个实际配置文件（/etc/config/system）。

示例 4-1：

```
config system
        option  hostname OpenWrt
        option  timezone UTC
config timeserver ntp
        list server      0.openwrt.pool.ntp.org
        list server      1.openwrt.pool.ntp.org
        list server      2.openwrt.pool.ntp.org
        list server      3.openwrt.pool.ntp.org
        option enabled 1
        option enable_server 0
```

"config system" 语句定义了一个配置节的开始，配置类型为 "system" 但没有名称。没有名称标识的配置节称为匿名配置节。选项 "option hostname OpenWrt" 和 "option timezone UTC" 两行定义了这个配置节的两个简单配置。类型和选项的含义均由应用程序来决定，类型一般用于应用程序决定如何处理配置节包含的配置选项。如果一个选项是不存在的并且是必需的，那应用程序通常会触发一个异常或者记录一个异常的日志，然后程序退出。通常选项在配置文件中都是使用空格或制表符缩进来标识，但这个并非是语法要求，仅仅是为了增加配置文件的可读性。

"config timeserver ntp" 语句定义了另外一个配置节的开始，类型为 "timeserver"，名称为 "ntp"。在开始带有 list 关键字的选项，表示有多个值被定义，所有的语句有同一个选项名称 "server"。在我们的例子中均为 NTP 服务器地址，组合为相同顺序的单链表来处理。

option 和 list 用来提高配置文件的可读性，并且在语法上也要求使用关键字来表示配置选项的开始。通常不需要使用引号引上类型标识符或值，引号只在封闭的值包含空格或制表符的情况下需要。它可以合法地使用双引号和单引号。下面是所有的合法 UCI 文件选项语法示例。

```
option  example   value
option  'example' value
```

```
option  example  "value"
option  "example"  'value'
option  'example'  "value"
option  'example'  "some value with space"
```

下面的例子是错误的 UCI 文件语法。

```
option 'example" "value'   (引号没有配对)
option example some value with space   (带有空格的值缺少引号)
```

UCI 标识符和配置文件的名称只能包含字母 a ~ z、0 ~ 9 和_。例如连字符（ - ）是不允许的。选项的值可以包含任何字符，但需要将它们正确地加上引号。

4.1.2 统一配置原理

OpenWrt 有很多独立的第三方应用程序，大多数应用程序的软件包维护者已经制作了 UCI 兼容的配置文件，启动时由 UCI 配置文件转换为软件包的原始配置文件。这是在运行初始化脚本/etc/init.d/中执行的。在 5.3 节中会讲述启动机制。因此，当开始执行一个 UCI 兼容的守护进程初始化脚本时，你应该意识到程序的原始配置文件被覆盖了。例如，在 DNS 代理服务器 dnsmasq 进程启动的情况下，文件/var/etc/dnsmasq.conf 是从 UCI 配置文件/etc/config/dhcp 生成并覆盖的，是运行/etc/init.d/dnsmasq 脚本进行配置文件转换的。因为应用程序的配置文件是启动时通过 UCI 转换生成的，因此它不需要存储在非易失性存储器中，通常存储在内存中而不是在闪存中，而 var 目录为其内容在正常运行时不断变化的目录，因此将 var 目录创建为/tmp 目录的一个链接。OpenWrt 的大多数配置都基于 UCI 文件，如果你想在软件原始的配置文件调整设置，可以通过禁用 UCI 方法来实现。

OpenWrt 系统的核心配置分成很多个文件，并且都位于/etc/config 目录下。每个文件涉及系统配置的某一部分。你可以用一个文本编辑器修改，或用命令行实用程序 UCI 编辑配置文件。UCI 的配置文件也可通过各种编程 API（如 shell、Lua 和 C 等）来修改，这也是 Web 接口例如 LuCI 修改 UCI 文件的方式。

无论是通过一个文本编辑器还是命令行工具修改配置文件，在改变一个 UCI 的配置文件后，受影响的服务或可执行程序必须由 init.d 进行重启，这样更新 UCI 配置才会真正生效。许多程序是通过它们的初始化脚本与 UCI 配置兼容的。init.d 将 UCI 配置转换为它们软件特定的配置文件。init.d 首先在该软件预期的位置生成这样的一个配置文件，它通过重新启动可执行程序再次读入配置。注意：如果只是直接启动可执行文件，没有通过 init.d 调用，将不会将一个 UCI 配置文件更新到特定程序相应的配置文件位置，在/etc/config/的修改将不会对现有进程有任何影响。

例如，在修改 UCI 配置文件时，如果你想将局域网网关 IP 地址从默认地址 192.168.1.1 修改为 192.168.6.1，可以使用 vi 编辑器修改/etc/config/network。这里我们使用 uci 命令来修改。

```
uci set network.lan.ipaddr=192.168.6.1
uci commit network
```

下一步通过运行以下命令使修改生效。

```
/etc/init.d/network restart
```

在这种情况下，你需要使用新的 IP 地址来登录路由器设备。路由器常用功能配置文件如表 4-1 所示。所有的 UCI 配置文件均默认保存在 "/etc/config" 目录下。

表 4-1　常用功能配置文件含义

文 件 路 径	含　义
/etc/config/dhcp	Dnsmasq 软件包配置，包含 DHCP 和 DNS 设置
/etc/config/dropbear	SSH 服务器选项
/etc/config/firewall	防火墙配置，包含网络地址转换、包过滤和端口转发等
/etc/config/network	网络配置，包含桥接、接口和路由配置
/etc/config/system	系统设置，包含主机名称，网络时间同步等
/etc/config/timeserver	rdate 的时间服务列表
/etc/config/luci	基本的 LuCI 配置
/etc/config/wireless	无线设置和 Wi-Fi 网络定义
/etc/config/uhttpd	Web 服务器选项配置
/etc/config/upnpd	miniupnpd UPnP 服务设置
/etc/config/qos	网络服务质量的配置文件定义

4.1.3　UCI 工具

在开发调整配置时，可以直接使用 vi 编辑器修改 UCI 配置文件。但是 UCI 统一配置文件的目的就是所有 OpenWrt 配置可以通过统一接口读取和修改。对于开发人员而言，如果使用 awk 和 grep 工具来解析将是非常低效的，UCI 实用工具提供了修改和分析 UCI 文件的脚本编程开发接口。

当使用 UCI 工具写入配置文件时，配置文件都是整个重写并且不需要确认命令。这意味着在文件中任何多余的注释行和空行均会被删除。如果你有 UCI 类型的配置文件，想保存自己的注释和空行，那就不应该使用 UCI 命令行工具来编辑文件。

下面是 UCI 工具选项的含义和基本使用方法，以及一些如何使用这个非常便利的命令行接口工具的示例。

```
zhang@zhang-laptop:~$ uci
Usage: uci [<options>] <command> [<arguments>]

Commands:
   batch
   export    [<config>]
   import    [<config>]
   changes   [<config>]
   commit    [<config>]
   add       <config> <section-type>
   add_list  <config>.<section>.<option>=<string>
   del_list  <config>.<section>.<option>=<string>
   show      [<config>[.<section>[.<option>]]]
   get       <config>.<section>[.<option>]
   set       <config>.<section>[.<option>]=<value>
   delete    <config>[.<section>[[.<option>][=<id>]]]
   rename    <config>.<section>[.<option>]=<name>
   revert    <config>[.<section>[.<option>]]
   reorder   <config>.<section>=<position>

  Options:
   -c <path>  set the search path for config files (default: /etc/
config)
   -d <str>   set the delimiter for list values in uci show
```

```
-f <file>  use <file> as input instead of stdin
-m         when importing, merge data into an existing package
-n         name unnamed sections on export (default)
-N         don't name unnamed sections
-p <path>  add a search path for config change files
-P <path>  add a search path for config change files and use as default
-q         quiet mode (don't print error messages)
-s         force strict mode (stop on parser errors, default)
-S         disable strict mode
-X         do not use extended syntax on 'show'
```

表 4-2　UCI 命令含义

命　　令	含　　义
add	增加指定配置文件的类型为 section-type 的匿名区段
add_list	对已存在的 list 选项增加字符串
commit	对给定的配置文件写入修改，如果没有指定参数则将所有的配置文件写入文件系统。所有的 "uci set" "uci add" "uci rename" 和 "uci delete" 命令将配置写入一个临时位置，在运行 "uci commit" 时写入实际的存储位置
export	导出一个机器可读格式的配置。它是作为操作配置文件的 shell 脚本而在内部使用，导出配置内容时会在前面加 "package" 和文件名
import	以 UCI 语法导入配置文件
changes	列出配置文件分阶段修改的内容，即未使用 "uci commit" 提交的修改。如果没有指定配置文件，则指所有的配置文件的修改部分
show	显示指定的选项、配置节或配置文件。以精简的方式输出，即 key=value 的方式输出
get	获取指定区段选项的值
set	设置指定配置节选项的值，或者是增加一个配置节，类型设置为指定的值
delete	删除指定的配置节或选项
rename	对指定的选项或配置节重命名为指定的名字
revert	恢复指定的选项，配置节或配置文件

例如设置值，如果你想更改系统局域网的网关地址，从默认值 "192.168.1.1" 修改为 "192.168.56.11"，示例 4-2 所示的就是修改路由器系统局域网网关地址的方法。配置文件在 /etc/config/network 文件中。

示例 4-2：

```
root@OpenWrt:~# uci set network.lan.ipaddr=192.168.56.11
root@OpenWrt:~# uci commit network
root@OpenWrt:~# /etc/init.d/network restart
```

配置结束后，现在的配置文件已经更新并设置到网卡上了。如果是通过网络登录到 OpenWrt 上面的，就需要使用新的 IP 地址连接。

当有多个配置节类型相同或者为匿名配置节时，UCI 使用数组数字引用它们。OpenWrt 系统默认有 3 个网卡接口，可以通过 network.@interface[0]来引用第一个，通过 network.@interface[1]来引用第二个，通过 network.@interface[2]来引用第三个。也可以使用负索引，例如 network.@interface[−1]，其中"−1"指的是最后一个，"−2"指的是倒数第二个，等等。这在最后增加新的规则列表时是非常方便的。以 network 配置文件为例，示例 4-3 所示的是获取各个网卡名称的方法。

```
# /etc/config/network
config interface 'loopback'
    option ifname   'lo'
    option proto    'static'
    option ipaddr   '127.0.0.1'
    option netmask '255.0.0.0'
config interface 'wan'
    option ifname   'eth0'
    option _orig_ifname'eth0'
    option _orig_bridge'false'
    option proto    'dhcp'
config interface 'lan'
    option ifname   'eth1'
    option proto    'static'
    option ipaddr   '192.168.56.10'
    option netmask '255.255.255.0'
```

示例 4-3：

```
# lo
uci get network.@interface[0].ifname
```

```
uci get network.loopback.ifname


# eth0
uci get network.@interface[1].ifname
uci get network.@interface[-2].ifname
uci get network.wan.ifname


#eth1
uci get network.@interface[2].ifname
uci get network.@interface[-1].ifname
uci get network.lan.ifname
```

有些运行中的状态值没有保存在/etc/config 目录下，而是保存在/var/state 下，这时可以使用 "-P" 参数来查询当前状态值，查询命令如示例 4-4 所示。

示例 4-4：

```
root@OpenWrt:~# uci -P/var/state show network.wan
network.wan=interface
network.wan.ifname=eth0
network.wan._orig_ifname=eth0
network.wan._orig_bridge=false
network.wan.proto=dhcp
network.wan.up=1
network.wan.connect_time=7
network.wan.device=eth0
```

当为链表配置时，操作方法有所不同，示例 4-5 所示的是操作链表的方法。

示例 4-5：

```
#增加到链表中一个配置项：
root@OpenWrt:~#>uci add_list system.ntp.server='ntp.bjbook.net'
#删除链表中的一个配置项：
root@OpenWrt:~#>uci del_list system.ntp.server='ntp.ntp.org'
```

#删除链表中的所有配置项:

```
root@OpenWrt:~#>uci delete system.ntp.server
```

我们以一个自定义示例来结束本节。我们创建一个 helloRoute 的配置，里面有 3 项内容，启动延迟时间、访问 URL 和用户代理属性，内容如示例 4-6 所示。

示例 4-6：

```
config system 'globe'
        option  agent  'bjbook'
        option url 'www.bjbook.net/openwrt'
        option  delay  100
```

首先通过命令行创建配置文件。像上面的配置一样，如果你想增加一个配置节，大多数人都会想到使用 "uci add" 命令，但实际上 "uci add" 仅可以创建匿名配置节，不能完成创建命名配置的目标，要使用 "uci set" 命令来完成。示例 4-7 所示的是使用 UCI 命令来创建自定义配置文件。

示例 4-7：

```
root@OpenWrt:~#>touch /etc/config/hello
uci set hello.globe=system          //设置配置节类型为 system
#以下 3 行设置配置节的 3 个选项
root@OpenWrt:~#>uci set hello.globe.agent=bjbook
root@OpenWrt:~#>uci set hello.globe.url='www.bjbook.net/openwrt'
root@OpenWrt:~#>uci set hello.globe.delay=100
root@OpenWrt:~#>uci commit     //提交配置修改
```

4.1.4　配置脚本

UCI 模块提供了一个 shell 脚本（**/lib/config/uci.sh**）并封装了 UCI 命令行工具的功能，这样方便了其他软件包在将 UCI 配置文件转换为自己格式的配置文件时使用。主要提供的函数在表 4-3 中。函数名以 "uci" 开头。在单独导入 uci.sh 时，uci_load 函数并不能执行成功，因为 uci_load 函数引用了/lib/functions.sh 的一些函数定义，因此在使用 uci_load 函数时需要先导入 functions.sh 的函数定义。

表 4-3 uci.sh 常用函数含义

函 数 名 称	含 义
uci_load	从 UCI 文件中加载配置并设置到环境变量中，可以通过 env 命令来查看。该命令需要和 functions.sh 中的定义共同使用
uci_get	从配置文件中获取值。至少需要一个参数，指明要获取的配置信息。例如获取系统主机名称调用：uci_get system.@system[0].hostname
uci_get_state	指定从/var/state 中获取状态值

functions.sh 的主要原理是将配置文件中的配置选项设置到环境变量中，然后提供接口函数在环境变量中获取。其中设置到环境变量中调用了 uci.sh 中的 uci_load 函数。uci_load 函数又调用了 functions.sh 定义的 config()、option()、list()等函数，将配置导入环境变量中。在使用这些函数时，以点开头来将这些函数加载到执行空间中，注意点和执行文件中间有一个空格。例如：

. /lib/functions.sh //装载函数

functions.sh 函数含义如表 4-4 所示。

表 4-4 fuctions.sh 函数含义

函 数 名 称	含 义
config	供 uci.sh 调用，将配置节设置到环境变量中
option	供 uci.sh 调用，将配置节中的选项设置到环境变量中
list	供 uci.sh 调用，将配置节中的链表配置设置到环境变量中
config_load	调用 uci_load 函数来从配置文件中读取配置选项，并设置到环境变量中
config_get	从当前设置环境变量中获取配置值
config_get_bool	从当前设置的环境变量中获取布尔值，并将它进行格式转换，如果为真，转换为 1，否则转换为 0。因为 UCI 的布尔值有多种类型均支持。on、true、enabled 和 1 表示真，off、false、disable 和 0 表示假
config_set	将变量设置到环境变量中以便后续读取。注意：仅设置到环境变量中并没有设置到配置文件中
config_foreach	对于未命名的配置进行遍历调用函数。共两个参数，第一个参数为回调函数，第二个参数为配置节类型，这个函数适用于匿名配置节的转换处理

通常的转换执行流程是首先通过调用 config_load 函数将 UCI 配置读入当前环境变量中。然后使用 config_get 等函数进行读取和转换配置。其中 config_load 函数默认从/etc/

config 目录下读取配置，并设置到环境变量中。以 config_get 函数为例来说明执行流程。config_get 函数从环境变量中读取配置值并赋值给变量。这个函数至少要 3 个参数。

第 1 个参数为存储返回值的变量。

第 2 个参数为所要读取的配置节的名称。

第 3 个参数是所有读取的选项名称。

第 4 个参数是为默认值，如果配置文件没有该选项则返回该默认值，是一个可选的参数。

示例 4-8 所示为 OpenWrt 12.09 的一个实际代码，在启动时，从配置文件中获取主机名称，并设置到内核中。

示例 4-8：

```
local hostname conloglevel timezone
config_get hostname "$cfg" hostname 'OpenWrt'
echo "$hostname" > /proc/sys/kernel/hostname
```

以 "uci_" 开头的函数和以 "config_" 开头的函数大多数功能完全相同，唯一不同的是 "uci_get" 等函数直接从文件中获取，而 "config_get" 函数从环境变量中读取。这一点导致两者存在性能差异，"config_get" 函数使用 "config_load" 一次从配置文件中读取设置到环境变量中，以后均不再进行磁盘操作；而 "uci_get" 每次均从文件中读取。如果调用多次，两者性能差距就会显现，实际测试中两者相差 10 倍以上。因此在 OpenWrt 中大多使用以 "config_" 开头的 "config_get" 等函数进行配置文件转换。

4.2　UCI API 编程接口

UCI 不仅提供命令接口供脚本开发者使用，而且提供了 C 语言调用接口。下面在普通桌面操作系统 Ubuntu 下来说明 API 的使用。首先准备 UCI 编程接口的使用环境。UCI 软件依赖 Libubox，因此首先编译 Libubox。

4.2.1 Libubox

Libubox 是 OpenWrt 的一个必备的基础库，包含大小端转换、链表、MD5 等实用工具基础库，采用 Cmake 来编译。

Cmake 是跨平台的产生 Makefile 的命令行工具，它应用于在脚本文件中配置工程。工程选项设置可以在命令行通过-D 选项设置。-i 选项可以打开交互提示来进行设置。它是一个跨平台的编译系统生成工具。通过平台独立 Cmake 的 listfiles 文件来指定构建过程。这个文件在每一个源码目录树目录下均有一个，文件名为 CmakeLists.txt。Libubox 和 UCI 均使用 Cmake 命令来产生目标平台的构建系统命令。因此我们首先安装 Cmake:

```
$>sudo apt-get install cmake
```

接着我们编译 Libubox，Libubox 编译指令如示例 4-9 所示。

示例 4-9:

```
tar -xzf libubox-2015-06-14-d1c66ef1131d14f0ed197b368d03f71b964e45f8.tar.gz
cd libubox-2015-06-14
cmake -D  BUILD_LUA:BOOL=OFF -D BUILD_EXAMPLES:BOLL=OFF .
make;
sudo make install;
```

注意在 Cmake 生成 Makefile 时，后面有一个点，表示在当前目录执行。

生成 Makefile 时，设置了两个编译开关为 OFF，这两个分别是 lua 和使用示例，我们不进行编译，因此把编译选项关闭。

在进行编译时，编译过程中会输出编译进度百分比。编译完成之后进行安装，安装到系统目录中，需要使用管理员权限并输入密码，因此会加上 sudo 命令。安装内容包含头文件和动态链接库文件。头文件默认安装在/usr/local/include/libubox 目录下，动态链接库libubox.so 和 libubox.a 安装在/usr/local/lib/目录下。

4.2.2 UCI

在 Libubox 安装完成后即可编译安装 UCI 软件了。我们同样进入 dl 目录，将 UCI 库解压缩并编译安装。命令如示例 4-10 所示。

示例 4-10:

```
tar -xzf uci-2015-04-09.1.tar.gz
cd uci-2015-04-09
cmake -D BUILD_LUA:BOOL=OFF .
make
sudo make install
sudo ldconfig
```

UCI 库的头文件安装在 /usr/local/include 目录下，动态链接库安装在 /usr/local/lib/libuci.so，可执行程序为 /usr/local/bin/uci。运行 ldconfig 命令是因为系统还不知道动态链接库已经安装，运行该命令会告诉系统重新加载动态链接库，这样 UCI 动态链接库就可以使用了。编译时使用以下命令来链接 UCI 库。

```
gcc test.c -o test -luci
```

4.2.3　UCI API 接口

UCI 接口命名非常规范，统一以小写的 uci 开头并放在 uci.h 头文件中。大多数函数的第一个参数均为 uci_context 的指针变量。这个变量在程序初始化时调用 uci_alloc_context 函数分配空间并设置初始值。在程序执行结束时调用 uci_free_context 函数释放空间。

UCI 接口有设置函数 uci_set，但没有相应的获取函数 uci_get，UCI 使用 uci_lookup_ptr 来提供查询功能，如果查到则通过获取 ptr 变量的值来获取配置的值。5.2 节会有一个 UCI 接口的使用示例。UCI API 接口含义如表 4-5 所示。

表 4-5　UCI API 接口含义

函　　数	含　　义
uci_alloc_context	分配 UCI 上下文环境对象
uci_free_context	释放 UCI 上下文环境对象
uci_load	解析 UCI 配置文件，并存储到 UCI 对象中。@name:配置文件名，相对于配置目录。@package:在这个变量中存储装载的配置包
uci_unload	从 UCI 上下文环境对象中 unload 配置文件

续表

函　　数	含　　义
uci_lookup_ptr	分割字符串并查找。@ptr:查找的结果。@str:待查找的字符串，但 str 不能为常量，因为将被修改赋值，在 ptr 变量内部会被使用到，因此 str 的寿命必须至少和 ptr 一样长。@extended 是否允许扩展查找
uci_set	设置元素值，如果必要将创建一个元素。更新或创建的元素将存储在 ptr->last 中
uci_delete	删除一个元素，配置节或选项
uci_save	保存一个 package 修改的 delta
uci_commit	提交更改 package，提交将重新加载整个 uci_package
uci_set_confdir	修改 UCI 配置文件的存储位置，默认为/etc/config

4.3　系统内核设置

OpenWrt 也是一个 Linux 操作系统，因此它和桌面操作系统 Ubuntu 及 Fedora 一样，采用 sysctl 作为系统的内核配置工具。sysctl.conf 作为其内核配置文件在启动时进行加载。

4.3.1　sysctl.conf

这个文件是系统启动预加载的内核配置文件，通过 sysctl 命令读取和设置到系统当中。配置文件语法格式如下：

```
# comment
; comment
token =  value
```

以 "#" 和分号开头的行均为注释行，并忽略空白行，配置值以 key=value 形式进行设置。例如，设置打开报文转发为 net.ipv4.ip_forward=1。

这个文件在 OpenWrt 源码中保存在 packages/base-files/files/etc/sysctl.conf 目录下。

表 4-6 OpenWrt 常见内核配置项含义

配 置 项	含 义	默 认 值
net.ipv4.ip_forward	是否打开、在接口之间转发报文，表示系统启用接口之间报文转发，这是单机版桌面系统和路由器之间的最大的不同。网卡将接收不属于自己 IP 的报文并根据路由表进行转发。设置为 0 表示关闭转发，设置为 1 表示打开转发	1
net.ipv4.ip_default_ttl	用于发送报文的默认 TTL 值，介于 1 和 255 之间	64
net.ipv4.conf.all.send_redirects	如果为路由器，将发送重定向	
net.ipv4.icmp_echo_ignore_all	如果设置为非零值，内核将忽略所有发给自己的 ICMP ECHO 请求	0
net.ipv4.icmp_echo_ignore_broadcasts	如果为非零值，内核将忽略所有发往广播或组播地址的 ICMP ECHO 请求	1
net.ipv4.icmp_ignore_bogus_error_responses	对于广播地址的请求响应，记录在 log 里面。如果设置为 1，不再给出警告	1
icmp_ratelimit	限制匹配 icmp_ratemask 的发送 ICMP 报文的最大速率，0 表示不限制	1000
net.ipv4.tcp_keepalive_time	TCP 流的保活时间	120 秒
net.ipv4.conf.default.arp_ignore	定义接收到解析本地目标 IP 地址的 ARP 请求时的不同的发送响应模式。 0：回复配置在任何接口上的任何本地目标 IP 地址 1：仅回复目标 IP 配置在报文所进入的接口上的请求 2：仅回复目标 IP 是报文所进入的接口的请求，并且发送请求者的 IP 地址和接口 IP 在同一子网 3：不回复本主机配置的 IP 地址的 ARP 查询	1
net.ipv4.conf.default.rp_filter	报文反向过滤技术，系统在接收到一个 IP 包后，检查该 IP 是不是合乎要求，不合要求的 IP 包会被系统丢弃。在使用组播功能时，需要将该选项关闭	0

4.3.2 sysctl

sysctl 是用于修改运行中的内核参数的命令，所有可用的内核参数均在/proc/sys 目录下。运行 sysctl 需要 procfs 文件系统支持。可以用 sysctl 读取和修改内核参数数据。参数以 key= value 形式进行设置。

-n：查询时输出配置项的值，但不输出配置项。

-e：当碰到不认识的配置项时，忽略错误。

-w：使用这个选项来修改系统设置。

-p：从指定的配置文件中加载配置，如果没有指定则使用默认的配置文件/etc/sysctl.conf。

-a：显示当前所有可用的值。

常用命令举例如下：

/sbin/sysctl -a，显示所有的内核配置；

/sbin/sysctl -n kernel.hostname，查询 kernel.hostname 的值；

/sbin/sysctl -w kernel.hostname ="zhang"，修改系统主机名称为 zhang；

/sbin/sysctl -p /etc/sysctl.conf，加载配置。

内核的参数配置在启动时由 sysctl 工具加载，默认加载/etc/sysctl.conf。启动之后均可在/proc/sys 下查询，例如直接查询是否打开路由转发：

```
cat /proc/sys/net/ipv4/ip_forward
```

内核参数也可以通过直接修改/proc/sys 下的文件来生效。例如打开路由转发设置，可以执行以下命令：

```
echo "1" > /proc/sys/net/ipv4/ip_forward
```

4.4 系统配置

OpenWrt 还有一些配置并不是通过 UCI 配置来实现的，这部分是大多数 Linux 系统都有的配置，并且用户很少修改，因此并不提供接口给用户修改。

4.4.1　/etc/rc.local

这个文件在系统每次启动时由/etc/rc.d/S95done 调用，是一个 shell 脚本，是在系统开机之后最后会调用到的脚本。也就是说，当有任何想要在开机之后就立即执行的命令时，直接将它写入/etc/rc.local，那么该命令就会在每次启动的时候自动被执行，而不必等我们登录系统再去执行。比如启动时增加域名服务器地址为"8.8.8.8"，则可在/etc/rc.local 增加：

```
echo "nameserver 8.8.8.8" >> /etc/resolv.conf
```

这样就可以在系统 DNS 无效时有一个备份的域名服务器来查询。

4.4.2　/etc/profile

/etc/profile 为系统的每个登录用户设置环境变量。当用户第一次登录时该文件被执行，此文件首先输出"banner"文件的内容，紧接着为登录用户设置环境变量，并创建一些常用命令的链接，例如 more 命令链接到 less，即执行 more 命令最终会调用 less 命令。

```
#!/bin/sh
[ -f /etc/banner ] && cat /etc/banner

export PATH=/bin:/sbin:/usr/bin:/usr/sbin
export HOME=$(grep -e "^${USER:-root}:" /etc/passwd | cut -d ":" -f 6)
export HOME=${HOME:-/root}
export PS1='\u@\h:\w\$ '

[ -x /bin/more ] || alias more=less
[ -x /usr/bin/vim ] && alias vi=vim || alias vim=vi

[ -z "$KSH_VERSION" -o \! -s /etc/mkshrc ] || . /etc/mkshrc

[ -x /usr/bin/arp ] || arp() { cat /proc/net/arp; }
[ -x /usr/bin/ldd ] || ldd() { LD_TRACE_LOADED_OBJECTS=1 $*; }
```

上面的代码中共定义了 3 个环境变量，含义分别如下。

- PATH：决定了 shell 命令的查找位置及顺序。
- HOME：登录用户主目录。
- PS1：用户命令行提示符。

4.4.3 /etc/shells

shell 是外壳的意思，是相对于 Linux 内核来说的。Linux 有多个命令解析外壳程序，shells 文件包含系统中所有外壳程序的列表。应用程序使用此文件来确定一个外壳是否有效。每一个外壳程序占用一行，内容为外壳执行程序的绝对路径。

文件内容以"#"开头，表示这行为注释行，如果 shells 内容错误可能会导致无法登录。OpenWrt 采用/bin/ash。

4.4.4 /etc/fstab

这个文件是关于文件系统的静态信息，系统启动时读取并设置。文件 fstab 包含各种文件系统的描述信息，现在 fstab 只能通过程序读取，程序不能修改它；创建和维护这个文件的是系统管理员。

每一个文件系统占用一行来描述；一行的每一个域使用空格或制表符来隔开。以"#"开头的是注释行。fstab 中的条目顺序也非常重要，因为 fsck、mount 和 umount 等命令会依次读取来执行自己的任务。

第 1 个域是 fs_spec，描述特定块设备或远程文件系统被挂载。对于块设备的挂载使用"/dev/cdrom"或"/dev/sdb7"。对于 NFS 文件系统的挂载有主机和目录，procfs 文件系统使用"proc"。

另外一种可以表明文件系统类型（ext4 或者 swap）的是挂载的 UUID 或卷标，写成 LABEL=<label>或<UUID=UUID>，例如，"LABEL=Boot"或"UUID=3e6be9de-8139-11d1-9106-a43f08d823a6"。这将使系统具有更好的鲁棒性：添加或删除一个 SCSI 磁盘时将更改磁盘装置名字，而文件系统卷标不变。

第 2 个域是 fs_file，描述的是文件系统的挂载点。对于交换分区（swap），这个域的取值应当指定为"none"。

第 3 个域是 fs_vfstype，描述的是文件系统的类型。Linux 支持大量的文件系统类型，常见的文件系统类型有 ext3、ext4、ntfs、proc、swap、tmpfs 和 vfat 等，所有当前支持的文件系统列表在/proc/filesystems 中。swap 表示分区用于交换，ignore 表示这行忽略，用于显示当前未使用的磁盘分区。

第 4 个域是 fs_mntops，描述文件系统的挂载选项（是以逗号分隔的列表选项）。它至少包含挂载类型加上额外的文件系统类型。

对于所有类型的文件系统常见的选项是 "noauto"（不要安装在 "-a" 是给出时，例如，在启动时）、"user"（允许用户挂载）、"owner"（允许设备所有者挂载）和 "comment"（例如，使用 fstab 维护程序）。"owner" 和 "comment" 选项是特定 Linux 支持的。

第 5 个域是 fs_freq，用于 Dump 程序，是用于备份使用的。

第 6 个域是 fs_passno，用于检查和修复磁盘的工具 fsck 程序，在启动时决定检测文件系统的顺序。根文件系统应当设置为 1，其他文件系统设置为 2。在一个物理设备上将先后进行检查，在不同的设备上如果使用并行能力则同时进行检测。如果第 6 个域不存在，则返回零，表示不需要检查。

4.4.5　/etc/services

这个文件是互联网网络服务类型列表。这是一个普通的 ASCII 编码文件，提供了友好的文本名称和互联网服务之间的映射，还包含了端口号和协议类型。每一个网络程序均可以从这个文件得到服务的端口号和协议。C 函数库 getservent、getservbyname、getservbyport、setservent 和 endservent 支持从这个文件查询。

端口号由 IANA 组织赋值，当前策略是在使用端口号时同时赋值给 TCP 和 UDP 协议。端口号小于 1024（低端口号）仅可以被有管理员权限的用户使用。这是服务器的标准实现。这样客户端连接到低端口号是可以信赖的，而不是使用服务器的普通用户运行的欺骗程序。众所周知，端口号由 IANA 指定并在管理员控制的空间中运行。服务类型的存在并不意味着该服务在当前服务器上运行。该文件每行描述一个服务，形式如下。

```
service-name   port/protocol   [aliases ...]
```

- service-name 是服务的名称，可以用于查找。它是区分大小写的。

- port 是使用这个服务的端口号（以十进制表示）。

- **protocol** 是使用的协议类型，匹配 protocols 文件中的值。通常是 TCP 或 UDP。

- **aliases** 是一个可选的值，是这个服务另外的名字。同样是区分大小写的。

各个域之间使用空格或者制表符来分割。注释以 "#" 开头，直到行结尾，并忽略空行。一个示例文件如下。

```
ftp             21/tcp
ssh             22/tcp
ssh             22/udp
telnet          23/tcp
smtp            25/tcp
time            37/tcp
time            37/udp
whois           43/tcp
domain          53/tcp
domain          53/udp
bootps          67/tcp
bootps          67/udp
bootpc          68/tcp
```

4.4.6 /etc/protocols

这个文件是协议定义描述文件，是一个普通的 ASCII 码文本文件，用于描述各种各样的因特网网络协议。这些数字出现在 IP 报文头中的协议域。每一行使用以下格式：

```
protocol number aliases ...
```

这 3 个域由空格或制表符分隔，并且空行被忽略。如果一行包含一个 "#"，则 "#" 后的内容部分被忽略。各部分含义如下：

- "protocol" 字段是协议的名称，常见的协议有 IP、TCP、UDP、ICMP、IGMP 和 GRE 等。

- "number" 是这个协议的数字号码，将出现在 IP 报头。用十进制数字表示。

- "aliases" 是协议的选项。

4.5　名词解释

- 统一配置接口（Unified Configuration Interface，UCI），是 OpenWrt 成功的关键技术之一，已经移植支持数千个软件。它采用纯文本文件来保存配置，并提供命令行和 C 语言编程调用接口进行管理。

- 配置节（section），是 UCI 配置的一个独立配置单元。UCI 配置文件是由一个或多个配置节组成。配置节有一个配置类型属性，是以"config"开头，并且有一个可选名称。配置节包含一个或多个配置选项语句。

4.6　参考资料

- UCI 系统（http://wiki.openwrt.org/doc/uci [2014-12-13]）。

- Ipsysctl 教程 1.0.4（https://www.frozentux.net/ipsysctl-tutorial/ipsysctl-tutorial.html [2015-01-18]）。

- sysctl 手册。

第5章
软件开发

OpenWrt 提供了一个很好的机制来方便用户扩充和实现自己的功能。本章首先以 dnsmasq 为例介绍了 OpenWrt 构建系统，接着给出了一个 HelloWorld 的简易模板供增加软件模块时快速借鉴使用，然后讲述了 OpenWrt 的软件启动机制，最后介绍了补丁文件的格式以及补丁工具的使用。

5.1 编译构建系统

5.1.1 概述

OpenWrt 有一个非常好的构建系统，这样我们就可以非常方便地管理数千个软件包和几十个硬件平台。我们也可以非常方便地移植已有的软件到 OpenWrt 系统中。如果你看到 OpenWrt 的典型软件包目录，你会发现目录下一般会有两个文件夹和一个 Makefile 文件，以 dnsmasq 软件为例会有以下文件和目录。

- dnsmasq/Makefile。

- dnsmasq/files。

- dnsmasq/patches。

补丁（patches）目录是可选的，典型包含缺陷修改或者用于优化可执行程序大小的补丁文件。files 目录也是可选的，它一般用于保存默认配置文件和初始化启动脚本。如果为 OpenWrt 本身项目所包含的软件模块，因为代码将完全受到自己控制，这时将不会有

patches 目录存在，而是会有一个 src 目录，代码直接放在 src 目录下。5.2 节的 HelloWorld 就将源代码放在了 src 目录下。

Makefile 提供下载、编译、安装以及生成 OPKG 安装包的功能，这个文件是必须有的。如示例 5-1 所示，从文件的内容上，你很难看出它是一个 Makefile 文件——和通常的 Makefile 不同，OpenWrt 没有遵守传统的 Makefile 格式风格，而是将 Makefile 写成面向对象格式，这样就简化了多平台移植过程。

示例 5-1：dnsmasq/Makefile 内容。

```
#
# Copyright (C) 2006-2015 OpenWrt.org
#
# This is free software, licensed under the GNU General Public License v2.
# See /LICENSE for more information.
#

include $(TOPDIR)/rules.mk

PKG_NAME:=dnsmasq
PKG_VERSION:=2.73
PKG_RELEASE:=1

PKG_SOURCE:=$(PKG_NAME)-$(PKG_VERSION).tar.xz
PKG_SOURCE_URL:=http://thekelleys.org.uk/dnsmasq
PKG_MD5SUM:=b8bfe96d22945c8cf4466826ba9b21bd

PKG_LICENSE:=GPL-2.0
PKG_LICENSE_FILES:=COPYING

PKG_BUILD_DIR:=$(BUILD_DIR)/$(PKG_NAME)-$(BUILD_VARIANT)/$(PKG_NAME)
-$(PKG_VERSION)

PKG_INSTALL:=1
PKG_BUILD_PARALLEL:=1
```

```
PKG_CONFIG_DEPENDS:=CONFIG_PACKAGE_dnsmasq_$(BUILD_VARIANT)_dhcpv6 \
        CONFIG_PACKAGE_dnsmasq_$(BUILD_VARIANT)_dnssec \
        CONFIG_PACKAGE_dnsmasq_$(BUILD_VARIANT)_auth \
        CONFIG_PACKAGE_dnsmasq_$(BUILD_VARIANT)_ipset

include $(INCLUDE_DIR)/package.mk

define Package/dnsmasq/Default
  SECTION:=net
  CATEGORY:=Base system
  TITLE:=DNS and DHCP server
  URL:=http://www.thekelleys.org.uk/dnsmasq/
endef

define Package/dnsmasq
$(call Package/dnsmasq/Default)
  VARIANT:=nodhcpv6
endef

define Package/dnsmasq-dhcpv6
$(call Package/dnsmasq/Default)
  TITLE += (with DHCPv6 support)
  DEPENDS:=@IPV6 +kmod-ipv6
  VARIANT:=dhcpv6
endef

define Package/dnsmasq-full
$(call Package/dnsmasq/Default)
  TITLE += (with DNSSEC, DHCPv6, Auth DNS, IPset enabled by default)
  DEPENDS:=+PACKAGE_dnsmasq_full_dnssec:libnettle \
        +PACKAGE_dnsmasq_full_dhcpv6:kmod-ipv6 \
        +PACKAGE_dnsmasq_full_ipset:kmod-ipt-ipset
  VARIANT:=full
endef
```

```
define Package/dnsmasq/description
    It is intended to provide coupled DNS and DHCP service to a LAN.
endef

define Package/dnsmasq-dhcpv6/description
$(call Package/dnsmasq/description)

This is a variant with DHCPv6 support
endef

define Package/dnsmasq-full/description
$(call Package/dnsmasq/description)

This is a fully configurable variant with DHCPv6, DNSSEC, Authroitative
DNS and
IPset support enabled by default.
endef

define Package/dnsmasq/conffiles
/etc/config/dhcp
/etc/dnsmasq.conf
endef

define Package/dnsmasq-full/config
        if PACKAGE_dnsmasq-full
        config PACKAGE_dnsmasq_full_dhcpv6
                bool "Build with DHCPv6 support."
                depends on IPV6
                default y
        config PACKAGE_dnsmasq_full_dnssec
                bool "Build with DNSSEC support."
                default y
        config PACKAGE_dnsmasq_full_auth
```

```
                        bool "Build with the facility to act as an authoritative
DNS server."
                    default y
                config PACKAGE_dnsmasq_full_ipset
                        bool "Build with IPset support."
                        default y
                endif
    endef

    Package/dnsmasq-dhcpv6/conffiles = $(Package/dnsmasq/conffiles)
    Package/dnsmasq-full/conffiles = $(Package/dnsmasq/conffiles)

    TARGET_CFLAGS += -ffunction-sections -fdata-sections
    TARGET_LDFLAGS += -Wl,--gc-sections

    COPTS = $(if $(CONFIG_IPV6),,-DNO_IPV6)

    ifeq ($(BUILD_VARIANT),nodhcpv6)
            COPTS += -DNO_DHCP6
    endif

    ifeq ($(BUILD_VARIANT),full)
            COPTS += $(if $(CONFIG_PACKAGE_dnsmasq_$(BUILD_VARIANT)_dhcpv6),,
-DNO_DHCP6) \
                    $(if $(CONFIG_PACKAGE_dnsmasq_$(BUILD_VARIANT)_dnssec),
-DHAVE_DNSSEC) \
                    $(if $(CONFIG_PACKAGE_dnsmasq_$(BUILD_VARIANT)_auth),,
-DNO_AUTH) \
                    $(if $(CONFIG_PACKAGE_dnsmasq_$(BUILD_VARIANT)_ipset),,
-DNO_IPSET)
            COPTS += $(if $(CONFIG_LIBNETTLE_MINI),-DNO_GMP,)
    else
            COPTS += -DNO_AUTH -DNO_IPSET
    endif
```

```
    MAKE_FLAGS := \
            $(TARGET_CONFIGURE_OPTS) \
            CFLAGS="$(TARGET_CFLAGS)" \
            LDFLAGS="$(TARGET_LDFLAGS)" \
            COPTS="$(COPTS)" \
            PREFIX="/usr"


    define Package/dnsmasq/install
            $(INSTALL_DIR) $(1)/usr/sbin
            $(CP) $(PKG_INSTALL_DIR)/usr/sbin/dnsmasq $(1)/usr/sbin/
            $(INSTALL_DIR) $(1)/etc/config
            $(INSTALL_DATA) ./files/dhcp.conf $(1)/etc/config/dhcp
            $(INSTALL_DATA) ./files/dnsmasq.conf $(1)/etc/dnsmasq.conf
            $(INSTALL_DIR) $(1)/etc/init.d
            $(INSTALL_BIN) ./files/dnsmasq.init $(1)/etc/init.d/dnsmasq
            $(INSTALL_DIR) $(1)/etc/hotplug.d/iface
            $(INSTALL_DATA) ./files/dnsmasq.hotplug $(1)/etc/hotplug.d/
iface/25-dnsmasq
    endef


    Package/dnsmasq-dhcpv6/install = $(Package/dnsmasq/install)


    define Package/dnsmasq-full/install
    $(call Package/dnsmasq/install,$(1))
    ifneq ($(CONFIG_PACKAGE_dnsmasq_full_dnssec),)
            $(INSTALL_DIR) $(1)/usr/share/dnsmasq
            $(INSTALL_DATA) $(PKG_BUILD_DIR)/trust-anchors.conf $(1)/
usr/share/dnsmasq
    endif
    endef


    $(eval $(call BuildPackage,dnsmasq))
    $(eval $(call BuildPackage,dnsmasq-dhcpv6))
    $(eval $(call BuildPackage,dnsmasq-full))
```

示例 5-1 首先是使用"include"指示符来包含顶层目录的 rules.mk 文件。接着是变量定义，它定义了软件包的基本信息，如名称、版本、下载地址、许可协议和编译目录等信息。在"PKG_*"变量定义完成之后再包含 package.mk 文件。中间部分是软件包的宏定义和一些编译选项定义。最后是调用 BuildPackage。示例 5-1 中的 Makefile 没有太多其他逻辑依赖的工作需要去做，所有的一切都是隐藏在被包含的 Makefile（include/package.mk 及 rules.mk）中的。Makefile 文件非常抽象，你只需要按照通用的模板定义变量即可。

make 程序在处理指示符"include"时，将暂停对当前 Makefile 文件的读取，而转去依次读取由"include"指示符指定的文件。直到完成所有这些包含文件后再回过头继续读取指示符"include"所在的 Makefile 文件。rules.mk 文件是全局的编译变量定义，在每一个软件包的 Makefile 文件的第一行均首先包含这个文件。rules.mk 文件中经常使用的变量定义有以下几个。

- INCLUDE_DIR 源代码目录下的 include 目录。

- BUILD_DIR 代码编译的根目录，通常为"build_dir/target-*"目录。

- TARGET_CFLAGS 指定目标平台的 C 语言编译选项。

- TARGET_LDFLAGS 指定目标平台的编译链接选项。

- INSTALL_DIR 创建目录，并设置目录权限。

- INSTALL_DATA 安装数据文件，即复制并设置权限为 0644。

- INSTALL_CONF 安装配置文件，即复制并设置权限为 0600。

- INSTALL_BIN 安装可执行程序，即复制并增加执行权限，设置权限表示为 0777。

5.1.2 变量定义

OpenWrt 预定义了很多变量，这些变量减少了使用者的开发代价，但需要使用者按照语义进行使用。Makefile 的常见变量含义如表 5-1 所示。

表 5-1 Makefile 变量定义

变　　量	含　　义	示　　例
PKG_NAME	软件包的名称，可以通过 menuconfig 和 ipkg 查看到	dnsmasq
PKG_VERSION	上游软件的版本号，为 2.73	2.73

续表

变　量	含　义	示　例
PKG_RELEASE	Makefile 的版本号	1
PKG_SOURCE	原始的源代码文件名	
PKG_SOURCE_URL	用于下载源的地址（目录）	http://thekelleys.org.uk/dnsmasq
PKG_MD5SUM	软件包的 MD5 值，用于验证下载的文件是否正确	b8bfe96d22945c8cf4466826ba9b21bd
PKG_LICENSE	这个软件的许可协议，开源软件的许可证以 GPL 家族最多	GPL-2.0
PKG_LICENSE_FILES	许可协议文件，是指代码目录下的文件名，一般均为 COPYING	COPYING
PKG_BUILD_DIR	软件包的编译目录	
PKG_INSTALL	设置为 1 将调用软件包自己的"make install"，安装目录前缀为 PKG_INSTALL_DIR	1
PKG_BUILD_PARALLEL	是否可以并行编译	1
PKG_CONFIG_DEPENDS	编译依赖，指定哪些选项依赖本软件包	
PKG_INSTALL_DIR	当调用原始软件包"make install"时的安装目录	
PKG_SOURCE_PROTO	用于下载的传输协议（git、svn），如果为压缩包则不用指定	
PKG_SOURCE_SUBDIR	下载目录，如果下载传输协议为"svn"或"git"时必须指定。例如："PKG_SOURCE_SUBDIR:=$(PKG_NAME)-$(PKG_VERSION)"	
PKG_SOURCE_VERSION	下载协议为"git"时必须指定，指定的提交哈希点将会被检出	
PKG_MAINTAINER	维护者的姓名和邮件地址	
PKG_BUILD_DEPENDS	软件包编译依赖，即在这个包编译之前编译，但是在运行时不需要，和 DEPENDS 有相同的语法	

　　"BuildPackage"是在包含头文件"include/package.mk"中定义的。BuildPackage 仅仅需要一个直接参数——要编译的软件包名称。在这个例子中传递了 3 个软件包名称作为参数，分别为 dnsmasq、dnsmasq-dhcpv6 和 dnsmasq-full。所有其他信息都是从上面的变量定义和宏定义块中获取的。

5.1.3　软件包定义

一些宏定义以"Package/"开头，Package 开头的定义用于"make menuconfig"选择及编译生成软件包。另外一些宏定义为"Build/"开头，这些用于代码编译。OpenWrt 的每一个软件代码包只有一个 Makefile 文件。通常编译过程都是一样的，只是中间的编译参数有所不同，因此只有一个全局"Build"定义。但你可以将一个源代码包分割为多个安装包。你可以增加许多软件安装包"Package/"定义来多次调用 BuildPackage，这样就可以从单个源代码编译出来多个软件安装包。dnsmasq 软件就定义了 3 种软件安装包，即 dnsmasq、dnsmasq-dhcpv6 和 dnsmasq-full。

软件包定义用于编译前的软件包选择和编译后的 IPKG 安装包生成。这些设置的参数传递给 buildroot 进行交叉编译，buildroot 是交叉编译环境的统称。这些是在 menuconfig 和生成的 IPKG 安装包实体中显示的。在软件包"Package/"定义下你需要给下列变量赋值。软件包 Package 选项见表 5-2。

- SECTION：软件包的类型，如 network、Sound、Utilities 或 Multimedia 等。
- CATEGORY：在 menuconfig 中显示到菜单分类中。
- TITLE：标题，是软件包的简短描述。
- URL：软件包的原始网站地址，可以在这里找到该软件。
- MAINTAINER：维护者的姓名和邮件地址。一般为这个软件包作者的邮件地址。
- DEPENDS：（可选）依赖项，需要在本软件包之前编译和安装的软件包。

表 5-2　软件包 Package 选项

安装包选项	是否必需	含　义
Package/<>	是	定义软件包的描述信息，例如网站地址和 menuconfig 中的菜单分类等
Package/<>/Default	可选	软件包的默认选项
Package/<>/description	是	软件包的详细描述
Package/<>/install	是	复制文件到 ipkg 目录中，使用$(1)代表 ipkg 的目录，在源代码中使用相对目录。编译生成的安装文件由$(PKG_INSTALL_DIR)目录下复制到 ipkg 的目录下
Package/<>/config	可选	根据软件包的选择对编译选项进行定义

续表

安装包选项	是否必需	含 义
Package/<>/conffiles	可选	定义本软件包的运行配置文件列表，一行一个文件
Package/<>/preinst	可选	这是在安装之前实际执行的脚本，不要忘了包含#!/bin/sh。如果你需要中止安装就返回 false
Package/<>/postinst	可选	在安装完成后执行的脚本，例如启动程序。不要忘了包含 #!/bin/sh
Package/<>/prerm	可选	在删除之前执行的脚本，例如停止程序的执行。不要忘了包含 #!/bin/sh。如果需要中止删除就返回 false
Package/<>/postrm	可选	在删除之后执行的脚本，不要忘了包含#!/bin/sh。如果需要中止删除就返回 false

注意，在模块移植时请将<>替换为你自己的软件包名称。

5.1.4　构建

这是软件包模块的编译步骤，通常包含准备（Prepare）、配置（Configure）、编译（Compile）和安装（Install）等 4 步。这部分在构建时都是可选的，因为 OpenWrt 已经制作了通用的模板，适合大多数模块来编译使用。dnsmasq 软件就是采用默认的步骤，但指定了编译选项，例如设置 MAKE_FLAGS 变量指定编译选项，CONFIGURE_ARGS 变量用于指定配置选项。这些变量都在"package-defaults.mk"文件中定义，我们可以在软件包的 Makefile 中修改它，构建步骤如表 5-3 所示。

表 5-3　软件包构建步骤

Build 步骤	是否必需	含 义
Build/Prepare	可选	一组用于解包及打补丁的命令，也可以不使用
Build/Configure	可选	如果源代码不需要 configure 来生成 Makefile 或者是通用的 configure 脚本，就不需要这部分。否则就需要你自己的命令脚本或者使用 "$(call Build/Configure/Default, FOO=bar)"增加额外的参数传递给 configure 脚本
Build/Compile	可选	编译源代码，在大多数情况下应该不用定义而使用默认值。如果你想传递给 make 特定的参数，可以使用"$(call Build/Compile/Default, FOO=bar)"
Build/Install	可选	安装编译后的文件，默认是调用 make install，如果需要传递指定的参数，使用$(call Build/Install/Default,install install-foo)。注意你需要传递所有的参数，要增加在"install"参数后面，不要忘了"install"参数
Build/InstallDev	可选	例如静态库和头文件等，但是不需要在目标设备上使用

在 dnsmasq 模块中并没有对 Build 进行定义，如果在模块移植中需要对 Build 进行定义，请参考 iproute2 模块定义（package/network/utils/iproute2/Makefile）。

5.2 HelloWorld

任何一门编程语言都有一个入门 HelloWorld 程序，本书也提供了一个 HelloWorld 程序供路由器开发入门使用。我们实现一个在路由器启动后访问指定网站的功能，这样就可以统计路由器的启动次数。网站地址可以在配置文件中进行自定义配置，这个网址通过 UCI 编程接口读取配置文件来实现。访问指定网站功能通过命令行工具 wget 来实现。但如果其他人也使用 wget 来访问服务器，这样就不能区分是路由器行为还是其他应用软件的行为，因此我们修改了代理字符串来作为我们的自定义字符串，这样就可以和默认的访问行为区分开来。

为了防止某些小区在断电并自动启动后，均立即访问服务器，对服务器产生瞬间流量冲击，因此路由器启动后产生一个随机延迟时间，然后再访问服务器。这个时间可以通过配置文件设置，假如设置为 100 秒，则访问服务器时间就为 1 ~ 100 秒的随机值。代码实现如示例 5-2 所示。

示例 5-2:

```
// Copyright (C) 2015 zhangyongzhi

#include <stdlib.h>
#include <stdio.h>
#include <unistd.h>
#include <string.h>

#include "uci.h"

//根据选项来访问服务器。
struct Hello
{
```

```
        char agent[50];  //  代理字符串。
        char url[256];  //  访问的 url。
        int delay;      //  启动后延迟多长时间访问。
};

int getValue(struct uci_context *ctx, char *key, char*value, int n)
{
        char strKey[100];
        struct uci_ptr ptr;

        snprintf(strKey, sizeof(strKey), "hello.globe.%s",key);
        if (uci_lookup_ptr(ctx, &ptr, strKey, true) == UCI_OK)
        {
                printf("%s\n", ptr.o->v.string);
                strncpy(value, ptr.o->v.string, n-1);
        }
        return 0;
}

int read_conf( struct Hello *hello)
{
        struct uci_context *ctx = uci_alloc_context();
        if (!ctx)
        {
                fprintf(stderr, "No memory\n");
                return 1;
        }
        getValue(ctx, "agent", hello->agent, sizeof(hello->agent));
        getValue(ctx, "url", hello->url, sizeof(hello->url));
        char delay[20];
        getValue(ctx, "delay", delay, sizeof(delay));
        hello->delay = atoi(delay);

        uci_free_context(ctx);
        return 0;
}
```

```
struct Hello hello;
int main(int argc, char* argv[])
{
/*
    char agent[50] = "openwrt";
    char url[100] = "http://bjbook.net/bk/openwrt";
*/
    //从/etc/config/hello中读取参数
    read_conf(&hello);
    printf("agent=%s\n", hello.agent);
    printf("url=%s\n", hello.url);
    printf("delay=%d\n", hello.delay);

    char cmd[512] = {0};
    snprintf(cmd, sizeof(cmd), "wget --user-agent=%s %s",
        hello.agent, hello.url);
    //system("wget --user-agent=agent-string http://bjbook.net/bk/
openwrt");
    printf("cmd=%s\n", cmd);

    //srand(time(NULL));
    int delay_time = rand() % hello.delay;
    printf("delay_time=%d\n", delay_time);
    sleep(delay_time);

    system(cmd);
    return 0;
}
```

5.2.1　目录结构

　　我们创建的目录结构如示例 5-3 所示。files 目录包含配置文件和初始化脚本，hello.conf 为配置文件，在安装后放在/etc/config/目录下的 hello 文件中。hello.init 用于控制进程启动的初始化脚本。

示例 **5-3**：

```
.
|-- files
|   |-- hello.conf
|   `-- hello.init
|-- Makefile
`-- src
    |-- hello.c
    `-- Makefile
```

Makefile 包含编译及安装指令，控制着代码在 OpenWrt 环境下的编译和生成安装包。和通常的 Makefile 不太一样，我们的 Makefile 像是变量定义及函数，因为我们在 OpenWrt 工程下编译，这样在针对多平台时是最方便的。src 目录保存 C 语言源代码，我们是自己开发的源代码，因此代码放在 src 目录下。

5.2.2　Makefile

在 package 目录下增加一个模块目录 hello，然后通过 Makefile 来控制编译。示例 5-4 所示为 helloworld 模块的 Makefile。

示例 **5-4**：

```
include $(TOPDIR)/rules.mk

PKG_NAME:=hello
PKG_RELEASE:=1.0

PKG_BUILD_DIR := $(BUILD_DIR)/$(PKG_NAME)
PKG_CONFIG_DEPENDS :=

include $(INCLUDE_DIR)/package.mk

define Package/hello
```

```
    SECTION:=net
    CATEGORY:=Network
    TITLE:=Hello utility
    DEPENDS:=+libuci
    URL:= httt://bjbook.net/openwrt
    MAINTAINER:=zhang <zyz323@163.com>
endef

define Package/hello/description
 This is Route Hello World OpenWrt.
endef

define Build/Prepare
    mkdir -p $(PKG_BUILD_DIR)
    $(CP) ./src/* $(PKG_BUILD_DIR)/
endef

define Package/hello/install
    $(INSTALL_DIR) $(1)/etc/config
    $(INSTALL_CONF) ./files/hello.conf $(1)/etc/config/hello
    $(INSTALL_DIR) $(1)/etc/init.d
    $(INSTALL_BIN) ./files/hello.init $(1)/etc/init.d/hello
    $(INSTALL_DIR) $(1)/usr/sbin
    $(INSTALL_BIN) $(PKG_BUILD_DIR)/hello $(1)/usr/sbin/hello
endef

$(eval $(call BuildPackage,hello))
```

示例 5-4 首先包含 rules.mk 文件，接着将软件包名称定义为 "hello"，并设置版本编号为 "1.0"，这样编译出来的软件包将包含字符串 "hello_1.0"。

在软件包定义中，我们设置软件包分类为 "Network"。我们在编译前进行配置时，可以在网络分类中找到它。

我们设置依赖变量 DEPENDS 为 "+libuci"，因为我们的 C 语言代码里面调用了 UCI 的接口函数，否则我们在编译时会遇到 "libuci.so" 找不到类似的错误信息。依赖是指哪些包必须在这个软件包之前编译和安装。注意，是使用+包名称，"+libuci"表示如果选择本软件包时，libuci 软件包也会被自动选择。

"Build/Prepare"定义了如何准备编译本软件包，这里创建了编译目录，然后将代码复制到编译目录下。

"Package/hello/install"定义了如何安装本软件包。共有 3 个文件需要安装，这里创建了 3 个目录，然后将 3 个文件分别复制到各自的目录下。首先将配置文件"hello.conf"复制到配置目录"/etc/config"下，并重命名为 hello。接着将启动脚本"hello.init"复制到启动目录"/etc/init.d"下，并重命名为 hello，最后将编译生成的可执行程序 hello 复制到"/usr/sbin"目录下。$(1)表示传入的第一个参数，在安装时，通常为根目录。通常新增一个模块的主要步骤如下。

（1）在 package 下增加一个目录（例如 hello）。

（2）添加 src 目录和 files 目录。

（3）src 目录存放模块源码。

（4）files 存放模块的配置文件及启动脚本等。

（5）在 hello 下增加 Makefile。在 Makefile 中增加编译脚本和安装脚本。

例如：某公司想了解已售出路由器的使用情况，如路由器的启动次数。我们在每次启动时将访问指定服务器。Agent 为第一次启动时生成的随机数和指定的代理固定字符串组合。这样简单修改示例代码的配置文件即可实现。大多数服务器已有记录访问日志功能，只需统计服务器的访问日志即可实现路由器启动次数的统计。

5.2.3 编译

OpenWrt 支持编译单个软件包，这样可以非常方便地编译单个软件包来定位问题。输入以下命令进行编译：

```
make package/hello/build
```

输入以下命令生成安装包：

```
make package/hello/install
```

快速重新进行整个编译过程。这样依次调用 clean、compile 和 install。另外不管软件包的位置在什么地方，都是同样的编译命令。

```
make package/hello/{clean,compile,install}
```

编译完成，生成安装文件为 bin/x86/packages/helloroute_1.0_x86.ipk。

如果我们要加入平台编译过程中，可以在 make menuconfig 时选择 hello 模块，再在隐藏的配置文件 ".config" 中会增加一项 "CONFIG_PACKAGE_hello=y"，这样就可以在编译整个系统时自动编译生成我们的软件模块。

如果遇到编译错误，使用 make V=s 即可看到详细的编译过程和错误信息。

配置文件的格式在 4.1.2 节中定义，我们这里只使用 C 语言程序调用 UCI 库来获取配置。

特别注意：

如果运行时遇到 libc 找不到的错误，是因为编译时的 Makefile 编写不正确，使用了宿主机的编译指令导致使用宿主机的 libc.so.6 动态链接库。

5.3　软件启动机制

init 进程是所有系统进程的父进程，它被内核调用起来并负责调用所有其他的进程。如果任何进程的父进程退出，init 进程将成为它的父进程。但是 init 进程是如何将其他进程调用起来的呢？

内核启动完成后读取/etc/inittab 文件，然后执行 inittab 中的 sysinit 所指的脚本。OpenWrt 的 inittab 文件内容如下：

```
::sysinit:/etc/init.d/rcS S boot
::shutdown:/etc/init.d/rcS K shutdown
::askconsole:/bin/ash --login
```

内核启动完成后首先调用 "/etc/init.d/rcS"，然后再由 rcS 逐个启动各个软件进程。

如果按照通常的简单做法，我们会将每一个待启动的程序启动命令按行放入 rcS 文件中，并顺序执行。这种实现方法在软件启动进程列表不变时工作得非常好，如果需要动态修改，则不容易以程序来控制。OpenWrt 引入了一个便于控制的启动机制，这种机制是在 **/etc/rc.d** 目录下创建每个软件的软链接方式，由 rcS 脚本在该目录读取启动命令的软链接，然后启动软链接所指向的程序，由于每一个软链接均包含一个数字，这样就可以按照数字顺序读取并进行启动了。

所有软件的启动脚本都放在 **/etc/init.d/** 目录下，如果需要随系统启动，将启动脚本链接到 **/etc/rc.d/S*** 下即可。

系统启动时将执行 **/etc/init.d/rcS** 脚本，并传递两个参数 S 和 boot。S 表示软件启动模块，是和 K（软件关闭）相对应的；boot 则表示首次启动。rcS 脚本通过 run_scripts 函数来启动软件，将每一个以 **/etc/rc.d/S** 开头的脚本按照数字顺序传递 boot 参数并调用。这些启动脚本通常包含 start、stop 和 restart 这 3 个函数。

下面我们通过 HelloWorld 的初始化脚本来理解软件模块的启动脚本，启动文件是 **/etc/init.d/hello**。文件内容如示例 5-5 所示。

示例 5-5：

```
#!/bin/sh /etc/rc.common
# hello script
# Copyright (C) zhangyz OpenWrt.org

START=15
STOP=85

start() {
    echo "start HelloRoute!"
    hello
}

stop() {
    echo "stop HelloRoute!"
    #hello -t
}
```

```
EXTRA_COMMANDS="custom"
EXTRA_HELP="        custom  Help for the custom command"

custom() {
        echo "custom command"
}
```

这个初始化脚本是一个 shell 脚本，包含变量定义和函数定义。这个脚本没有解析自己的命令行参数，这是通过"/etc/rc.common"脚本回调来完成的。第一行是特殊的注释行，表示使用"/etc/rc.common"来提供一些基本函数，包含主函数及默认功能以及检查脚本执行等。

脚本的执行顺序通过 START 和 STOP 变量来定义。改变之后再次运行/etc/init.d/hello enable 才会再次生效。这将删除以前创建的启动链接，然后再根据新的变量定义创建链接。创建的启动链接保存在"/etc/rc.d"目录下。脚本中最重要的函数是 start 和 stop，这两个函数决定如何启动和停止服务。最后是增加扩展命令 custom，仅仅输出扩展命令信息，并没有实际功能。

程序的执行流程由 rc.common 来控制，下面我们来分析一下 rc.common 以理解其功能。rc.common 提供可利用的命令如表 5-4 所示。其中定义了 start 和 stop 函数，实现为空，供应用软件重新实现，相当于 C++语言中的虚函数。enable、disable 和 enabled 函数提供自启动状态的设置和查询。help 函数提供命令帮助信息。

表 5-4　rc.common 函数含义

函　　数	含　　义
start	启动服务。相当于 C++语言中的虚函数，通常情况下每一个服务均需重写该函数
stop	关闭服务。相当于 C++语言中的虚函数，通常情况下每一个服务均需重写该函数
restart	重启服务。调用 stop 函数退出进程，然后再调用 start 函数启动进程
reload	重新读取配置，如果读取配置失败则调用 restart 函数重启进程
enable	打开服务自启动，即将启动脚本软链接文件放在/etc/rc.d 目录下
disable	关闭服务自启动，删除在/etc/rc.d 的软链接文件
enabled	提供服务自启动的状态查询
boot	调用 start 函数
shutdown	调用 stop 函数
help	输出帮助信息

在这个例子中，这个命令在启动时取代 start 函数而执行 boot 函数，如果 boot 函数没有被重新定义，将执行 rc.common 中预定义的 boot 函数，boot 函数再次调用 start 函数。如果你不带参数运行命令，将会自动调用 help 函数输出帮助信息。

启动和停止命令通常在 init 序列中执行，在系统启动时 rcS 仅仅执行在/etc/rc.d 目录下的脚本，我们的启动脚本作为软链接放在这里。使用 enable 或 disable 命令可以自动完成这些任务。如示例 5-6 所示，通过调用"enable"命令可安装成功。START=15 意味着启动文件将创建软链接"/etc/rc.d/S15hello"来指向"/etc/init.d/hello"，也就是说，它在 START=14 之后启动，在 START=16 之前启动。

如果多个初始化脚本有相同的启动优先值，则调用顺序取决于启动脚本名称的字母顺序。另外使用 opkg 命令安装软件时一般均有执行权限，如果是自己手动新增脚本，不要忘记确认脚本是否有执行权限（通过运行 chmod +x /etc/init.d/hello 命令来增加执行权限）。

示例 5-6：

```
#通过传递"enable"参数打开自启动功能
root@zhang:/# /etc/init.d/hello enable
```

示例 5-6 将在/etc/rc.d 目录下创建一个软链接。这些命令在系统启动和关闭时自动执行。这使我们的应用程序作为一个系统服务，在设备上电时启动，关闭时停止。同样，可以通过传递"disable"参数来关闭随系统启动，这将启动软链接移除。当前状态查询传递"enabled"参数，如示例 5-7 所示。

示例 5-7：

```
root@zhang:/# /etc/init.d/hello enabled
root@zhang:/# echo $?
```

这个命令将返回是否随系统启动的信息，如果随系统启动，则返回 0，否则返回 1。返回值通过"$?"变量来查询。

请注意很多守护进程包含在官方发行版中，默认都会创建自启动链接文件。但是否启动成功并提供服务要受到配置文件的控制。例如守护进程 cron 默认会调用启动脚本，但因为判断没有定时任务的配置，启动进程将结束。因此第一次编辑 crontab 文件后，不会有实质的定时动作执行，你需要通过"/etc/init.d/cron start"再次启动定时任务进程。

5.4　补丁生成及应用工具

在开源软件开发中，一般有很多开发人员协作开发，但这些人处于世界各地。这就会遇到代码如何集成到一起的问题。未参与过软件开发的新手通常会认为这不是问题，然后将所有修改文件一块打包为".tar.gz"的压缩文件，并通过邮件发送给开源社区集成人员。这时开源社区的集成人员一般会直接回复"请看如何提交代码文档"。因为集成人员无法确认你基于哪个版本在何处做了修改，因为软件代码始终在持续修改中。

开源社区使用补丁来进行提交和管理代码，常用的代码管理工具有 SVN 及 Git，但这两个工具均需要安装及配置，比较复杂。并且在 20 世纪 80 年代并没有这些现代化的工具，于是就产生了 diff/patch 工具集，这样就可以脱离手动进行对比和合并代码，极大地提高了集成效率。

5.4.1　补丁

补丁是包含一个源码树的两个不同版本之间的差异文本文件。补丁通过"diff"程序创建。为了正确应用补丁，你需要清楚产生补丁的基础版本和所要更改的源代码的版本。

补丁有时也称为 diff 文件或 patch 文件。使用补丁文件的格式通常有两种："统一格式"和"传统格式"。现在大多数开源项目均使用统一格式，OpenWrt 也使用统一格式。统一格式保存了补丁文件的上下文信息，默认保存上下 3 行，便于开发人员交流使用。以下为统一格式文件包含的信息。

- "－－－"开头表示原始文件。
- "＋＋＋"开头表示新文件。
- "@@"表示补丁文件区段的开始，并以"@@"结尾。中间会有 4 个数字，"－"开头表示原始文件的行号和显示的范围，"＋"开头表示在新文件中的行号和范围。
- 开头为"＋"，表示该行在原始文件中不存在，在新文件中增加。开头为"－"，表示该行在原始文件中存在，但在新文件中删除了。没有前导"+/–"字符，表示该行在原始文件和新文件中均存在，没有修改，这些用于辅助定位修改行在文件的位置。

我们以"100-fix-dhcp-no-address-warning.patch"补丁来说明文件格式含义，该文件在源码树"package/network/services/dnsmasq/patches"目录下。如图 5-1 所示。文件中第一行"---a/src/dhcp.c"表示原始文件 A，第二行"+++/b/src/dhcp.c"表示被修改后的文件 B。第 3 行表示在补丁文件中有 A 文件的从第 146 行开始的 7 行文本，有 B 文件的从 146 行开始的 7 行文本，并且保存在"void dhcp_packet()"函数中。

第 4 行到第 6 行为 A、B 文件共有的 3 行代码。第 7 行仅在 A 文件中存在，第 8 行仅在 B 文件中存在。9～11 行为 A 和 B 均有的 3 行代码。

补丁文件的第 12 行表示另外一个差异块在 void dhcp_packet()函数中，补丁文件中有 A 文件的从第 272 行开始的 11 行文本，有 B 文件从第 272 行开始的 9 行文本。补丁文件中的 16、17、19 和 20 行在 A 文件中存在，在 B 文件中不存在。21 和 22 行在 B 文件中存在，在 A 文件中不存在。A 和 B 两个文件均包含 18 行和 23～25 行。

```
1 --- a/src/dhcp.c
2 +++ b/src/dhcp.c
3 @@ -146,7 +146,7 @@ void dhcp_packet(time_t now, int pxe_fd)
4    struct iovec iov;
5    ssize_t sz;
6    int iface_index = 0, unicast_dest = 0, is_inform = 0;
7 -  struct in_addr iface_addr;
8 +  struct in_addr iface_addr, *addrp = NULL;
9    struct iface_param parm;
10 #ifdef HAVE_LINUX_NETWORK
11    struct arpreq arp_req;
12 @@ -272,11 +272,9 @@ void dhcp_packet(time_t now, int pxe_fd)
13     {
14       ifr.ifr_addr.sa_family = AF_INET;
15       if (ioctl(daemon->dhcpfd, SIOCGIFADDR, &ifr) != -1 )
16 -       iface_addr = ((struct sockaddr_in *) &ifr.ifr_addr)->sin_addr;
17 -       else
18     {
19 -       my_syslog(MS_DHCP | LOG_WARNING, _("DHCP packet received on %s which has no address"), ifr.ifr_name);
20 -       return;
21 +       addrp = &iface_addr;
22 +       iface_addr = ((struct sockaddr_in *) &ifr.ifr_addr)->sin_addr;
23     }
24
25       for (tmp = daemon->dhcp_except; tmp; tmp = tmp->next)
```

图 5-1　dnsmasq 补丁文件 100-fix-dhcp-no-address-warning.patch

5.4.2　diff 工具

diff 是用来比较两个文件或目录的工具。用这个工具，你可以将自己的修改生成一个补丁文件，提交给集成团队进行代码合并。

创建补丁包时，原始文件或目录放在前面，修改后的文件放在后面。使用"diff -up"或者"diff -uprN"来创建补丁包。在创建自己的代码补丁包时，需要确定使用"统一格式"还是使用"传统格式"。Linux 和 OpenWrt 开发社区使用"统一格式"，也就是使用 diff 工具的"-u"选项。

使用"-p"参数来显示每一个改变的 C 语言函数，这样生成 diff 结果补丁包时可读性更好。一般在比较文件时，会在代码包的顶层目录进行比较，这样补丁包包含了目录信息，不用再进入具体的目录来打补丁。

对单个文件创建补丁，以修改 dnsmasq 中的 src/dhcp.c 文件为例，会执行以下步骤：

```
SRCTREE= dnsmasq
MYFILE=src/dhcp.c
cp $SRCTREE a -a    #原始文件在 a 目录下。
cp $SRCTREE b -a   #b 目录用于修改文件。
vi b/src/dhcp.c     # 完成修改。
diff -up a/src/dhcp.c b/src/dhcp.c -up > zhang1.patch
```

创建多个文件的补丁包时，你需要首先检出一个干净版本代码，即未做任何修改的源码树，再来和自己修改的源码树（未做编译）比较，这种情况下不能在编译目录进行比较，因为编译后会生成一些编译信息文件。比较命令参考如下：

```
  diff -uprN a b > zhang2.patch
diff [命令行选项] 原始文件目录 新文件目录
```

diff 是按行来比较两个代码文件的工具，至少需要两个参数，原始文件在前，修改后文件放在后面。比较结果将输出到屏幕上，使用重定向符号">"输出到文件中。以下为几个常用选项参数含义。

- -p --show-c-function：在每一个更改处显示 C 函数，方便程序员合并及定位代码。

- -u -U NUM   --unified[=NUM]：按统一格式输出，并且在补丁中输出前后 NUM 行（默认 3 行）。

- -N --new-file：对于不存在的文件，认为是空白文件和新增文件，即在补丁文件里面包含新的文件内容。

- -r --recursive：递归比较子目录，很多文件在不同目录里修改时使用。

5.4.3　patch 工具

如何应用补丁？patch 工具提供了这样的功能。patch 程序读取 diff 文件，然后将补丁文件中的描述应用在源代码树上。补丁通常应用在源代码目录的父目录上。以 Linux 内核源代码为例，这意味着包含在补丁文件中的路径包含了补丁文件所在的内核源代码目录（或者其他目录名，如“a/”“b/”），这将不能匹配在本地机器上内核文件的源代码路径，但是查看产生补丁的内核版本非常有用，你应当更改工作目录到内核源代码目录路径，在应用补丁文件时从 patch 文件中剥去路径的第一个元素（使用 patch 命令的-p1 参数）。应用补丁命令如下：

```
patch -p1 < ../patch-x.y.z
```

恢复先前应用的补丁，使用-R 参数来打补丁，即返回到应用补丁之前代码的命令为：

```
patch -R -p1 < ../patch-x.y.z
```

如何将补丁文件传递给“patch”程序？通常有 3 种不同的方法可以采用。第一种通过标准输入 stdin 来传递文件给 patch 程序。例如：

```
patch -p1 < path/to/patch-x.y.z
```

第二种方法是使用-i 参数来传递补丁文件名，例如：

```
patch -p1 -i path/to/patch-x.y.z
```

第三种方法是使用管道，将补丁文件输出，然后将输出使用管道定向到 patch 程序中。例如：

```
cat path/to/patch-x.y.z | patch -p1
```

如果补丁文件是使用 gzip 或 bzip2 压缩的，在应用补丁前不用解压缩。你可以使用下面的命令：

```
zcat path/to/patch-x.y.z.gz | patch -p1
bzcat path/to/patch-x.y.z.bz2 | patch -p1
```

patch 的另外一个经常使用的参数是-s，这样打补丁时输出会很少，将只有出错信息。这可以防止错误消息淹没在输出中。还有一个常用参数是“--dry-run”，即仅仅输出将要发生的事情且不会做任何实际修改。最后"-verbose"会告诉 patch 输出当前尽可能多的信息。常用可选参数含义如下。

- -f：强制打入补丁，不用询问。

- -p1：略过一层前导目录。

- -E：打完补丁后，如果文件内容为空，会将其移除。

- -d：表示在指定目录下执行。

- -R：这个选项用于删除补丁，如果该补丁是交换了原始和新的文件创建的，那使用该选项就是应用补丁。

- --dry-run：试打入，输出打入这个补丁之后的结果，但是不做任何真正修改。

- --verbose：会告诉 patch 输出当前尽可能多的信息。

打补丁时的常见情况

当使用 patch 工具应用补丁文件时，它将验证文件的正确性。首先检查文件是不是合法的补丁文件，然后检查匹配补丁文件提供的上下文。如果 patch 工具遇到了一些问题，它有两种选择：拒绝修改并结束整个过程；或者是找到合并的位置并做微小改变之后应用这个补丁。

一个常见情况是补丁不能精确定位代码行位置，patch 工具将试图修正位置。例如，所有的上下文匹配，但是代码行匹配有些微小的位置不同。这些是很可能发生的，例如补丁是在一个文件的中间部分做了修改，但是由于一些其他的原因，文件在开始部分做了增加或减少。在这种情况下仅仅上移或下移一点即可。patch 工具将调整行号并应用补丁。

如果应用补丁时，位置有调整将会出现"fuzz"提示，这时你就需要检查程序处理的这一处修改是否正确，大多数情况下都是正确的。但有时合并结果就是错误的，我就曾经遇到过，因为大多数函数的最后 3 行附近都是一样的，在合并时位置调整到另外的函数中了。如果 patch 遇到不能用"fuzz"提示来修改，它就会彻底拒绝应用这个修改并保存到".rej"文件中。然后查看这个文件并分析不能应用的原因。这样你就可以手动按照你的要求来合并代码。

如果 patch 停止执行并输出了一个"File to patch:"的提示，那就是补丁找不到需要打补丁的文件。最有可能的情况是你忘记指定-p1 或者使用了错误的目录。少数时候，你会发现需要使用-p0，而不是-p1，这可能是某位程序员没有按照要求提交补丁文件。

如果执行过程中遇到了类似 "Hunk #1 succeeded at 2345 with fuzz 1 (offset 10 lines)."的消息，这意味着补丁调整了更改的位置（这个例子中移动了 10 行）。结果是否正确需要进行检查，这种情况出现在你想在产生补丁包的不同版本上应用补丁的时候。

如果出现类似 "Hunk #3 FAILED at 3456."的提示，这意味着补丁不能正确应用，将产生一个更改失败的 ".reg" 文件，也会有一个没有任何修改原始内容的 ".orig" 文件，这时你就需要手动合并代码。这种情况一般是由于两个程序员同时修改同一个文件的相同或相近的代码导致的。

如果出现 "Reversed (or previously applied) patch detected! Assume -R? [n]" 的提示，那是 patch 工具探测到已经包含这个补丁的修改。如果是你重新应用这个补丁，选择 "n" 退出这个过程。如果你是以前应用过这个补丁，现在想还原，但是忘了指定 "-R" 选项，那就输入 "y" 来还原代码。这也发生在创建补丁的过程中颠倒了原始目录和修改目录的情况，在这种情况下还原其实是应用补丁。

如果出现类似的一则消息 "patch: **** unexpected end of file in patch" 或 "patch unexpectedly ends in middle of line"，则意味着检测到补丁文件中的错误。无论是在下载过程中损坏了，还是没有解压缩补丁，或者你正在使用一个邮件客户端修改补丁文件。例如将一个长行分成两行，往往这些警告很容易修改，例如连接被分开的两行或者重新进行下载。我曾经遇到一个问题是在提交 html 格式的帮助文件时，html 文件被感染了病毒，在每一个 html 文件内容后面加上了访问广告网站的链接，这显然是没有认真检查提交的补丁文件内容。

5.5 参考资料

- 如何将你的修改提交给 Linux 内核社区（https://www.kernel.org/doc/Documentation/ SubmittingPatches [2014-10-31]）。

- 如何将你的修改提交给 OpenWrt 社区（https://dev.openwrt.org/wiki/ Submitting Patches [2014-10-31]）。

- Init Scripts（http://wiki.openwrt.org/doc/techref/initscripts [2016-02-06]）。

第**6**章

GDB 调试

在开发 C 语言应用程序时，经常会碰到内存使用错误导致的进程崩溃退出，这时我们就需要一个工具来定位发生崩溃的代码所在位置以及当时的程序变量内容和调用先后顺序等，GDB 工具就在这种情况下应运而生。本章首先讲述了如何使用 GDB 启动程序调试，然后讲述了在 GDB 中如何设置断点以及查看程序的运行状态，最后讲述了使用 GDB 对运行中程序的执行流程进行修改，这样可以以最快的速度定位问题所在。

6.1 什么是 GDB

GDB（GNU Project debugger）是 GNU 项目开发的针对 C/C++语言的代码调试工具，它可以让你看到一个程序执行时里面发生了什么事情，甚至是程序在崩溃时正在执行的语句和状态。

GDB 主要有 4 个功能来帮助你捕捉发生 BUG 时的状态。

（1）启动应用程序，可以按照调试人员自定义的要求随心所欲地运行程序，例如设置参数和环境变量。

（2）可让被调试的程序在你所指定的调试断点处停住（断点可以是条件表达式）。

（3）当程序停止执行时，可以检查此时程序中所有的状态。

（4）动态改变你的程序。在程序运行中改变变量值和代码执行顺序，这样你就可以尝试修改这个 BUG。

被调试程序可以是基于 C、C++、Objective-C 或 Pascal 等许多其他语言编写的。这些程序可以和 GDB 在同一台计算机上（本地）或在不同的计算机上（远程）。GDB 可以运行在 Linux 和 Windows 等操作系统上。

如果可执行程序增加可调试功能，需要在编译时增加-g 选项，然后使用命令"gdb"
启动应用程序。常用调试命令含义如表 6-1 所示。

表 6-1　常用 GDB 命令

命　　令	含　　义	示　　例
break	在指定的位置或函数处设置断点	break main
run	开始执行调试程序	run
bt	查看程序运行栈信息	bt full
continue	在程序中断之后继续执行程序	c
next	单步执行，如果是函数则执行完这个函数	next
step	单步执行，如果是函数则进入函数内部	step
set args	设置启动参数 set args	set args abc
print	输出表达式或变量值	print argc
quit	退出程序调试	quit
list	输出现在执行程序停止位置附近的代码	list
help	输出 GDB 命令的帮助信息	help next

6.2　如何启动程序调试

为了能高效地调试程序，你需要在编译时产生调试信息。调试信息存储在对象文件中，
它描述了每一个变量或函数的数据类型，以及源代码行和执行代码的地址之间的关系。

在编译时，指定"-g"选项即可产生调试信息。在把程序交给客户时通常会使用"-O"
选项进行编译优化，一些编译器不能同时处理"-g"和"-O"选项，GNU 的 C/C++编译
器支持同时带有两个参数。一般在研发过程中，我们推荐始终使用"-g"参数来编译你的
程序，因为你不知道程序何时会出现问题。编译命令参考如下：

```
g++ -g hello.c -o hello
```

6.2.1　使用 GDB 启动程序

最常见的启动 GDB 的方式是带有一个可执行程序名称的参数，例如：

```
gdb hello
```

也可以带两个参数来启动 GDB，分别为可执行程序和一个进程崩溃后生成的文件。例如：

```
gdb hello core
```

调试正在运行的程序时，则带上进程号，程序进程号使用 ps 命令来查看。例如：

```
gdb hello 1234
```

或者启动后，再使用 attach 命令来关联上正在运行的待调试进程。使用 detach 命令来和关联的进程分离。退出 GDB 使用"quit"命令。启动 GDB 后，在 GDB 中并不会将你的进程启动，在 GDB 中使用 run 命令带上参数来启动。如果不带参数，将是上一次运行时的参数或者是使用"set args"设置的参数。

set args 用于指定程序启动时的参数。如果没有跟着参数将设置参数为空。

show args 用于显示程序启动时的参数。

GDB 的内部命令是在启动 GDB 后输入一行字符并跟一个 Enter 键来执行，命令名的长度没有限制。通常命令名可以跟一个或多个参数，参数含义依赖于这个命令。有些命令不需要任何参数。

如果只记住了命令名的前缀，则输入制表键可以补全命令，如果不能补全则列出所有可选的命令。通常仅输入 Enter 键是指重复先前执行的命令，但是一些特定的命令不会这样重复执行，例如 run 命令。

6.2.2 环境变量设置

(gdb)show paths：显示程序的查找路径列表（系统的 PATH 环境变量）。

(gdb) show environment HOME：显示系统的环境变量，例如这里是显示 HOME 环境变量。

(gdb)set environment varname [=value]：设置环境变量，这个环境变量仅仅在 GDB 启动的程序中有效，不会影响到系统的环境变量。例如进行如下设置：

```
(gdb)set env CONFIG_DIR = /etc/config
```

使用 unset environment varname 来取消环境变量设置。

6.2.3　设置日志文件

如何将当前进行调试过程中的 GDB 输出保存下来？可以通过 set logging 命令进行设置，这在调试时非常有用，可以记录调试的过程，以供以后来分析。GDB 日志文件命令如表 6-2 所示。

表 6-2　GDB 日志文件命令

命　　令	含　　义
set logging on	经屏幕输出同时输出到 log 文件中。默认输出为当前目录下的 gdb.txt 文件
set logging off	关闭 log
set logging file file	默认输出为 gdb.txt，这样将当前输出的默认 log 文件改名
set logging overwrite	默认情况下 GDB 日志输出是附加到 log 文件中的。设置为 overwrite 时，每次均重写一个全新的文件
show logging	输出当前日志的设置

6.2.4　获取帮助

GDB 程序内置了丰富的命令使用手册，启动 GDB 程序后，终端使用 help 命令可以调出命令使用手册。不带参数的 help 命令列出命令的分类。GDB 将所有命令分为 12 类。使用命令的分类作为 help 参数，你可以看到这个分类中所有命令的列表。最常用的几个命令分类有 breakpoints、running、stack、status 等。

- breakpoints：断点命令，将程序在特定条件下停止执行。

- running：运行程序，包含将程序关联到进程、启动进程调试、单步执行、切换执行线程等命令。

- stack：程序运行栈相关命令，如查看运行栈、在栈中各个栈帧之间切换等。

- status：状态查询命令，包含 info 和 show 命令。

示例 6-1 所示的是输出 stack 分类的所有命令列表。使用命令名称作为 help 参数将显示这个命令的所有文档描述。使用 apropos 命令来搜索指定关键词相关命令。

示例 6-1:

```
(gdb) help stack
Examining the stack.
The stack is made up of stack frames.  Gdb assigns numbers to stack frames
counting from zero for the innermost (currently executing) frame.

At any time gdb identifies one frame as the "selected" frame.
Variable lookups are done with respect to the selected frame.
When the program being debugged stops, gdb selects the innermost frame.
The commands below can be used to select other frames by number or address.

List of commands:

backtrace -- Print backtrace of all stack frames
bt -- Print backtrace of all stack frames
down -- Select and print stack frame called by this one
frame -- Select and print a stack frame
return -- Make selected stack frame return to its caller
select-frame -- Select a stack frame without printing anything
up -- Select and print stack frame that called this one

Type "help" followed by command name for full documentation.
Type "apropos word" to search for commands related to "word".
Command name abbreviations are allowed if unambiguous.
```

6.2.5　命令总结

启动调试命令如表 6-3 所示

表 6-3　启动调试命令

命　　令	含　　义
run	启动调试程序，后面可以加启动参数
attach	关联到正在运行中的进程

续表

命　　令	含　　义
set args	设置程序启动时的参数。如果没有跟着参数将设置参数为空
show args	显示启动参数
set environment	设置环境变量，这对已开始执行的程序没有影响
show environment	如果没有参数显示所有的环境变量
unset environment	取消环境变量设置，这对已开始执行的程序没有影响
help	获取帮助，没有参数将输出命令分类列表
apropos	搜索命令帮助

6.3　断点管理

在执行程序调试时，我们经常想让程序在某处停止下来，然后查看程序当时的状态，这就需要设置断点。断点是广义上的程序执行停止点，是指能导致程序停止的任何事情，可以划分为指令断点、观察点和捕获点 3 种情况。

6.3.1　指令断点管理

指令断点一般简称为断点，设置断点命令为 break，可以缩写为 b，用来在调试的程序中设置代码执行停止断点，可以设置为文件代码行或者是函数调用处。它有 3 个可选的参数，命令格式为：

```
break [LOCATION] [thread THREADNUM] [if CONDITION]
```

LOCATION 可以是代码行号、函数名或者一个带有星号的地址。

如果指定代码行，在所指定的代码行执行前停止。如果指定函数，在函数执行入口处停止。如果指定了地址，则在指定地址处停止。如果没有参数，使用当前选择的栈帧的下一行地址，这在返回到当前的栈帧时非常有用。

THREADNUM 是线程号，可以用 "info threads" 命令来查看线程号。CONDITION 是一个布尔表达式。

tbreak 用于设置一个临时断点，和"break"命令类似，唯一不同的是它所设置的断点为临时断点，当命中这个断点后将删除断点。

显示断点信息命令为 info break [n…]，运行这一命令将输出所有的指令断点、观察点和捕获点。有一个可选的参数，这意味着可以仅输出指定的断点、观察点或捕获点。对于每一个断点，输出内容如图 6-1 所示。

```
(gdb) info break
Num     Type           Disp Enb Address    What
1       breakpoint     keep y   0x080489c6 in main
                                            at hello.c:50
```

图 6-1 断点信息

- **断点编号**：GDB 将指令断点、观察点、捕获点三者统一顺序编号，编号从 1 开始。

- **类型**：是指令断点还是观察点，还是捕获点。

- **部署（Disposition）**：当执行到断点以后，是删除断点还是不再运行等。

- **使能状态**：断点的使能状态，"y"表示断点启用，"n"表示断点不生效。

- **地址**：断点的内存地址。如果断点的地址是未知的，显示"<PENDING>"。

- **位置（What）**：断点在程序源代码中的位置，例如文件和行号。

此外，还会显示断点的命中次数。这在调试时非常有用，可以查看代码行的执行次数。在调试时，如果多次中断，我们在下次调试时，可以忽略前面命中的断点。

上面说了如何设置程序的断点。如果你觉得已定义好的断点不会再使用，你可以使用 clear、delete 这两个命令来进行删除。

clear 带有一个可选参数，参数可以为代码行号、函数名和带有星号的地址。如果指定了行号，这一行的所有断点将被清除；如果指定了函数，则函数起始位置的所有断点将被删除；如果指定了地址，则该地址位置的断点均被删除。如果没有参数，则在所选择的栈帧当前位置删除所有断点。delete 用于删除断点，如果不指定参数，将删除所有的断点。参数为断点编号或者为断点范围。

比删除断点更好的方法是 disable。这样断点将不生效但断点位置等信息得到了保留，你可要在稍后再次启用它。命令格式如下：

```
disable [breakpoints] [range...]
```

breakpoints 为断点编号。如果什么都不指定，表示使所有的断点不生效。

```
enable [breakpoints] [range...]
```

启用所指定的断点，breakpoints 为断点编号。以下举例说明用法。

- (gdb) delete breakpoint 1

该命令将会删除编号为 1 的断点，如果不带编号参数，将删除所有的断点。

- (gdb) break hello.c:60

该命令在文件 hello.c 的 60 行代码处设置行断点。如果是指定当前文件的代码行，可以不指定文件名。

- (gdb) break 67 if argc==2

该命令设置了一个条件断点，当 argc 为 2 时，执行到 67 行会触发这个断点。

- (gdb) disable breakpoint 1

该命令将禁止编号为 1 的断点，这时断点信息的使能域（Enb）将变为 n。

- (gdb) enable breakpoint 1

该命令将允许编号为 1 的断点启用，这时断点信息的使能域（Enb）将变为 y。

- (gdb) clear 50

50 为源文件的行号，该位置的所有断点将被删除。

6.3.2 观察点管理

观察点是一种特殊的断点，如果表达式修改了值程序执行就停止了。表达式可以是变量，也可以是几个变量组合，有时会叫作数据断点。需要特别的命令来设置，其他对观察点的管理命令和指令断点类似。

- watch：为表达式设置一个观察点。一旦表达式值发生变化时，马上停止执行程序。
- rwatch：设置读观察点。当读到表达式的值时，程序停止执行。

- awatch：设置访问观察点。当表达式读或写时，将停止执行程序。

- info watchpoints：列出当前设置的所有观察点。格式与内容和查看指令断点的内容相同。

6.3.3 捕获点管理

你可以用捕获点调试某些程序事件（event），例如 C++异常、共享库的加载、系统调用和进程启动等。使用 catch 命令来设置捕获点后，当事件发生时，程序会停止执行。常见的事件有以下一些内容。

- throw：一个 C++抛出的异常。

- exec：当程序执行 exec 函数创建进程时。

- syscall：参数为捕获系统调用它们的名字或编号。如果没有给出参数则每一个系统调用将都被捕获到，例如调用 open 函数打开文件时。

- load：加载共享库时。

- fork：当程序调用 fork 创建进程时。

另外有 tcatch 命令，是设置临时捕获点，即这个捕获点被执行到时会自动删除，仅被执行到一次。以下举例说明 catch 的用法。

- (gdb) catch syscall open

设置在系统调用 open 函数时停止执行。

- (gdb) catch fork

设置在创建新进程时停止执行。

6.3.4 单步调试

当你的程序被停止执行时，你可以用 continue 命令恢复程序的运行直到程序结束，或下一个断点到来。也可以使用 step 或 next 命令单步跟踪程序。

continue [ignore-count]：从断点停止的地方恢复程序执行。命令可以缩写为 c。ignore-count 则表示忽略这个位置的断点次数。程序继续执行直到遇到下一个断点。

step：继续执行程序直到控制到达不同的源码行，然后停止执行并返回控制到 GDB。命令可以缩写为 s。如果函数编译带有代码行信息，step 命令将进入函数。否则行为和 next 命令类似。后面可以加一个参数 count，加参数表示执行 count 次 step 指令，然后再停住，或者其他原因导致停住。

next：同样为单步跟踪，继续执行同一函数的下一行代码，这和 step 命令相似，但如果有函数调用，它不会进入该函数内部。后面可以加数字 N，不加则表示一条一条地执行，加表示一次执行 N 条命令的行为，然后程序再停止。

finish：继续运行程序直到当前选择的栈帧返回，并输出返回值，命令缩写为 fin。

until：执行程序直到大于当前已经执行的代码行，在程序循环时经常会用到它，即循环体如果执行过一次，使用 until 命令将执行循环体完成之后下一行代码处停止。

以下举例说明。

- (gdb) next

单步执行，执行后将输出下一行代码。

- (gdb) finish

结束当前函数执行，或者碰到当前函数断点处停止执行。

6.3.5 命令总结

断点管理命令表如表 6-4 所示。

表 6-4 断点管理命令表

命　　令	含　　义
break	在指定行或函数处设置断点
tbreak	设置临时断点，在命中执行一次后就自动删除该断点
clear	在所选择的栈帧中当前位置删除所有断点
delete breakpoints	删除断点，如果不指定参数将删除所有的断点
disable breakpoints	使断点失效，但仍保存在断点数据库中。例如 disable breakpoint 1
enable breakpoints	启用断点。例如：enable breakpoint 1

续表

命　　令	含　　义
watch	设置观察点，当表达式的值发生改变时程序停止执行
rwatch	设置读观察点，当表达式的值读取时，程序停止执行
awatch	设置访问观察点，当表达式读或写时，将停止执行程序
step	执行下一行代码，如果遇到函数则进入函数内部
next	执行下一行代码，遇到函数并不进入函数内部
finish	继续运行程序直到当前选择的栈帧返回，并输出返回值，命令缩写为 fin
continue	继续程序的执行，直到程序结束或者遇到下一个断点
until	执行直到程序到达大于当前或指定位置。这种遇到循环时非常有用，可以跳出当前的循环

6.4　查看程序运行状态

6.4.1　查看栈帧信息

查看程序调用栈信息，当程序停止时，你第一个关注的是程序停止的代码位置和程序的函数调用路径。当程序执行函数调用时，关于这次调用的信息（包含调用的代码位置、传递的参数、函数的局部变量等信息）均保存到了一段内存当中，这段内存被称为栈帧或帧（Frame）。所有的栈帧组合称为调用栈。

程序执行后将有很多帧，很多 GDB 命令均假定你选择了其中一个帧。例如你查看一个变量值，这将在你所选的栈帧中输出局部变量的值，有一些命令用于你选择栈帧。当程序停止时，GDB 将自动选择当前执行的帧。栈帧编号是一个从 0 开始的整数，是栈中的层编号。0 表示栈顶，main 函数所在的层为栈底。

```
backtrace [full]/[number]
```

backtrace 将输出当前的整个函数调用栈的信息，整个栈的每个帧一行显示。backtrace 可以缩写为 bt，如果带有 "full" 限定符，将输出所有局部变量的值。参数 number 可以是一个正整数或负整数，表示只打印栈顶/栈底 *n* 层的栈信息。backtrace 输出如示例 6-2 所示。

示例 6-2：

```
(gdb) backtrace
#0  read_conf (hello=0x804a080 <hello>) at hello.c:31
#1  0x080489e1 in main (argc=1, argv=0xbffff064) at hello.c:57
```

调用栈的每一行显示包含 4 部分，包含帧编号、函数名、函数的参数名称和传入的实参、调用的源代码文件名和行号。从示例 6-2 可以看出，程序在 hello.c 文件第 31 行处停止执行，函数的调用顺序信息为：main() --> read_conf()。

frame 为选择和输出栈帧。如果没有参数，输出当前选择的栈帧。如果有参数，表示选择这个指定的栈帧。参数可以是栈帧编号或者地址。打印出的信息有：栈帧的层编号、当前的函数名、函数参数值、函数所在文件及行号，以及函数当前执行到的代码行语句。

up：选择和输出栈帧，不带参数表示选择向上移动一层栈帧。可以带有参数来移动多层。

down：不带参数表示选择向下移动一层栈帧。可以带有参数来移动多层。

return：返回到当前栈帧的调用处。

info frame：显示栈帧的所有信息。

示例 6-3 显示了当前选择栈帧的详细信息，包含栈帧地址、调用函数的地址、被调用栈帧的地址、源代码的编程语言、参数地址和内容等。

示例 6-3：

```
(gdb) info frame
Stack level 0, frame at 0xbfffed80:
 eip = 0x80488c8 in read_conf (hello.c:33); saved eip = 0x80489f5
 called by frame at 0xbfffefd0
 source language c.
 Arglist at 0xbfffed78, args: hello=0x804a080 <hello>
 Locals at 0xbfffed78, Previous frame's sp is 0xbfffed80
 Saved registers:
  ebp at 0xbfffed78, eip at 0xbfffed7c
```

栈帧的调用关系只能在同一个线程中查看，如果一个程序有多个线程同时执行，我们可以输入 thread 命令和参数线程编号来在线程之间切换。线程是操作系统能够进行运算调度的最小单元，线程之间共享其父进程中的所有资源，线程也有自己独立的调用栈空间。经常使用的线程命令有查询所有线程命令"info threads"和切换线程命令"thread"。

6.4.2　查看运行中的源程序信息

GDB 可以打印调试程序的源代码，由于你在编译时增加了-g 参数，调试信息保存在可执行程序中，当你的程序停止执行时，GDB 将输出停止位置。这时你就可以开始调试了。使用 list 等命令来查看当时编译的源代码等。

list 如果没有参数，输出当前 10 行代码或者紧接着上次的代码。"list -"输出当前位置之前的 10 行代码，注意带有一个中划线作为参数。list 命令参数也可以是一个代码行或函数名：如果为代码行，则列出指定行的代码；如果为函数名，则列出函数名附近的代码。示例 6-4 列出了 main 函数附近的代码。

示例 6-4：

```
(gdb) list main
47          return 0;
48  }
49
50  struct Hello hello;
51  int main(int argc, char* argv[])
52  {
53  /*
54          char agent[50] = "openwrt";
55          char url[100] = "http://bjbook.net/bk/openwrt";
56
```

6.4.3　查看运行时数据

使用 print 命令可以输出执行程序时的运行数据，例如表达式的值，但是需要在你的调用栈环境下，例如全局变量、静态全局变量和局部变量等。可以用 print 命令和 x 命令来查看表达式和地址的内容。

```
print /fmt exp
```

表示输出表达式的内容。如果局部变量和全局变量名称相同，则默认为输出局部变量的内容，如果需要输出全局变量，则需要增加全局限定符（为双冒号，::）。

如果输出静态全局变量，则需要加文件名限定符 print hello.c'::x

如果变量为数组，则需要@字符配合才能输出数组的内容，@的左侧是数组的地址，右侧是数字的长度。如果是静态数组的话，可以直接用 print 数组名，就可以显示数组中所有数据的内容。例如输出 main 函数的第 argc 个参数内容：

```
(gdb) print *argv@argc
$16 = {0xbffff259 "/home/zhang/book/elk/openwrt/hello/src/hello"}
```

某些情况下，程序变量的值不能被输出，因为你的程序打开了编译优化功能。这种情况下，需要你在编译时关闭编译优化功能。

你可以使用 x 来查看内存地址中的值。x 命令的语法如下所示：

```
x /FMT ADDRESS
```

ADDRESS 是一个内存地址。

FMT 是格式字符和多少个同样格式的内容连接在一起。

一般来说，GDB 会根据变量的类型输出变量的值。但你也可以自定义 print 的输出格式。例如，你想输出一个整数的十六进制，或是二进制来查看这个整型变量中的位的情况。要做到这样，你可以使用 GDB 的数据显示格式。

- x：按十六进制格式显示变量。

- d：按十进制格式显示变量。

- u：按十六进制格式显示无符号整型。

- o：按八进制格式显示变量。

- t：按二进制格式显示变量。

- a：按十六进制格式显示变量。

- c：按字符格式显示变量。

- f：按浮点数格式显示变量。

程序执行过程中，有一些专用的 GDB 变量可以用来检查和修改计算机的通用寄存器，GDB 提供了目前每一台计算机中实际使用的 4 个寄存器的标准名字。

- $pc：程序计数器。

- $fp：帧指针（当前堆栈帧）。

- $sp：栈指针。

- $ps：处理器状态。

6.4.4　命令总结

查看程序运行状态命令总结如表 6-5 所示。

表 6-5　查看程序运行状态命令总结

命　　令	含　　义
backtrace	输出堆栈调用信息
bt full	显示堆栈的详细信息
info frame	显示所选栈帧的所有信息
list	显示源代码，如果没有参数将显示当前位置的 10 行代码
print	输出变量的内容
x	显示内存地址内容，命令格式为 x /FMT ADDRESS
info registers	列出寄存器及内容
frame	选择和输出栈帧信息
up	不带参数表示选择向上移动一层栈帧。可以带有参数来向上移动多层
down	不带参数表示选择向下移动一层栈帧。可以带有参数来向下移动多层
info threads	输出程序中所有的线程。可以带有一个参数仅输出指定线程
thread	在多个线程之间切换。线程编号从 1 开始，带有一个数字参数来指定要切换的线程

6.5 动态改变——改变程序的执行

利用 GDB 调试你的程序时，如果你觉得程序运行流程不符合你的期望，或者某个变量的值不是你所期望的，你可根据自己的思路来临时修改程序变量的值，这样就可以修改程序的运行过程来验证是否是这个变量导致的 BUG。

- 修改变量的值，通过 print 或者 set 命令来修改变量值。

(gdb) print argc=2

- 从不同的地址处执行，当程序在断点处停止时，你可以使用 continue 命令继续执行，也可以使用 jump 指定下一条语句的运行点。参数可以是文件的行号，可以是 file:line 格式，可以是+num 这种偏移量格式。表示着下一条运行语句从哪里开始。

- signal 产生信号，一般用于模拟进程收到信号的处理情况，例如 signal 9。

- 强制函数返回，可以通过调用 return 命令来取消函数的继续执行，去返回到调用处。可以带有一个参数，这个参数用于函数返回值。

- 调用函数，通过 call 来调用函数，也可以使用 print 来调用函数。

修改程序命令总结如表 6-6 所示。

表 6-6　修改程序命令总结

命　　令	含　　义
print	输出并修改程序值
set	修改程序值
jump	跳转到指定行或地址来继续执行，最好在同一函数内部跳转
signal	向程序发信号。例如 signal 9 将发出杀掉进程的信号
return	强制函数返回，不会继续执行函数的剩余代码
call	调用函数，不输出函数返回值

6.6　名词解释

- **断点（breakpoint）**：也叫停止点，广义上的断点包含指令断点、观察点（数据断点）和捕获点。

- **观察点（watchpoint）**：当表达式的值发生改变时程序停止执行，则这个表达式所处的位置就是一个观察点，也叫数据断点。

- **捕获点（catchpoint）**：当执行一个系统动作时，程序停止执行，则这个动作点就是捕获点。

- **栈帧（stack frame）**：函数调用栈由栈帧组成，程序执行过程中，每进入一个函数将生成一个栈帧并放在调用栈中，函数执行完成则栈帧出栈并销毁。

- **系统调用**：Linux 内核提供的接口方法统称为系统调用，是 Linux 内核和应用程序之间的编程接口。

6.7　参考资料

- GNU 工程调试器（http://www.gnu.org/software/gdb/）。

- 使用 GDB 来调试（https://sourceware.org/gdb/current/onlinedocs/gdb/ [2014-12-05]）。

- Linux 系统调用列表（http://www.ibm.com/developerworks/cn/linux/kernel/syscall/part1/appendix.html [2014-12-06]）。

- syscalls-Linux 系统调用（http://man7.org/linux/man-pages/man2/syscalls.2.html [2016-07-24]）。

第7章
网络基础知识

本章首先对网络进行概述，比较了 OSI 开放系统模型和 TCP/IP 模型；接着从下到上依次讲述了数据链路层标准以太网，这是工业领域使用最多的链路层标准；接着讲述了 TCP/IP 协议中的 IP 协议、ICMP 协议以及传输层协议；最后以一个综合案例结束本章。

7.1 概述

TCP/IP 协议是因特网的核心协议，目前已成为事实上的标准。TCP/IP 是一个分层模型，由 4 个层次构成：数据链路层、网络层、传输层和应用层。每一层有不同的功能。

数据链路层接收和发送物理层数据。

网络层处理数据网络分组及 IP 寻址等，包括 IP 协议、ICMP 协议和 IGMP 协议等。

传输层主要为两台主机的应用程序之间提供端到端通信。主要有两个不同用途的传输协议，TCP-传输控制协议，UDP-用户数据报协议。传输控制协议为主机提供可靠的端到端传输，包括将数据分块交给网络层，并且确认收到分组，以及处理超时机制等，应用层不再用特别处理这种确认机制。用户数据报协议则不用建立网络连接，直接将分组数据传输到另一端，并没有确认机制，数据传输的可靠性由上层来保证。

应用层处理上层的用户逻辑细节。

TCP/IP 协议层次和 OSI 互联协议层次的对比如图 7-1 所示。

应用层	FTP/TFTP/DNS/HTTP/SIP/Telnet/SMTP			应用层
表示层				
会话层				
传输层	TCP UDP			传输层
网络层	IP	ICMP	IGMP	网络层
数据链路层	ARP	RARP		数据链路层
物理层				

图 7-1　TCP/IP 协议层次和 OSI 互联协议层次对比

7.1.1　网络设备

集线器（HUB）在物理层上实现局域网的互联，可以实现电气信号的恢复和整形。用于将多台计算机连接在一起，以集线器当作网络的中心。

网桥工作在数据链路层，网桥负责分析目的 MAC 地址字段是否在对方网络上，并据此决定是否将报文转发到对方网络上。相比集线器，其优点是可以起到过滤作用。交换机（Switch）就是一个多端口网桥。

路由器（Router）是网络层设备，一般用于将两个或多个不同网络连接在一起。例如，将局域网接入到互联网就需要用到路由器。所有访问互联网的流量均经过路由器，这样可以屏蔽底层协议的不同，例如宽带接入常用 ADSL 协议，但家庭内部为以太网传输。

防火墙（Firewall）是在两个或多个网络之间用于设置安全策略的一个或多个系统的组合。防火墙起到隔离异常访问的作用，仅允许授权的数据通过，从而保护了网络信息不受非授权用户的存取。表 7-1 所示为常见网络设备的比较。

表 7-1　常见网络设备比较

设备名称	工作协议层次	优　势	劣　势
集线器	物理层	工作在物理层，性价比高，接入设备可以收到网络上所有报文。现在常用它来调试网络	在接入很多设备时，网络性能会直线下降
交换机	数据链路层	隔离冲突域，每个端口都能达到标称的传输速率，接入后一般不用配置	未隔离广播域
路由器	网络层	隔离广播域和冲突域，用于两个网络互联	一般价格较高，接口较少，且需要手动配置
防火墙	大多为网络层及网络层以上	可以按需隔离两个或多个网络之间的流量	一般配置较复杂

7.1.2　计算机网络分类

局域网是指传输距离有限，传输速度较高，以共享网络资源为目的的网络系统。局域网有以下特点。

（1）地理分布范围有限。一般在企业内部或者一栋大楼里或者家庭内部。

（2）有较高的传输速率，一般为 100Mbit/s 以上，现在常见为百兆局域网。

（3）一般采用双绞线作为传输介质，在家庭内部通常使用 Wi-Fi，在楼宇之间采用光纤。

（4）拓扑结构采用总线型的以太网传输，易于配置和管理。

（5）网络归单一组织所有。

广域网是指覆盖范围广，传输速率低，以数据通信为主要目的的网络系统。广域网有以下特点。

（1）分布范围广。

（2）传输速率低，现在家庭接入广域网的速率大多在 4～50Mbit/s 之间。

7.2　数据链路层

7.2.1　以太网

以太网是最流行的局域网传输标准，是由施乐公司发明，并由施乐、英特尔和 DEC 公司组成的联盟发展形成的开放标准。以太网是总线型结构，物理结构采用星状布线。以太网是一种共享传输介质的广播传输技术，就是说网络上所有的设备均能检测到在网络上所有传输的帧。想在网络上传输数据的节点首先监听网络介质是否有数据传输，在检测到线路空闲时，节点开始传输数据并同时监听，确保不会和其他设备传输数据冲突。如果两个节点同时传输数据，监测到冲突后，想要传输数据的节点需要等待一个随机的时间周期才能再次进行传输，这样就减少了再次发生冲突的可能性。

7.2.2 MAC 寻址

为了在以太网上传输报文，必须有一个寻址系统，也就是对计算机和网络接口命名的方法。每一个计算机的网卡本身均有一个唯一标识，每一个网络接口都有一个物理地址，这个地址就是 MAC 地址，这个地址也称为网卡物理地址。MAC 地址长度为 6 个字节，表示为 12 个十六进制的数字。前 6 个数字为组织唯一标识符（OUI），是由 IEEE 组织分配的 3 个字节数字。剩下的 6 个数字由组织内部编号，企业组织内部需要保证任意两个网卡的 MAC 编号不能重复。在实际书写中，常用冒号来分隔每一个字节，Mac 地址例如：08:00:27:26:c5:5d。

以太网是一种广播传输技术，网络上的所有节点均能检测到网络介质上传输的帧，但一般只有自身 MAC 地址和帧目的 MAC 地址相同才会将内容复制到自己的缓冲区，交给 IP 层进一步检查 IP 信息。当网卡工作在混杂模式下时，会将所有侦听到的内容交给上层软件处理，例如 TcpDump 抓包软件。

并不是所有的 MAC 地址网卡均能使用，有一些特殊的 MAC 地址，例如 FF:FF:FF:FF:FF:FF 是以太网广播地址。还有一段地址 01:00:5E:00:00:00-01:00:5E:7F:FF:FF 用于以太网组播（在组播部分有详细描述）。

7.2.3 冲突和冲突域

当两个网络节点同时传输数据时就会发生冲突。以太网采用载波侦听及冲突检测回退处理算法来处理冲突，冲突会导致网络传输效率降低，每次发生冲突，所有的传输都要停止一段时间。

以太网的核心思想是使用共享的公共传输介质。它是一种广播性网络，任何节点帧的发送和接收过程都使用载波监听多路访问/冲突检测（CSMA/CD）技术，来分配共享信道的使用。在采用 CSMA/CD 技术的局域网中，帧的发送和接收过程如下。

（1）计算机节点在准备传输数据时，首先要对信道进行监听。

（2）如果信道是空闲时则发送数据，否则继续监听直到信道空闲。

（3）发送数据帧的同时，还要继续监听信道，如果发生冲突，发送信息的节点就会停止发送，同时发送端需要向通信信道发送阻塞信号，以通知其他节点已发生冲突。当若干节点同时检测到信道空闲并发送数据时，数据传输就会遭到破坏，即发生冲突。冲突检测的过程为发送节点发送数据的同时，将其发送信号与总线上接收到的信号进行比较，如果不一致，则有冲突发生。

（4）冲突发生后，随机延迟一段时间再重发，称为冲突退避。如果冲突经常发生则会导致网络性能的快速下降。

第一层设备(HUB)不会隔离冲突。二层及以上设备隔离冲突域。因此二层以上设备将大大提高数据传输性能。

7.2.4 广播域

广播是发送到网络中所有节点的数据分组，广播以广播地址来识别，链路层广播地址为 FF:FF:FF:FF:FF:FF。在广播时网络中的所有节点均收到该广播报文并做进一步处理。广播域是指能收到广播报文的设备节点集合。

第一层设备（集线器）总是转发报文，不对数据进行过滤，将收到的所有信息转发到另一分段。数据帧只是简单的重新生成和重新定时，因此不隔离广播域。

第二层设备（网桥和交换机）根据 MAC 地址转发数据帧，因此将网络划分为多个冲突域。如果目标 MAC 地址不在本冲突域内，将转发数据帧。因此也不隔离广播域。

第三层设备（路由器）不会转发广播报文。路由器为广播域的边界。

7.2.5 ARP 协议

ARP（Address Resolution Protocol）协议用于根据主机的 IP 地址来查询其网卡 MAC 地址。在以太网中，真正寻址的是 MAC 地址，但是在主机传输报文时所知道对端的地址是 IP 地址。如何通过目标 IP 地址知道对方的 MAC 地址，这就是 ARP 协议的目标。ARP 协议通过向局域网中的所有主机发送广播来查询目标 IP 的 MAC 地址。当目标主机收到查询请求后和本机 IP 地址比较，如果一致就通过单播响应查询请求，将自己的 MAC 和 IP 对应关系发送给请求源主机。

图 7-2 所示的是一个 ARP 查询请求。主机 A（10.0.2.15）向网络上发起广播查询请求，询问目标 IP 为 10.0.2.2 的 MAC 地址。由于还不知道目标 MAC 地址，因此目标硬件地址

为广播地址 FF:FF:FF:FF:FF:FF。当主机 B 收到 ARP 查询报文后，和自己 IP 地址进行比较发现地址相同，则向主机 A 回送一个单播的 ARP 响应。主机 A 收到后就会更新自己的 ARP 缓存表。以后再次使用时将在缓存中查询。ARP 缓存表采用了老化机制，在一段时间内如果缓存表中的某一个 MAC 没有使用，就会被删除，这样可以大大减少 ARP 缓存表的长度，加快查询速度。

```
▶Frame 1: 42 bytes on wire (336 bits), 42 bytes captured (336 bits) on interface 0
▶Ethernet II, Src: CadmusCo_e6:11:d1 (08:00:27:e6:11:d1), Dst: Broadcast (ff:ff:ff:ff:ff:ff)
▼Address Resolution Protocol (request)
   Hardware type: Ethernet (1)
   Protocol type: IP (0x0800)
   Hardware size: 6
   Protocol size: 4
   Opcode: request (1)
   Sender MAC address: CadmusCo_e6:11:d1 (08:00:27:e6:11:d1)
   Sender IP address: 10.0.2.15 (10.0.2.15)
   Target MAC address: 00:00:00_00:00:00 (00:00:00:00:00:00)
   Target IP address: 10.0.2.2 (10.0.2.2)
```

图 7-2　ARP 广播查询请求

通常操作系统均有一个 arp 命令可以查询当前所保存的 ARP 缓存。

7.3　IP 协议

网络层协议主要包含 IP 协议、ICMP 协议和 IGMP 协议，本节主要讲述 IP 协议。ICMP 协议在 7.4 节讲述，IGMP 协议在 10.3 节讲述。

7.3.1　IP 报文格式

网络层协议主要包括两部分：IP 和 ICMP。所有的 UDP 和 TCP 都采用 IP 数据格式发送报文，以 ICMP 格式回报错误。IP 协议是不可靠的、无连接的网络协议。不可靠是指它不提供端对端或者逐跳的确认机制，不保证数据包成功传输到对端，其可靠性由上层协议来保证。中间路由器如果检测到错误会丢弃报文，然后发送 ICMP 消息给源发起者。无连接是指 IP 报文不保存后续报文信息。IP 协议报文格式如图 7-3 所示。图 7-4 所示为一个实际报文示例。

版本号	IP 头长度	服务类型	报文总长度		
标识符			flag	分片偏移量	
TTL		协议号	IP 头校验和		
源 IP 地址					
目标 IP 地址					
IP 选项（可选）					填充
承载数据…					

图 7-3　IP 协议报文格式

```
Internet Protocol Version 4, Src: 192.168.1.108 (192.168.1.108), Dst: 106.3.62.195 (106.3.62.195)
    Version: 4
    Header Length: 20 bytes
    Differentiated Services Field: 0x00 (DSCP 0x00: Default; ECN: 0x00: Not-ECT (Not ECN-Capable Transport))
    Total Length: 246
    Identification: 0x14a6 (5286)
    Flags: 0x02 (Don't Fragment)
    Fragment offset: 0
    Time to live: 128
    Protocol: TCP (6)
    Header checksum: 0x7a81 [correct]
    Source: 192.168.1.108 (192.168.1.108)
    Destination: 106.3.62.195 (106.3.62.195)
    [Source GeoIP: Unknown]
    [Destination GeoIP: Unknown]
```

图 7-4　一个实际的报文示例

版本号占 4 个比特，用于表示报文的版本号，IPv4 类型报文的版本号为 4。

IP 头长度占 4 个比特，用于表示 IP 消息头的 4 字节倍数长度，最小为 5，即 5×4 字节，IP 消息头最小为 20 字节。

服务类型占 8 个比特，服务类型提供了服务质量的抽象参数，这些参数用于指导当经过一个数据网络时的实际服务质量参数选择，现在大多数路由器未做实现。

报文总长度字段占 16 个比特（是包含报文包头和数据的整个报文的字节长度），允许最大报文长度是 65535 字节（这么大的报文长度在网络上是不可能存在的）。所有主机必须能接收至少为 576 字节大小的报文。这个尺寸可以承载 512 字节的数据加上 64 字节的包头。假定目的主机可以接收大报文，那就推荐主机仅发送大于 576 字节的报文，大报文可以提高网络数据传输带宽。

标识符占 16 个比特，发送者用于标识报文，可用于报文分片和组装。

Flag 占 3 个比特，用于分片控制。

分片偏移量占 13 个比特，用于表示报文所属的分片。

报文生存时间（Time to Live，TTL）占 8 个比特，这个字段指示报文在网络系统中的最大生存时间。每经过一个路由器，这个值减少处理时间的秒值。如果处理时间小于 1，则至少减 1，如果这个字段值减少到零，则报文直接丢弃。TTL 是报文的最大生存周期，目的是将无法找到目的地的报文丢弃，约束报文的最大生命周期。因为现代路由器的处理速度非常快，这个字段的含义已经演化为经过路由器的跳数。

生存时间是数据包生存时间的上限。它由数据包的发送者设定，在网络上每个点，当数据包被处理的时候，逐渐递减。如果生存时间在数据包到达目的地址前达到 0 值，数据包就被销毁。生存时间可以看作一个自我销毁时间限制。生存时间由发送者设置成允许数据包在网络系统上存活的最大时间。如果数据包在因特网系统上的时间长于生存时间，则数据包必须被销毁。

在 Internet 头部被处理的每个节点，该头部必须减小，以反映花在处理数据包上的时间。即使无法获得实际花费时间的本地信息，该头部也必须减 1。时间以秒为单位衡量（比如，值 1 表示 1 秒）。因此最大生存时间是 255 秒或者 4.25 分钟。由于处理数据包的每个模块至少对 TTL 减 1，即使它在小于 1 秒内处理完数据报，因此 TTL 只能被当作数据报可以存在的时间上限。

协议号占 8 个比特，指示 IP 协议承载的内容类型，有各种各样的协议内容。例如，TCP 为 0x06，UDP 为 0x11，ICMP 为 0x01，等等。

包头校验和占 16 个比特，包头域中的值发生改变，例如 TTL，这个值在处理过程中将重新计算和验证。校验和是 16 比特数据，是所有报文头的 16 比特之和，计算时，校验和为 0。校验和用于检查报文传输是否正确，如果错误则直接丢弃，并不会发送 ICMP 差错消息，因为报头校验和只能检测出 IP 数据报的头部出现了错误，但并不知道头部的源 IP 地址字段是否正确，如果源地址出现了错误，那么传输 ICMP 差错报告将没有任何意义。

校验和提供了处理 IP 数据报使用到的信息被正确传输的确认，数据可能包含错误。如果校验和验证失败了，IP 数据报就被检测到错误的实体立即丢弃。

如果 IP 头部改变，IP 头部校验和要重新计算。比如，生存时间的减少，IP 选项的增加或者变化，或者由于分片。在 IP 级别的这个校验和用来防止 IP 头部的传输错误。

7.3.2　IP 地址分类

IP 地址长度为 32 位，以 4 字节数字来表示。互联网的 IP 地址分为 5 类，如图 7-5 所示，分别为 A 类地址、B 类地址、C 类地址、D 类地址即组播地址和 E 类地址为保留地址。E 类地址未做进一步的使用规定。前 3 类地址均为单播地址。

第 1 类是 A 类地址，最高位必须是 0，然后是 7 比特的网络编号和 24 比特的本地地址（主机号）。因为最高位为 0，所以总共有 128（2^7）个 A 类网络地址。

第 2 类是 B 类地址，最高的两位是 10，紧接着是 14 比特的网络编号和 16 比特的本地地址。这样就有 16384（2^{14}）个 B 类网络地址。

第 3 类是 C 类地址，最高位为 110，有 21 位的网络编号和 8 位的本地地址，这样就有 2097152（2^{21}）个 C 类网络地址。

第 4 类是 D 类地址，是用于组播的 IP 地址，最高的 4 位是 1110，不再区分网络编号和本地地址，这类地址不能用于设置物理接口地址。其他以 1111 开头的地址是 E 类，是保留地址，未做规定，因此一般不使用该类地址。

A 类	0		7 位网络号			主机号（共 24 位）		
B 类	1	0	网络号（14 位）			主机号（共 16 位）		
C 类	1	1	0	网络号（21 位）			主机号（共 8 位）	
D 类	1	1	1	0	组播地址（共 28 位）			
E 类	1	1	1	1	保留使用（共 28 位）			

图 7-5　IP 地址分类

有一些地址用于固定的用途，其中私有地址（Private address）是保留地址，属于非注册地址，专门为组织机构内部使用。表 7-2 列出了常见的特殊 IP 地址块。

表 7-2　常见的特殊 IP 地址块

IP 地址块	用　　途	规　范　文　档
10.0.0.0/8	A 类内部私有地址	RFC 1918
172.16.0.0/12	B 类内部私有地址	RFC 1918
192.168.0.0/16	C 类内部私有地址	RFC 1918
127.0.0.0/8	本地回环地址，用于回路测试，不能路由到主机外部	RFC 1122
169.254.0.0/16	自动配置未成功后分配的 IP 地址	RFC 3927
0.0.0.0/8	表示本地网络，禁止使用	RFC 1122
255.255.255.255	受限广播地址，只在本网络上广播	RFC 1812
net.255	网络广播地址	RFC 1812

另外，路由器不能路由源地址为 0 和 127 开头的报文，也不应该路由目的地址为 0 和 127 开头的报文。

"127.0.0.0/8"表示本地回环地址。真实的网卡 IP 地址中不能以十进制"127"作为开头，该类地址中数字 127.0.0.1 到 127.255.255.255 用于回路测试。一般采用 127.0.0.1 代表本机 IP 地址，用浏览器访问"http://127.0.0.1"就可以测试本机中配置的 Web 服务器。

网络 ID 的第一个 8 位组也不能全置为"0"，全"0"表示本地网络。每一个字节都为 0 的地址"0.0.0.0"对应于当前主机；IP 地址中的每一个字节都为 1 的 IP 地址"255.255.255.255"是当前子网的广播地址；IP 地址中凡是以"1111"开头的 E 类 IP 地址都保留用于将来和实验使用。

A、B、C 类 IP 是单播地址，报文转发一般是基于目的 IP 地址。D 类（组播地址）报文转发是基于源地址和目标地址组合。

7.3.3　协议功能

IP 协议实现了两个基本功能：寻址和分片。寻址是指 IP 模块在报头中带有地址来传输 IP 报文到目的地址。传输路径的选择称为路由，这些在路由部分来阐述。分片是指当这些大报文在通过小报文传输网络时，会将大报文分片传输。

IP 协议使用 4 个主要机制来提供服务：服务类型、生存时间、选项和校验和。

服务类型用来指示要求的服务质量。服务类型是一个抽象的整套参数，这些参数指定了组成因特网的网络中提供的服务选择。这个服务指示类型在选路的时候被路由器用来为某一个特定的网络、下一个网络或者下一个网关选择真实的传输参数。服务类型用于 IP 服务质量选择。服务类型通过一组参数（优先级、延迟、吞吐和可靠性）来指定。这组参数被映射成数据报传输中的特定网络的真实服务参数。在大多数网络中服务类型并没有特别的使用。

生存时间是数据报可以生存的时间上限。它由发送者设置，由经过路由的地方处理。如果报文生存时间为零，则丢弃此数据报。

选项提供了在某些情况下需要或有用的控制功能，但是大多数情况下是不必要的。选项包括时间戳、安全和特殊选路等。

报头校验和用于保证数据的正确传输。如果校验出错，则抛弃整个数据报。IP 协议并没有提供可靠传输机制，没有端对端或者逐跳（hop-by-hop）的确认机制。没有数据的错误控制，只有一个头部校验和，没有重传，没有流控。检测到的错误可以通过 IP 控制消息协议（ICMP）来报告，该协议在 IP 协议模块中必须实现。

7.4　ICMP

ICMP 协议使用 IP 协议进行传输报文，是一种面向无连接的协议，用于报告传输出错及控制信息。它对于网络传输具有极其重要的意义，因此每一个网络层模块必须实现该协议。

ICMP 提供一致标准的出错报告信息。发送的出错报文返回到原始发送数据的设备，发送设备及进程随后可根据 ICMP 报文确定发生错误的类型，并确定如何才能更好地处理失败的数据包，例如减缓发送、重新发送或者停止发送。ICMP 唯一的功能是报告问题，纠正错误的功能由发送方根据实际情况判断处理。

我们在网络管理中经常会使用到 ICMP 协议，比如我们经常使用 ping 命令，这个"ping"的过程实际上就是发送 ICMP 查询报文，并根据接收报文判断网络是否可达的过程。还有"traceroute"命令也是基于 ICMP 协议的，用来探测网络报文的经过路径。

7.4.1　概述

在 Internet 系统中，IP 协议被用作主机到主机的数据报服务。网络连接设备称为路由器。这些路由器通过网关到网关协议或动态路由协议相互交换用于控制的信息。在数据报传输过程中，可能会遇到一些传输问题，为了报告在数据报传输过程中遇到的错误，网关或目的主机使用 ICMP 协议来和源主机通信。它使用 IP 协议作为底层支持，好像它是一个高层协议，但实际上它是网络层的一部分，任何网络层模块的实现必须实现 ICMP 协议。

ICMP 消息在以下几种情况下发送：当数据报不能到达目的地时；当网关已经没有缓存去转发；当网关能够引导主机在更短路由上发送。

IP 并非设计为绝对可靠，这些控制消息的目的是当网络出现问题的时候能提供反馈信息，而不是使 IP 协议变得绝对可靠。而且并不保证数据报或控制信息能够返回。一些数据报仍将在没有任何报告的情况下丢失。如果需要高可靠性，使用 IP 的高层协议必须实现自己的高可靠性控制处理。

ICMP 信息通常报告在处理数据报过程中的错误。若要避免信息无限制地返回，对于 ICMP 消息不会再有 ICMP 消息发送，而且 ICMP 信息只在处理数据报偏移量为 0 时发送，即数据报的第一个分片报文错误时发送。

7.4.2 报文格式

ICMP 消息使用最基本的 IP 报文头。在 IP 报文头指明协议为 ICMP(0x01)，数据位置的第一个 8 位是 ICMP 类型域，这个值决定了其后内容的格式。任何标记"未使用"的域用于以后的扩展，现在必须设置为零，但接收时并不使用（除了计算校验和）。除非明确的单独说明格式，ICMP 报文格式如图 7-6 所示，头域格式含义如下。

（1）类型。一个 8 位类型字段，表示 ICMP 数据包类型，现在支持的类型共 10 种。

（2）代码。一个 8 位代码域，表示指定类型中的一个功能，如果一个类型中只有一种功能，代码域置为 0。

（3）校验和。数据包中 ICMP 部分的一个 16 比特检验和，从 ICMP 消息的 ICMP 类型开始的 16 位数据的反码之和计算得出。在计算校验码时，校验和设置为零。这些零在发送时会被计算出的校验和取代。

Mac 层数据(源 Mac，目的 Mac， 二层协议)		
IP 层报文头（版本，消息头长度，源 IP，目的 IP，上层协议等）		
类型	代码(Code)	校验和
ICMP 数据		

图 7-6　ICMP 报文格式

ICMP 报文大致可分为 3 类：差错报文、请求报文和响应报文。具体消息类型如表 7-3 所示。

表 7-3　ICMP 消息类型

类型	含义	请求报文	响应报文	差错报文
0	echo 响应消息		*	
3	目的不可达报文			*
4	源抑制消息			*

类型	含义	请求报文	响应报文	差错报文
5	重定向消息			*
8	echo 请求消息	*		
11	超时消息			*
12	参数问题消息			*
13	时间戳请求消息	*		
14	时间戳响应消息		*	
15	信息请求消息	*		
16	信息响应消息		*	

7.4.3　差错报文

网络出现异常情况时，就需要发送一份差错报文，该报文始终包含源报文的 IP 首部和产生 ICMP 差错报文的 IP 数据报的前 8 个字节。这样接收 ICMP 差错报文的主机就会把它与某个特定的协议（根据 IP 数据报首部中的协议字段来判断）和用户进程（根据包含在 IP 数据报前 8 个字节中的 TCP 或 UDP 报文首部中的 TCP 或 UDP 端口号来判断）联系起来。

以下各种情况即使出错也不会导致产生 ICMP 差错报文。

（1）ICMP 差错报文。

（2）目的地址是广播地址或组播地址。

（3）作为链路层广播的数据报。

（4）不是 IP 分片的第一片。

（5）源地址不是单个主机的数据报文，也就是说源地址不是零地址、环回地址、广播地址、组播地址或 E 类地址。

以下针对 ICMP 差错报文的类型进行分析。

（1）ICMP 目的不可达消息。如果路由器因为没有去往目的地址路由而不能转发报文，则路由器必须产生目的不可达消息，是代码域为零（网络不可达）的 ICMP 消息。如果报文需要转发到的主机，已经转发到最后一跳路由器（主机直连的网络），路由器判断不能到达目的主机，则路由器必须产生代码域为 1 的目的不可达 ICMP 消息（主机不可达）。

（2）ICMP 重定向消息。网关 G1 从所连接的网络的一个主机上收到 IP 报文。网关检查路由表获知下一个路由器 G2 的地址和目的地址网络 X。如果 G2 和源主机在同一个网络上，那重定向报文将发给主机。重定向消息告知主机发往目的网络 X 直接发往 G2 是最短路径。

（3）ICMP 超时消息。IP 数据包中有一个字段生存时间（Time to live，TTL），生存时间值在每一个机器处理报文时都会减少，直到减到 0 时该 IP 数据包被丢弃。此时，路由器将发送一个 ICMP 超时消息给源主机。

（4）源抑制消息。当主机经过路由器发送数据到另一主机时，如果速度达到路由器或者链路的饱和状态，路由器发出一个 ICMP 源抑制消息。路由器不应该产生源抑制消息，因为实践表明对减少网络带宽没有价值。

（5）参数问题。如果网关或主机处理报文时发现一个消息头参数问题，在它不能完成处理这个报文时，必须丢弃这个报文。例如，不正确的选项。网关或主机通过参数错误消息通知源主机。这个消息仅用于如果错误引起报文丢弃的情况。

7.4.4　查询报文及响应报文

（1）ICMP ECHO 消息。用于进行通信的主机或路由器之间，判断发送数据包是否成功到达对端的消息。可以向对端主机发送 ECHO 请求消息，接收对端主机回来的 ECHO 应答消息。

（2）ICMP 地址掩码消息。主要用于主机或路由器想要了解该网络中主机数量的情况。可以向那些主机或路由器发送 ICMP 地址掩码请求消息，然后通过接收 ICMP 地址掩码应答消息获取子网掩码信息。

（3）ICMP 时间戳消息。可以向主机或路由器发送 ICMP 时间戳请求消息。接收到的数据（时间戳）的消息在回复时再带上另外一个时间戳返回。时间戳是自午夜 UT 时间的 32 位毫秒值。现在已经很少使用。

7.4.5 ping

ping 是利用 ICMP ECHO 请求消息，产生一个 ECHO 响应消息。ping 使用 ICMP 报头，并使用填充字节填满报文。当源主机向目标主机发送了 ICMP 回显请求数据包后，它期待着目标主机的应答。目标主机在收到一个 ICMP 回显请求数据报文后，它会交换源、目的主机的 IP 地址，然后将收到的 ICMP 回显请求数据报文中的数据部分原封不动地封装在自己的 ICMP 回显应答数据报文中，然后发回给发送 ICMP 回显请求的一方。如果校验正确，发送者便认为目标主机的 IP 层服务正常，也即 IP 层连接畅通。

示例 7-1 在终端上 ping 百度的域名，发现访问百度的 IP 地址延迟仅 3.829 毫秒，而且丢包率为 0%。

示例 7-1：

```
zhang@zhang-laptop:~$ ping baidu.com -t5
PING baidu.com (220.181.57.216) 56(84) bytes of data.
64 bytes from 220.181.57.216: icmp_seq=1 ttl=53 time=3.88 ms
64 bytes from 220.181.57.216: icmp_seq=2 ttl=53 time=3.12 ms
64 bytes from 220.181.57.216: icmp_seq=3 ttl=53 time=4.91 ms
64 bytes from 220.181.57.216: icmp_seq=4 ttl=53 time=3.49 ms
64 bytes from 220.181.57.216: icmp_seq=5 ttl=53 time=3.73 ms

--- baidu.com ping statistics ---
5 packets transmitted, 5 received, 0% packet loss, time 20067ms
rtt min/avg/max/mdev = 3.128/3.829/4.910/0.601 ms
```

当使用 ping 来诊断和测试网络时，一般通过以下步骤来执行。

（1）首先 ping 本机 IP。判断本地接口是否启动以及工作正常。

（2）其次 ping 网关地址。根据响应判断局域网工作是否正常，结束时会有最小/平均/最大来回时间统计和报文是否丢失统计。

（3）最后 ping 目的主机地址。判断本机和目标主机之间的路由是否正确以及目的主机是否工作正常。

7.4.6 TraceRoute

TraceRoute 程序用于侦测源主机和目的主机之间所经过的路由情况，可以跟踪路由数据包在 IP 网络上传输到一个指定主机的路径，参数含义如表 7-4 所示。它利用 IP 协议的生存时间（TTL）字段来试图引发网关 ICMP 超时响应。在每个网关的路径上发送 ICMP 超时响应到源主机上。源主机发送的报文 TTL 从 1 开始逐渐增加，直到收到 ICMP 回显请求响应消息或达到最大跳数值为止。这意味着已经到达主机或者超过 30 跳了。默认每一个相同的 TTL 会发 3 个探测报文，如果路径不同会都输出。如果在 5 秒钟没有响应则会以星号（*）显示。

唯一必须的参数是目的主机 IP 地址。可选参数有探测包长度，默认为 60 字节。测试中发现很多路由器对于 UDP 数据如果是 TTL 原因数据丢包不会发 ICMP 超时差错消息，而对 ICMP 请求会返回 ICMP 超时响应。因此在使用时，建议使用-I 参数来指明使用 ICMP 协议来发起请求。

在 Windows 下可以使用 tracert 替代，但不需要指定使用的协议。功能基本相同。

表 7-4　traceroute 参数含义

参　数	含　义
-I　--icmp	使用 ICMP ECHO 请求来进行 traceroute
-T	使用 TCP SYN 请求来 traceroute，使用端口 80
-z	两个探测报文之间的最小等待时间（默认为 0），在 0 和 10 秒之间。如果数字小于 10，单位为秒，如果大于 10，那数字就是以毫秒为单位
-q nqueries	每一跳发送的探测报文数量。默认是 3
-w waittime	设置等待响应消息的时间。默认是 5 秒
-m	设置最大的跳数，默认为 30 跳
-n	不解析 IP 地址为域名

7.5　传输层协议

互联网的传输协议主要有传输控制协议 TCP 和用户数据报协议 UDP 两种协议。路由器一般工作在 IP 层，不处理传输层协议，但智能路由器一般带有防火墙功能，需要处理端口号。因此这里简要介绍端口号。

UDP 报文非常简单，仅在 IP 报文上增加了 8 字节数据，并且在传输数据之前不需要首先建立连接，远程主机在接收到数据后也不需要确认，因此网络通信开销比较小。图 7-7 所示为 UDP 消息的报文格式。

源端口（16 比特）	目的端口（16 比特）
UDP 报文长度（16 比特）	UDP 校验和（16 比特）
UDP 数据……	

图 7-7　UDP 报文格式

源端口，是发送者进程使用的端口，占有 16 比特，因此合法范围为 1～65535。

目的端口，是接收者进程使用的端口，和源端口一样占用 16 比特，一般特权用户使用 1～1024，非特权用户使用其他端口。

UDP 报文长度，包含 UDP 消息包头和数据的总长度。

UDP 校验和，用于验证传输数据是否正确。这个字段是可选的，如果字段为 0，就不进行校验。

另外一个传输层协议是传输控制协议（TCP），和 UDP 协议完全相同的部分是使用了源端口号和目的端口号，不同的是提供了可靠的数据传送。传输数据之前需要进行 3 次握手连接，并在传输的中间过程进行确认。这带来了一些便利，例如保证了数据到达目标地址，如果没有到达将立即重传。但这同时也带来了一些创建网络连接的开销。路由器一般很少处理 IP 层以上的内容，这里不再详述 TCP 协议，请参考 RFC793。

7.6　综合

通过前面的学习，我们可以回答两个相同网络主机和不同网络主机是如何进行数据传输的了。网络如图 7-8 所示，当主机 A 发送一个 IP 报文时，各个层次及协议是如何进行转换的，如何将报文逐层转到下层报文，然后发往目的地址的？我们来分析主机 A（192.168.6.100）要发送报文到主机 C（192.168.6.102）上，和主机 A 发送报文到 8.8.8.8 这个网络主机上这两个过程。

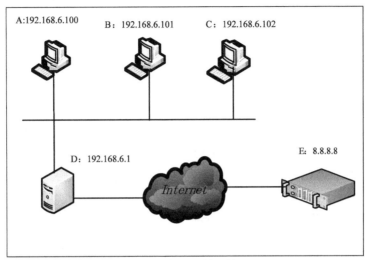

图 7-8　组网网络环境图

主机 A 发送报文到主机 C 的各层协议模块工作过程，例如在主机 A 上执行 ping 192.168.6.102。

（1）在主机 A 按照 ICMP 协议组装 ICMP 请求报文。在组织 ICMP 请求完成后，使用 IP 协议来发送报文。

（2）在 IP 层发送报文时，首先查看目标地址路由是否可达，如果路由不可达那就退出，并提示"Network is unreachable"等类似的错误。这里的 IP 地址配置为同一子网，因此路由可达。那就首先查看目标 IP 的 MAC 地址是否在本机的缓存上，如果存在，则使用目标 MAC 将报文直接封装为第二层的帧，再经物理层信号编码发往网络传输介质上。

（3）如果 ARP 缓存中没有目标 IP 地址，那就发送 ARP 广播来请求目标 IP 的 MAC 地址。目标 MAC 地址填写为广播地址 FF:FF:FF:FF:FF:FF。ARP 数据帧经物理层线路进入交换机端口，交换机通常会进行源 MAC 地址学习和目的端口查找，如果找不到目标 MAC 所在的网口，则在除报文源端口外的全部端口广播 ARP 查询请求。此时主机 B 和 C 均收到 ARP 查询请求，主机 B 发现目 IP 地址和本机地址不同，则静悄悄地丢弃，不做进一步处理。主机 C 收到 ARP 查询请求后判断和本机 IP 地址相同，则 C 响应 ARP 请求，将主机 C 的 IP 地址和 MAC 地址的对应关系以单播形式回送给主机 A。这时交换机可以再次学习到 C 的 MAC 地址与端口对应关系，在下次 ARP 查询和传送数据时就不再对所有端口进行广播。

（4）如果主机 A 收到主机 C 的 MAC 地址的 ARP 查询响应，那就将目的 MAC 填写为 C 的 MAC 地址，源 MAC 填写为自己的 MAC 地址，封装为二层帧数据中交给物理层来发送。当再次进行主机 A 向主机 C 发送数据，将直接使用缓存中 C 的 MAC 地址进行封装，不再进行 MAC 地址的 ARP 广播查询。

（5）如果此时主机 C 恰好关机，主机 A 没有收到 ARP 响应消息，那就提示用户 "Request timed out" 或 "Destination Host Unreachable" 等信息。

（6）当主机 C 收到数据帧之后，首先判断目标 MAC 地址是否和本机匹配，如果不匹配则静悄悄地丢弃，不做任何处理。如果和本机 MAC 相同则交给 IP 层进行处理。IP 层收到报文后，首先判断目的 IP 地址是否和本机 IP 相同，如果不同则丢弃报文；如果相同则交给上层协议处理，这里交给 ICMP 协议模块来处理。这样报文便单向处理完成。响应报文和请求报文一样，也是同样的发送及处理过程。

我们再来看看主机 A 发送报文到主机 E 的各层协议模块工作过程，这个过程两个节点不在同一个网络上，因此需要经过路由器的处理。例如在主机 A 上执行 ping 8.8.8.8。

（1）如果主机 A 路由查询判断到达目标主机必须通过下一跳网关地址。那进行 ARP 查询时，就查询网关地址的 MAC 地址。路由器将响应 ARP 请求，将自己的 MAC 地址和 IP 发送回来。

（2）如果主机 A 在进行路由查询时，发现目标主机直接经过网卡设备可以到达，例如主机 A 的默认路由配置为接口路由，没有配置默认网关地址。那进行 ARP 查询时，就直接请求目标 IP 的 MAC 地址。如果路由器 D 有 ARP 代理功能，将会响应 ARP 请求，并将自己的 MAC 地址和目标 IP 对应起来。

（3）主机 A 收到网关的 ARP 响应报文后，目标 IP 地址不变，将目标 MAC 填写为网关 MAC 地址，然后将数据帧经过物理网卡发送到链路上。

（4）主机 D 收到报文后，进行 MAC 地址检查，如果目标 MAC 地址和自己的 MAC 地址匹配，则进一步转到 IP 层进行处理。IP 模块判断目标 IP 地址不是本机 IP 地址，如果主机 D 没有配置为路由器，那就直接丢弃这个报文；如果主机 D 配置为路由器，则将报文交给 IP 转发模块进行处理。IP 转发模块会将报文 TTL 减一，并再次进行路由查询过程和 ARP 查询过程，然后将数据报文转发到离目标地址 E 更近的一个路由器上。在中间转发的过程中，数据报文的目标 IP 地址和源 IP 地址始终不变，源 MAC 地址和目标 MAC 地址在每一跳中均根据其物理连接进行修改。

7.7　名词解释

集线器：主要功能是对接收到的信号进行整形放大，以扩大网络的传输距离，同时把所有节点集中在以它为中心的节点上。它工作于 OSI 参考模型第一层，即物理层。

交换机：同时连通许多对端口，使每一对相互通信的主机都能像独占通信媒体那样，进行无冲突的传输数据。它是基于 MAC 地址识别和完成以太网数据帧转发的网络设备。它工作于 OSI 参考模型的第二层，即数据链路层。

路由器：又称网关，是用于连接逻辑上分开的多个网络，可以隔离网络之间的广播数据。它工作在 OIS 参考模型的第三层，即网络层。

TTL（Time to live）：IP 报文的生存时间，每经过一个路由器，TTL 至少减 1，为零时报文不再转发。

7.8　参考资料

- 因特网协议（http://tools.ietf.org/html/rfc791）。

- 传输控制协议（http://tools.ietf.org/html/rfc793）。

- ICMP 协议（http://tools.ietf.org/html/rfc792）。

- 内部网络地址分配（http://tools.ietf.org/html/rfc1918）。

- IPv4 路由需求规范（http://www.ietf.org/rfc/rfc1812.txt）。

- IPv4 地址的特殊使用定义（http://tools.ietf.org/html/rfc5735）。

- TCP/IP 教程（http://tools.ietf.org/html/rfc1180）。

- 因特网主机规范-通信层（https://svn.tools.ietf.org/html/rfc1122）。

- INTERNET NUMBERS（http://www.ietf.org/rfc/rfc1166.txt [2015-08-23]）。

- ASSIGNED NUMBERS（http://www.ietf.org/rfc/rfc1060.txt）。

- 思科网络技术学院教程[M]北京：人民邮电出版社。

- http://www.daemon.be/maarten/icmpfilter.html

- 软件设计师教程[M]. 北京：清华大学出版社。

第**8**章
路由器基础软件模块

OpenWrt 支持模块化编程，已经支持很多常见的功能，因此只需打开开关即可增加其功能。但有一些通用基础模块必须包含，这些组件在 OpenWrt 的运转中至关重要，它们是 OpenWrt 的核心。本章介绍其中 5 个组件，分别是实用基础库 libubox、系统总线 ubus、网络接口管理模块 netifd、核心工具模块 ubox 和服务管理模块 procd。

8.1 libubox

libubox 是在 2011 年加入 OpenWrt 的代码库的。它是 OpenWrt 中的一个核心库，封装了一系列基础实用功能，主要提供事件循环、二进制块格式处理、Linux 链表实现和一些 JSON 辅助处理。它的目的是以动态链接库方式来提供可重用的通用功能，给其他模块提供便利和避免再造轮子。这个软件由许多独立的功能组成，主要划分为 3 个软件包 libubox、jshn 和 libblobmsg-json。

8.1.1 libubox

libubox 软件包是 OpenWrt 12.09 版本之后增加到新版本中的一个基础库，在 Open Wrt 15.07 中有很多应用程序是基于 libubox 开发的，如 ubus、netifd 和 freecwmp 等。libubox 主要提供以下三部分功能。

（1）提供多种基础通用功能接口，包含链表、平衡二叉树、二进制块处理、key-value 链表、MD5 等。

（2）提供多种 sock 接口封装。

（3）提供一套基于事件驱动的机制及任务队列管理功能。

这样带来了一些好处：我们不用关注底层基础功能，可以基于 libubox 提供的稳定 API 来进行进一步的功能开发。

utils.h 提供简单实用功能，包括字节序转换、位操作、编译器属性包装、连续的内存分配函数、静态数组大小的宏、断言/错误的实用功能和 base64 编码解码等功能。

blob.h 提供二进制数据处理功能。有几种支持的数据类型，并可以创建块数据在 socket 上发送。整形数字会在 libubox 库内部转换为网络字节序进行处理。二进制块的处理方法是创建一个 TLV（类型-长度-值）链表数据，支持嵌套类型数据，并提供设置和获取数据接口。Blobmsg 位于 blob.h 的上层，提供表格和数组等数据类型的处理。

TLV 是用于表示可变长度的数据格式，Type 表示数据的类型，Length 表示数据的长度，Value 存储着数据值。类型和长度的占用空间是固定的，在 libubox 库中共占用 4 个字节。Value 的长度由 Length 指定。这样可以存储和传输任何类型的数据，只需预先定义服务器和客户端之间的 TLV 的类型和长度的空间大小即可。在 DHCP 协议中也是采用 TLV 数据类型来传输扩展数据的。

usock.h 是一个非常简单的 socket 对象封装，以避免所有这些套接字接口库复杂调用。可以创建 TCP、UDP 和 UNIX 套接字，包含客户端和服务器端、IPv4/IPv6、阻塞/非阻塞等。可以通过 usock 函数来返回所创建的文件描述符。

uloop.h 是提供事件驱动机制接口，是基于 epoll 接口来实现的。uloop 是一个 I/O 循环调度，将不同的文件描述符添加到轮询中。文件描述符 fd 的管理由 uloop_fd 结构来设置。仅需设置 fd 和事件发生时的回调函数，数据结构的其他部分供内部使用。超时管理部分由 uloop_timeout 结构来管理，在定时时间到了之后调用回调函数，定时时间单位为毫秒。libubox 常用 uloop 接口函数如表 8-1 所示。

表 8-1　libubox 常用 uloop 接口函数

接　口　名　称	含　　义
uloop_fd_add	将一个新文件描述符增加到事件处理循环中
uloop_fd_delete	从事件处理循环中删除指定的文件描述符
uloop_init	初始化 uloop.内部将调用 epoll_create 函数来创建 epoll 对象
uloop_run	进入事件处理循环中
uloop_done	反初始化 uloop，即释放内部 epoll 对象，删除内部的超时和 process 对象
uloop_end	设置 uloop 内部结束循环标志
uloop_timeout_set	设置定时器超时时间，并增加到链表中

8.1.2 jshn

jshn 是封装 JSON 对象的转换库，用于脚本语言生成 JSON 对象和将 JSON 对象数据取出。jshn 软件包含两个文件分别为 jshn 和 jshn.sh。工具 jshn 提供以下两部分功能。

（1）读取 JSON 格式的字符串，并组合为 json_add_* 命令导出到标准输出（stdout）中。

（2）将环境变量中的设置组合为 JSON 字符串，并输出到标准输出中。

jshn 可以通过 -r 选项来读取 JSON 格式字符串，并按照类型和名称导出到标准输出中。通过 -w 选项可以读取环境变量设置来生成 JSON 对象字符串。

jshn.sh 是利用 jshn 工具对 JSON 的操作进行的更为便利的封装。这样其他模块可以更方便地进行操作。主要提供以下三部分功能。

（1）将 JSON 格式的字符串在环境变量中导入和导出。

（2）将配置内容设置到环境变量中。

（3）从环境变量中查询配置设置的值。

jshn.sh 定义了大量的函数来对 JSON 数据进行编程操作。其内部实现是将定义的变量存储在 shell 空间中，这样可以用函数来操作每一个 JSON 对象。在操作完成后调用 json_dump 函数输出所有的内容。在使用 jshn.sh 中的函数之前，需要使用 source 命令来执行 jshn.sh。source 命令是在当前环境下执行的，其设置的环境变量对其后面的命令都有效。source 命令和点命令"."等效。jshn 定义的命令接口含义如表 8-2 所示。

表 8-2 jshn 定义的命令接口含义

函 数 命 令	含 义
json_init	初始化 JSON 对象
json_add_string	增加字符串数据类型，例如 json_add_string name zhang
json_dump	以 JSON 格式输出所有增加的 JSON 内容
json_add_int	增加整型数据，例如 json_add_int age 36
json_add_boolean	增加布尔类型数据
json_set_namespace	定义命名空间，即定义设置变量的前缀，这样变量就可以区分开来
json_load	将所有内容读入到 JSON 对象中，并将这些对象设置到环境变量中

续表

函 数 命 令	含　　义
json_get_var	从环境变量中读取 JSON 对象的值，例如 json_get_var ifdev device 获取 device 的值并赋值给 ifdev 变量
json_get_type	从环境变量中读取指定 JSON 对象的类型，例如 json_get_type iftype device 获取 device 的类型并赋值给 iftype 变量
json_get_keys	从环境变量中读取 JSON 对象的所有名称，例如 json_get_keys keys 获取所有的名称并赋值给 keys 变量
json_get_values	从环境变量中读取 JSON 对象的所有值，例如 json_get_values values 将获取所有的值并赋值给 values 变量
json_select	选择 JSON 对象。因为 JSON 对象会嵌套 JSON 对象，因此在操作内部嵌套对象时首先选择所操作的 JSON 对象，例如： 选择 111 这个对象进行操作: json_select 111 选择上一层 JSON 对象: json_select ..
json_add_object	增加对象，其后的操作均在该对象内部进行操作，该命令不需要参数
json_close_object	完成对象的增加
json_add_array	增加顺序数组，例如 json_add_array study，数组的内容后续通过 json_add_string 来增加
json_close_array	完成顺序数组的增加
json_cleanup	清除 jshn 所有设置的环境变量

JSON（JavaScript Object Notation）是一个轻量级的数据交换格式，易于人阅读和编写，对程序来说也容易解析和产生。JSON 是一个独立于语言的文本格式，使用各种语言都非常方便转换。JSON 有以下两种结构。

（1）"名称/值"对集合对象。由顺序无关的"名称/值"对组成，以左花括号开始，以右花括号结束。"名称/值"对之间由逗号分割，每一个名称后面跟着冒号。

（2）有序的列表值，在大多数语言中，是一个数组、向量、链表或序列等。JSON 中以数组形式来顺序存储。数组以左中括号开始，以右中括号结束，数据值以逗号分隔。

以下为两种典型结构示例：

```
{ "action": "ifdown", "interface": "wan" }
{"dns_server": ["58.30.131.33 ", "211.99.143.33"] }
```

我们以一个实际使用案例来结束本节。示例 8-1 所示的是从 netifd-proto.sh 中摘出部分代码组织为一个独立的可执行脚本，该脚本将输出要执行的动作命令和参数。

示例 8-1:

```
source /usr/share/libubox/jshn.sh    #导出 json_开头的函数，使后续可以调用
json_init                            #初始化
json_add_init action 2               #增加执行动作
json_add_init signal 9               #增加信号量
json_add_string "interface" "wan"    #增加操作的接口
#这时将所有 JSON 字符串保存到环境变量中。可以使用 env 命令来查看
json_dump                            #输出前面设置的所有 JSON 字符串
{ "action":"2", "signal": "9", "interface":"wan"}
```

8.2　ubus

OpenWrt 提供了一个系统总线 ubus，它类似于 Linux 桌面操作系统的 d-Bus，目标是提供系统级的进程间通信（IPC）功能。ubus 在设计理念上与 d-Bus 基本保持一致，提供了系统级总线功能，与 d-Bus 相比减少了系统内存占用空间，这样可以适应于嵌入式 Linux 操作系统的低内存和低端 CPU 性能的特殊环境。

ubus 是 OpenWrt 的 RPC 工具，是 OpenWrt 的微系统总线架构，是在 2011 年加入 OpenWrt 中的。为了提供各种后台进程和应用程序之间的通信机制，ubus 工程被开发出来，它由 3 部分组成，分别为精灵进程、接口库和实用工具。

这个工程的核心是 ubusd 精灵进程，它提供了一个总线层，在系统启动时运行，负责进程间的消息路由和传递。其他进程注册到 ubusd 进程进行消息的发送和接收。这个接口是用 Linux 文件 socket 和 TLV（类型-长度-值）收发消息来实现的。每一个进程在指定命名空间下注册自己的路径。每一个路径都可以提供带有各种参数的多个函数处理过程，函数处理过程程序可以在完成处理后返回消息。

接口库名称为 libubus.so，其他进程可以通过该动态链接库来简化对 ubus 总线的访问。

实用工具 ubus 是提供命令行的接口调用工具。可以基于该工具来进行脚本编程，也可以使用 ubus 来诊断问题。

ubus 代码基于 LGPL 2.1 发布，代码地址为 http://git.openwrt.org/project/ubus.git，在 OpenWrt 12.09 版开始正式使用。

8.2.1　ubusd

/etc/init.d/ubus 中提供 ubusd 进程的启动，在系统进程启动完成之后立即启动。它是在网络进程 netifd 之前启动的，该进程监听一个文件套接字接口和其他应用程序通信。其他应用程序可基于 libubus 提供的接口或使用 ubus 命令行程序来和 ubusd 进行通信。ubus 提供的功能主要有以下 4 个方面。

（1）提供注册对象和方法供其他实体调用。

（2）调用其他应用程序提供的注册对象的控制接口。

（3）在特定对象上注册监听事件。

（4）向特定对象发送事件消息。

ubus 将消息处理抽象为对象（object）和方法（method）的概念。一个对象中包含多个方法。对象和方法都有自己的名字，发送请求方在消息中指定要调用的对象和方法名字即可。

ubus 的另外一个概念是订阅（subscriber）。客户端需要向服务器注册收到特定消息时的处理方法。这样当服务器在状态发生改变时会通过 ubus 总线来通知给客户端。

ubus 可用于两个进程之间的通信，进程之间以 TLV 格式传递消息，用户不用关心消息的实际传输格式。ubus 能够以 JSON 格式和用户进行数据交换。常见的应用场景有以下两种情况。

（1）客户端/服务器模式，即进程 A 提供一些逻辑较复杂的记忆状态的服务，并且常驻内存中。进程 B 以命令行工具或函数 API 形式调用这些服务。

（2）订阅通知模式，即设计模式中的观察者模式。定义了对象间的一种一对多的依赖关系，以便当一个对象的状态发生改变时，所有依赖于它的对象都得到通知并自动更新。即进程 A 作为服务器，当对象状态改变时通知给它所有的订阅者。

ubus 是一个总线型消息服务器，任何消息均通过 ubusd 进程传递，因此多个进程在相互通信时，均通过 ubus 收发消息。其原理如图 8-1 所示。

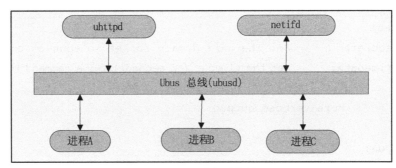

图 8-1 ubus 消息总线的原理

netifd 模块就是通过 libubus 动态链接库提供的 API 接口向 ubus 总线注册了很多对象和方法，这些在 netifd 一节讲述。libubus 提供的接口函数如表 8-3 所示。

表 8-3 libubus 常用接口函数含义

函　数	含　义
ubus_add_object	将对象加入的 ubus 空间中，即客户端可以访问对象
ubus_register_subscriber	增加订阅通知
ubus_connect	连接指定的路径，创建并返回路径所代表的 ubus 上下文
ubus_send_reply	执行完成方法调用后发送响应
ubus_notify	给对象所有的订阅者发送通知
ubus_lookup	查找对象，参数 path 为对象的路径，如果为空则查找所有的对象。cb 为回调函数，对查找结果进行处理
ubus_lookup_id	查找对象的 id，并将 id 参数在指针中返回
ubus_invoke	调用对象的方法
ubus_register_event_handler	注册事件处理句柄
ubus_send_event	发送事件消息

8.2.2　ubus 命令行工具

ubus 命令行工具也使用 libubus 提供的 API 接口来和 ubusd 服务器交互。这在调试注册的命名空间对象和编写 shell 脚本时非常有用。ubus 调用参数和返回响应都使用非常友好的 JSON 格式。ubus 提供 5 种命令来进行消息通信，下面所示的代码是不带参数的命令输出。

```
root@zhang:~# ubus
Usage: ubus [<options>] <command> [arguments...]
Options:
 -s <socket>:        Set the unix domain socket to connect to
 -t <timeout>:       Set the timeout (in seconds) for a command to complete
 -S:         Use simplified output (for scripts)
 -v:         More verbose output

Commands:
 - list [<path>]           List objects
 - call <path> <method> [<message>]Call an object method
 - listen [<path>...]       Listen for events
 - send <type> [<message>] Send an event
 - wait_for <object> [<object>...]  Wait for multiple objects to appear
on ubus
```

list 命令在默认情况下，输出所有注册到 ubus RPC 服务器的对象。list 命令是通过调用 ubus_lookup 接口函数来列出所有的服务器对象的。返回信息由传入 ubus_lookup 函数的第三个参数 receive_list_result 处理，这个参数是一个回调函数，负责将结果输出到屏幕上。

如果使用-v 参数，指定对象（命名空间路径）的所有方法和参数将全部输出屏幕中。示例 8-2 列出了局域网接口对象的所有方法和参数。

示例 8-2：

```
root@zhang:~# ubus list network.interface.lan  -v
'network.interface.lan' @02877eac
    "up": {  }
    "down": {  }
    "status": {  }
    "prepare": {  }
    "add_device": { "name": "String" }
    "remove_device": { "name": "String" }
    "notify_proto": {  }
    "remove": {  }
    "set_data": {  }
```

Call 命令在指定对象里调用指定的方法并传递消息参数。Call 命令首先调用 ubus_lookup_id 函数找到指定对象的 ID，然后通过 ubus_invoke 函数调用来请求服务器，返回的结果使用 receive_call_result_data 来处理。消息格式必须是合法的 JSON 字符串格式，根据函数签名来传递正确的 JSON 字符串作为方法参数。例如：

```
root@zhang:~# ubus call network.device status '{"name":"eth0"}'
```

listen 命令设置一个监听套接字来接收服务器发出的消息。listen 命令是通过 ubus_register_event_handler 函数来注册事件回调处理函数的。示例 8-3 所示的代码是在一个终端窗口启动监听，在另外一个窗口执行调用 down 和 up 方法，然后就会在第一个窗口上观察到对象状态发生改变。

示例 8-3：

```
#在第一个终端执行监听
root@zhang:~# ubus listen
{ "network.interface": { "action": "ifdown", "interface": "wan" } }
{ "network.interface": { "action": "ifup", "interface": "wan" } }
#在另外一个终端执行动作
root@zhang:~#ubus call network.interface.wan down
root@zhang:~#ubus call network.interface.wan up
```

send 命令用于发出一个通知事件，这个事件可以使用 listen 命令监听到。send 命令是通过调用 ubus_send_event 函数来实现的。命令行的发送数据格式必须为 JSON 格式，在程序中通过调用 blobmsg_add_json_from_string 函数转换为 ubus 的 TLV 格式。如果有多个监听客户端，多个监听客户端会同时收到事件。发送通知事件通常需要两个参数，第一个参数为指定对象，第二个参数为事件消息内容。示例 8-4 首先在第一个终端启动监听 hello 对象的事件消息，然后在第二个终端使用 send 命令向 hello 对象发送通知消息。

示例 8-4：

```
root@zhang:~# ubus listen hello
{ "hello": { "book": "openwrt" } }

root@zhang:~# ubus send hello '{ "book": "openwrt" }'
```

wait_for 命令用于等待多个对象注册到 ubus 中，当等待的对象注册成功后即退出。

8.3　netifd

netifd（network interface daemon）是一个管理网络接口和路由功能的后台进程，是一个使用 C 语言编写的带有 RPC 能力的精灵进程，它和内核系统通信采用 Netlink 接口来操作，采用 ubus 总线来提供 RPC，这样比直接使用 Linux 内核的管理接口更方便。

Netlink 是 Linux 操作系统内核和用户空间的通信机制，通常用于在内核和用户空间进程之间传输数据。它由针对用户空间的标准 socket 接口和内核空间的内部 API 模块组成。RFC 3549 对 Netlink 有详细的介绍。

netifd 也提供接口来提供扩展功能。netifd 不需要 shell 脚本就可以设置静态 IP 配置。对于其他的 IP 设置（例如 PPPoE 或 DHCP）就需要一系列的 shell 脚本来处理协议实现。

8.3.1　概述

netifd 主要包含设备和接口对象。一个设备代表着一个 Linux 物理接口或者一个虚拟链路接口，例如 eth0 或 ppp 接口。任何需要关注设备状态的对象就注册为设备用户（device_user），当设备状态发生改变时就会通过回调函数来通知设备用户。当最后一个设备用户移除时，设备自己就立即释放。

设备也可以引用其他设备，这是用于管理各种设备，例如网桥或虚拟局域网（Virtual Local Area Network，VLAN）。这样将不用对各种设备进行区别对待，但需要通过热插拔来增加更多的成员接口，这在管理网桥设备时非常有用。

设备类型用结构体 struct device_type 来保存，这个类似于 C++ 语言的虚基类，定义了一些接口函数而没有实现。在定义实体设备变量时，对设备类型和函数进行赋值，这相当于 C++ 语言的子类。表 8-4 所示的是各种设备类型。

表 8-4　各种设备类型

设 备 类 型	含　义
simple_device_type	简单设备
bridge_device_type	网桥设备，网桥设备可以包含多个简单设备

续表

设 备 类 型	含 义
tunnel_device_type	隧道设备，例如在以太网上封装 GRE 报文
macvlan_device_type	一个物理网卡上创建另外一个 MAC 地址的网卡，即在真实的物理网卡上再虚拟出来一个网卡
vlandev_device_type	一个物理网卡通过 VLAN ID 来划分为多个网卡

设备的启动和关闭状态通过引用计数来管理。设备可以通过 claim_device 函数来启用，通过 release_device 函数来释放。一旦引用计数为零，设备将立即关闭。如果设备没有成功启动，claim_device 函数将返回非零值，设备的引用计数不会增加。一个注册的设备可能不能立即可用，一个接口或其他设备也可以关联上它，等待它出现在系统中来支持通过热插拔触发接口。

所有的设备状态通过事件机制通知给设备用户注册的回调函数。表 8-5 所示的是主要支持的设备事件类型及含义。

表 8-5 设备事件类型及含义

事 件 类 型	含 义
DEV_EVENT_ADD	系统中增加了设备，当设备用户增加到一个存在的设备上时，这个事件立即产生
DEV_EVENT_REMOVE	设备不再可用，或者是移除了设备或者是不可见了。所有的设备用户应当立即移除引用并且清除这个设备的状态
DEV_EVENT_SETUP	设备将要启动，这允许设备用户去应用一些必要的低级别的配置参数，这个事件并不是在所有情况下均被触发
DEV_EVENT_UP	设备已经启动成功
DEV_EVENT_TEARDOWN	设备准备关闭
DEV_EVENT_DOWN:	设备已经关闭

一个接口代表着应用于一个或多个二层设备的三层配置。一个活动的接口必须总是绑定到一个主设备到一个三层设备上。基于一个简化的协议，例如静态配置或 DHCP 等，默认情况是三层接口点引用一个主设备。更复杂的协议处理（如 PPP/PPTP 或 VPN 软件）可以重新映射到其他三层接口上。其他模块（例如防火墙）如果必要时会关注这些接口。一个接口有以下 4 种状态。

- **IFS_SETUP**：协议处理函数正在配置当前接口。

- **IFS_UP**：接口完全配置成功。

- IFS_TEARDOWN：接口正在关闭中。

- IFS_DOWN：接口已经关闭。

所有的接口均有一个协议处理函数。协议处理函数（例如 PPP 协议）可以设置一个辅助协议处理函数（例如 PPPoE 或 PPTP）。协议处理函数是在状态改变时提供的回调函数，一个简单情况是直接关联在接口上。协议状态处理函数跟踪结构体 interface_proto_state 状态，它依赖于它所控制的实体的状态。协议处理函数响应 PROTO_CMD_SETUP 和 PROTO_CMD_TEARDOWN 命令，它不会花费很长时间，是通过向主线程发送 IFPEV_UP 和 IFPEV_DOWN 来实现的。

如果设置会在非常短的时间内完成，回调函数会处理并立即发送事件消息。如果设置需要花费比较长的时间，应当使用 uloop 函数来调度异步动作，如果必要则创建进程来执行。

协议处理函数必须在遇到 PROTO_CMD_TEARDOWN 命令时能中止设置。当执行 PROTO_CMD_TEARDOWN 命令调用并且设置了 force 参数时，协议处理函数需要尽可能快地清除而不等待排队任务处理完成。如果有任何子进程，需要杀掉并清除子进程。

简单的协议处理函数可以设置 PROTO_FLAG_IMMEDIATE 标志。如果协议处理函数可以立即执行所有的动作而不用等待，那就不需要调用 IFPRE_UP 和 IFPRE_DOWN 事务，这将引起这些事件直接被核心代码处理。

netifd 还包含和路由和策略路由（rule）的配置，它读取 network 中的配置项，并调用 Netlink 接口写入到内核中。这部分在路由部分来讲述。

netifd 有一个 __init 宏定义，这个宏定义是利用 gcc 编译器的初始化功能，定义了 __init 修饰的函数在 main() 函数之前执行。__init 宏定义如下：

```
#define __init __attribute__ ((constructor))
```

8.3.2 netifd 方法

netifd 在 ubus 中注册了一些对象和方法，启动 netifd 进程之后，就可以通过 "ubus list" 命令来查看注册的对象。netifd 注册了 3 种对象，分别为 network、network.device 和 network.interface。

```
root@zhang:~# ubus list
network
network.device
network.interface
network.interface.lan
network.interface.loopback
network.interface.wan
```

每一个对象都包含有一些方法，而每个 ubus 方法都注册了一个接口函数来进行处理。network 对象全局接口方法如表 8-6 所示。

表 8-6 network 对象方法

方 法	函 数	含 义
restart	netifd_handle_restart	整个进程关闭后重新启动
reload	netifd_handle_reload	重新读取配置来初始化网络设备
add_host_route	netifd_add_host_route	增加静态主机路由，是根据当前的路由增加了一个更为具体的路由表项，目的地址为 IP 地址而不是 IP 网段。例如： ubus call network add_host_route '{"target":"192.168.1.20", "v6":"false"}'，将增加一个静态主机的接口路由
get_proto_handlers	netifd_get_proto_handlers	获取系统所支持的协议处理函数，该方法不需要参数

network.device 是一个二层设备接口，已经向 ubus 总线注册的方法有 3 个，如表 8-7 所示。

表 8-7 network.device 对象方法

方 法	函 数	含 义
status	netifd_dev_status	获取物理网卡设备的状态，包含统计信息， 例如 ubus call network.device status '{"name":"eth0"}'
set_alias	netifd_handle_alias	设置 alias，这个很少用到
set_state	netifd_handle_set_state	设置状态，这个也很少用到

network.interface 是一个三层接口，可以包含多个二层网卡设备，如果接口启动则包含 IP 地址、子网掩码、默认网关和域名服务器地址等信息。它提供的方法如表 8-8 所示。

表 8-8　network.interface 对象方法

方　法	函　数	含　义
up	netifd_handle_up	启动接口
down	netifd_handle_down	关闭接口
status	netifd_handle_status	查看接口状态，如果为启动，则包含启动时间、IP 地址等
add_device	netifd_iface_handle_device	增加设备
remove_device	netifd_iface_handle_device	删除设备
notify_proto	netifd_iface_notify_proto	调用原型函数，在 netifd-proto.sh 中会使用到
remove	netifd_iface_remove	删除接口
set_data	netifd_handle_set_data	设置额外的存储数据，可以通过 status 方法来查看

如果在对象中未指定接口名称，则需要在参数中指定接口名称。例如我们获取 lan 接口的状态可以通过以下两种方法调用：

```
ubus call network.interface status '{"interface":"lan"}'
ubus call network.interface.lan
```

interface 对象的 notify_proto 方法共注册了 0～7 共 8 种动作处理函数，分别用于处理各种不同的情况。在 netifd-proto.sh 中封装为不同的 shell 命令如表 8-9 所示。

表 8-9　netifd 注册的 shell 命令

编号	shell 命令	含　义
0	proto_init_update	初始化设备及配置
1	proto_run_command	运行获取 IP 地址命令，例如启动 dhcp 客户端或者启动 ppp 拨号
2	proto_kill_command	杀掉协议处理进程，例如杀掉 udhcpc 进程
3	proto_notify_error	通知发生错误
4	proto_block_restart	设置自动启动标示变量 autostart 为 false
5	proto_set_available	设置接口的 available 状态
6	proto_add_host_dependency	增加对端 IP 地址的路由
7	proto_setup_failed	失败后设置状态

编号为在 netifd 进程和 shell 脚本之间的预先定义好的处理动作 ID。在 netifd-proto.sh 中设置，通过 ubus 消息总线传递到 netifd 进程中，根据功能编号来进入到相应的处理函数。Shell 脚本导出的命令供各种协议处理函数调用。例如 DHCP 处理过程中会首先调

用 proto_init_update 函数来初始化设备，初始化完成之后会通过 proto_run_command 命令来启动 udhcpc 进程获取 IP 地址等信息。

静态 IP 配置不需要 Shell 脚本就可以进行 IP 配置，其他的设置例如 DHCP 或 PPPoE 就需要一系列的 Shell 脚本来进行设置。每一种的协议处理的脚本都放在/lib/netifd/proto 目录下。文件名通常和网络配置文件 network 中的协议选项关联起来。为了访问网络功能函数，这些脚本通常在文件开头导入一些通用功能的 Shell 脚本，例如 functions.sh 脚本和 netifd-proto.sh 脚本。

协议处理脚本被调用时的工作目录是/lib/netifd/proto/。在协议处理脚本的结尾应当通过调用 add_protocol 函数来注册自己。协议处理通常至少需要定义两个 Shell 函数，分别为初始化配置函数和设置函数。我们以 DHCP 协议为例进行说明。

（1）proto_dhcp_init_config。这个函数负责协议配置的初始化，主要目的是让 netifd 知道这个协议所拥有的参数。这些参数存储在/etc/config/network 配置文件中。

```
proto_dhcp_init_config() {
    renew_handler=1

    proto_config_add_string 'ipaddr:ipaddr'
    proto_config_add_string 'hostname:hostname'
    proto_config_add_string clientid
    proto_config_add_string vendorid
    proto_config_add_boolean 'broadcast:bool'
    proto_config_add_string 'reqopts:list(string)'
    proto_config_add_string iface6rd
    proto_config_add_string sendopts
    proto_config_add_boolean delegate
    proto_config_add_string zone6rd
    proto_config_add_string zone
    proto_config_add_string mtu6rd
    proto_config_add_string customroutes
}
```

（2）proto_dhcp_setup。这个函数负责协议的设置，主要目的是实现了实际 DHCP 协议配置和接口启动。当被调用时，传递两个参数，第一个参数是配置节名称，第二个参数是接口名称。

任何协议处理都必须实现设置函数。这个函数通常是读取配置文件中的参数，然后将参数传递给 netifd。DHCP 协议在这个函数中组织 DHCP 参数传递给 udhcpc 进程。

（3）proto_dhcp_teardown。这个函数负责接口关闭动作，如果协议需要特别的关闭处理，例如杀掉 udhcpc 进程，调用停止功能等。这个函数在我们使用 ifdown 命令关闭接口时调用，或者是 netifd 探测到链路连接失去时调用。这个函数是通常可选的，调用时需要传递一个参数为 UCI 配置节名称，用于 config_get 函数调用时获取 UCI 配置。

8.3.3　netifd 文件

netifd 还包含一些非常方便用户操作的命令，这些命令调用 ubus 命令来查询 netifd 进程提供的设备和网络接口管理服务。

- /sbin/ifup：启动接口。

- /sbin/ifdown：关闭接口。

- /sbin/devstatus：获取网卡设备状态。

- /sbin/ifstatus：获取接口的状态。

ifup 和 ifdown 实际上为一个文件，ifdown 是指向 ifup 的软链接。这两个脚本由同一个文件 ifup 实现。在执行时会判断执行的文件名称，然后传递相应的参数。如果传递-a 选项则表示所有的接口，这两个命令可以传递接口名称，例如 lan 或 wan 接口，来控制局域网接口和互联网接口的状态，实际上是通过调用 ubus 命令来控制的。命令如下：

```
ubus call network.interface.<lan/wan> <down/up>
```

devstatus 命令需要一个参数，参数传递一个网卡设备名称，devstatus 命令将设备名称转换为 JSON 格式后通过 ubus 总线传递给 netifd，最后调用的命令为：

```
ubus call network.device status '{ "name": "eth0" }'
```

ifstatus 命令用于获取接口的状态，该命令首先判断是否传递了参数，需要传递接口名称作为参数。接着使用 list 方法来查看接口对象是否存在。最后通过接口的 status 方法来获取接口状态，这个方法的签名使用 ubus list 查看显示没有参数，但在实际调用时必须传递接口名称作为参数才能成功。如果我们查看局域网接口的状态，最后调用的命令为：

```
ubus call network.interface status'{"interface": "lan"}'
```

8.3.4　网络配置

网络功能的配置文件在 /etc/config/network 中。这个配置文件定义了二层网络设备 Device 和网络接口 Interface、路由和策略路由等配置。网络接口配置根据协议的不同包含的选项不同。常见的协议有静态配置、DHCP 及 PPPoE 等。接口配置协议不同，支持的配置选项不同。协议配置以 proto 来做区分，如果为 static 则需要设置 IP 地址和网络掩码等。DHCP，表示通过动态主机控制协议获取 IP 信息。PPPoE，表示通过拨号来获取 IP。

如果网络服务提供商（ISP）提供固定 IP 地址，则使用静态配置，另外局域网接口通常为静态配置。静态配置可以设置的选项见表 8-10。

表 8-10　Interface 静态配置选项

名　　称	类　　型	含　　义
ifname	字符串	物理网卡接口名称，例如："eth0"
type	字符串	网络类型，例如：bridge
proto	字符串	设置为 static，表示静态配置
ipaddr	字符串	IP 地址
netmask	字符串	网络掩码
dns	字符串	域名服务器地址，例如为 8.8.8.8
mtu	数字	设置接口的 mtu 地址，例如设置为 1460

当 ISP（网络服务提供商）未提供任何 IP 网络参数时，选择通过 DHCP 协议来设置。这种情况下，路由器将从 ISP 自动获取 IP 地址。DHCP 配置选项如表 8-11 所示。

表 8-11　Interface DHCP 常见配置选项

名　　称	类　　型	含　　义
ifname	字符串	设备接口名称，例如为 "eth0"
proto	字符串	协议类型为 DHCP

续表

名　称	类　型	含　义
hostname	字符串	DHCP 请求中的主机名，可以不用设置
vendorid	字符串	DHCP 请求中的厂商 ID，可以不用设置
ipaddr	IP 地址	建议的 IP 地址，可以不用设置

更常见的是 PPPoE，使用用户名和密码进行宽带拨号上网。设置选项如表 8-12 所示。

表 8-12　Interface PPPoE 常见配置选项

名　称	类　型	含　义
ifname	字符串	PPPoE 所使用物理网卡接口名称，例如 eth0
proto	字符串	协议 PPPoE，采用点对点拨号连接
username	字符串	PAP 或 CHAP 认证用户名
password	字符串	PAP/CHAP 认证密码
demand	数字	指定空闲时间之后将连接关闭，在以时间为单位计费的环境下经常使用

8.4　ubox

ubox 在 2013 年加入 OpenWrt 的代码库中。它是 OpenWrt 中的一个核心扩展功能，是 OpenWrt 的帮助工具箱，现在主要有以下 3 部分独立功能。

（1）内核模块管理，例如加载内核模块，查看已经加载内核模块等。

（2）日志管理。

（3）UCI 配置文件数据类型的验证。

内核模块管理使用 kmodloader 来管理，并软链接为以下 5 个不同的 Linux 命令。

（1）rmmod 从 Linux 内核中移除一个模块。

（2）insmod 向 Linux 内核插入一个模块。

（3）lsmod 显示已加载到 Linux 内核中的模块状态。

（4）modinfo 显示一个 Linux 内核模块的信息，包含模块路径、许可协议和所依赖模块。

（5）modprobe 加载一个内核模块。

日志管理提供了 ubus 日志服务，可以通过 ubus 总线来获取和写入日志。logread 读取日志，logd 来对日志进行管理。

对于其他软件模块来说，主要使用 ubox 提供的配置文件验证功能，这样带来了一些好处，可以在软件启动之前使用脚本来对 UCI 配置进行验证，这样可以很好的同其他软件模块进行分工合作。配置验证选项有很多类型和关键字，表 8-13 列出常用的验证关键字含义。

表 8-13　验证常用关键字及其含义

关键字	含　义
bool	布尔值，合法的取值有"0"、"off"、"false"、"no"、"disabled"、"1"、"on"、"true"、"yes"和"enabled"
cidr	无类别路由选择的缩写，包含 cidr4 和 cidr6，是指 IP 地址和其掩码长度，IPv4 类型通常为 255.255.255.255/32 格式
cidr4	IPv4 类型的 IP 地址和其子网掩码，格式为 255.255.255.255/32
file	文件路径，例如为/etc/config/network
host	主机名称、域名或 IP 地址
ip4addr	IPv4 地址，可以是任何 IP 地址，不验证 IP 地址合法性
list	是指一个类型的几个数据列表，中间用空格分开，例如 list(port)表示是一个端口列表
netmask4	IPv4 地址的网络掩码，例如 255.255.255.0
or	表示可以为几种类型的一个，例如 or(port, portrange)表示为端口或者端口范围
portrange	端口范围，形式为 n-m，中间为短横线，不能为冒号，数字小于 65535，并且 n≤m
port	端口号数字，合法数字范围为 0～65535
range	表示数字所处的范围，例如 range(0, 31)表示大于等于 0，小于等于 31
string	字符串，可以限定字符串长度，例如 string(1, 10)限定字符串长度在 1 到 10 之间
uinteger	无符号整形数字

提供的配置验证工具为 validate_data，它有 3 种用法，第一种用法是对单个数据类型进行验证，它通常用于在软件启动前直接验证，如果数据类型不正确，将输出错误并退出

启动流程。它需要两个参数，第一个参数为数据类型，第二个参数为需要验证的配置值。示例 8-5 是 cron 软件包对配置参数进行验证，是否为整形数字，如果不是数字，则输出验证失败并退出。

示例 8-5：

```
loglevel=$(uci_get "system.@system[0].cronloglevel")

[ -z "${loglevel}" ] || {
    /sbin/validate_data uinteger "${loglevel}" 2>/dev/null
[ "$?" -eq 0 ] || {
    echo "validation failed"
    return 1
    }
}
```

第二种用法是对配置文件的多个数据类型进行验证。它至少需要 4 个参数，第一个参数为 UCI 配置文件名，第二个参数为配置节类型，第三个参数配置节的名称，第四个参数为验证的 UCI 选项、类型和默认值。如果有多个配置选项需要验证，则以空格分开紧跟在第四个参数在后面。示例 8-6 对网络时间服务器的配置进行验证，该用法必须指定配置节的名称，不能对匿名配置节的内容进行检查。前两行是命令输入，后面是该工具对配置文件检查的结果。可以使用 echo $? 来获取其返回值，0 表示成功，根据返回值是否成功再执行下一步的处理流程。

示例 8-6：

```
/sbin/validate_data system timeserver ntp \
        'server:list(host)' 'enabled:bool:1' 'enable_server:bool:0'
system.ntp.server[0]=0.openwrt.pool.ntp.org validates as list(host)
with true
    system.ntp.server[1]=1.openwrt.pool.ntp.org validates as list(host)
with true
    system.ntp.server[2]=2.openwrt.pool.ntp.org validates as list(host)
with true
    system.ntp.server[3]=3.openwrt.pool.ntp.org validates as list(host)
with true
```

```
system.npt.enabled=1 validates as bool with true
system.ntp.enable_server=1 validates as bool with true
server='0.openwrt.pool.ntp.org'\ '1.openwrt.pool.ntp.org'\
'2.openwrt.pool.ntp.org ' \ '3.openwrt.pool.ntp.org '; enabled=1;
enable_server=1;
```

第 3 种用法的参数和第 2 种用法参数含义和顺序完全相同，但第 3 个参数为""，表示空字符串，在这种情况下，将生成导入验证服务的命令字符串。例 8-3 前两行是命令调用，其后是该命令生成的字符串。

示例 8-7：

```
/sbin/validate_data system timeserver " " ntp \
        'timeserver:list(host)' 'enabled:bool:1' 'enable_server:bool:0'
json_add_object; json_add_string "package" "system"; json_add_string
"type" "timeserver"; json_add_object "data"; json_add_string "server"
"list(host) "; json_add_string "enabled" "bool"; json_add_string "enable_
server" "bool" ; json_close_object; json_close_object;
```

8.5　procd

通常的嵌入式系统均有一个守护进程，该守护进程监控系统进程的状态，如果某些系统进程异常退出，将再次启动这些进程。procd 就是这样一个进程，它是使用 C 语言编写的，一个新的 OpenWrt 进程管理服务。它通过 init 脚本来将进程信息加入到 procd 的数据库中来管理进程启动，这是通过 ubus 总线调用来实现，可以防止进程的重复启动调用。

procd 的进程管理功能主要包含 3 个部分。

（1）reload_config，检查配置文件是否发生变化，如果有变化则通知 procd 进程。

（2）procd，守护进程，接收使用者的请求，增加或删除所管理的进程，并监控进程的状态，如果发现进程退出，则再次启动进程。

（3）procd.sh，提供函数封装 procd 提供系统总线方法，调用者可以非常便利的使用

procd 提供的方法。

8.5.1 reload_config

当在命令行执行 reload_config 时，会对系统中的所有配置文件生成 MD5 值，并且和应用程序使用的配置文件 MD5 值进行比较，如果不同就通过 ubus 总线通知 procd 配置文件发生改变，如果应用程序在启动时，向 procd 注册了配置触发服务，那就将调用 reload 函数重新读取配置文件，通常是进程退出再启动。如果配置文件没有改变将不会调用，这将节省系统 CPU 资源。

注意，是配置文件的真实配置内容发生改变之后才会调用，如果增加空行和注释并不会引起配置文件的实质内容改变。另外当系统启动时，会执行 reload_config 将初始配置文件摘要值保存为/var/run/config.md5 文件中。

我们以防火墙的配置文件发生改变为例来说明，当手动执行 reload_config 时，首先将目录/etc/config 目录下的所有文件通过 "uci show" 命令输出其配置到 "/var/run/config.check" 目录下，这个命令将过滤配置文件增加空行和注释的情况。

初始系统启动时的配置文件摘要值保存在文件/var/run/config.md5 中，我们通过 "md5sum –c" 命令来从文件中读取 MD5 值并验证是否和现有的配置文件 MD5 是否一致，如果不一致则就调用 ubus 方法通知 procd 进程配置文件发生改变。

当 procd 知道配置文件发生改变后，procd 就会调用/etc/ini.d/firewall reload 来处理配置文件改变，其他配置文件没有改变的进程，系统将不会花费资源进行处理。

最后将现在运行中的配置文件 MD5 值保存到/var/run/config.md5 中。

8.5.2 procd 进程

procd 进程向 ubus 总线注册了 service 和 system 对象。表 8-14 是 services 对象提供的方法，主要有 3 部分功能，进程的管理、文件触发器（trigger）和配置验证服务（validate）。这些都是通过 set 方法增加到 procd 保存的内存数据库中。数据库以服务名称作为其主键。set 方法共需要 5 个参数，第一个参数为被管理的服务进程名称；第二个参数为启动脚本绝对路径；第三个参数为进程实例信息，例如可执行程序路径和进程的启动参数等；第四个参数为触发器；第五个参数为配置验证项。前 3 个参数是必须要传递的，后面两个参数可选。

表 8-14 service 对象常用方法

方　法	含　　义
set	进程如果存在，则修改已经注册的进程信息，如果不存在则增加，最后启动注册的进程
add	增加注册的进程
list	如果不带参数，则列出所有注册的进程和其信息
delete	删除指定服务进程，在结束进程时调用，例如停止防火墙会进行以下调用: ubus call service delete '{"name":"firewall"}'
event	发出事件，例如 reload_config 就使用该方法来通知配置发生改变
validate	查看所有的验证服务

在删除时使用 delete 方法，只需要两个参数，第一个参数为服务名称，第二个参数为进程实例名称，可以不指定实例名称。查询时使用 list 方法，该方法有两个参数，第一个参数为服务名称，第二个参数是布尔值，表示是否输出其详细信息，默认为不输出详细信息。该方法可以不带任何参数，表示查询所有注册的服务信息。

我们使用 ubus 命令来查看其方法签名:

```
#ubus list service -v
'service' @d5562053
    "set":{"name":"String","script":"String","instances":"Table",
"triggers":"Array","validate":"Array"}
    "add":{"name":"String","script":"String","instances":"Table",
"triggers":"Array","validate":"Array"}
    "list":{"name":"String","verbose":"Boolean"}
    "delete":{"name":"String","instance":"String"}
    "update_start":{"name":"String"}
    "update_complete":{"name":"String"}
    "event":{"type":"String","data":"Table"}
    "validate":{"package":"String","type":"String","service":"String"}
    "get_data":{"name":"String","instance":"String","type":"String"}
```

我们举例来说明其参数用法。

a）增加进程，如果 hello 进程需要 procd 来管理，那么我们使用 ubus 命令将 hello 进程加入的 procd 的内存数据库中。下面命令传递了 4 个参数，第一个参数设置被管理的服务进程名称为 "hello"。第二个参数设置启动脚本绝对路径 "/etc/init.d/hello"。第三个参数设置了进程实例信息，实例的启动命令为"/bin/hello"，启动参数为"-f -c bjbook.net"，并设置进程意外退出的重生参数（respawn）为默认值。第四个参数为触发器，收到文件"hello"的"config.change"消息后执行脚本"/ect/init.d/hello"并传递"reload"参数。

```
ubus call service add '{"name":"hello", "script":"/etc/init.d/hello", \
  "instances":{"instance1":{ "command":["/bin/hello","-f","-c","bjbook.net"], \
  "respawn":[ ] } }, "triggers": [ ["config.change", ["if", ["eq",
"package", "hello" ], ["run_script", "/ect/init.d/hello", "reload" ] ] ] ] }'
```

b）删除进程，参数传递进程的名字即可。

```
ubus call service delete '{"name":"hello"}'
```

c）查看注册的进程信息，也可以不指定名称，将输出所有的管理列表。"verbose"为真，表示输出其详细信息。

```
ubus call service list '{"name":"hello","verbose":true}'
```

d）发送事件，第一个参数含义为事件类型，现在只支持"config.change"事件消息；第二个参数表示文件"hello"，是指在目录"/etc/config"下的文件。在配置文件发生改变时调用。通知 procd 进程配置文件 hello 发生了改变。

```
ubus call service event '{"type":"config.change","data":{"package":"hello"}}'
```

procd 注册在系统总线上的另外一个对象为 system，表 8-15 为 system 对象的所有方法。该对象可以供 luci 来调用，其他模块很少调用，因此不再详述。

表 8-15　system 对象方法

方　　法	含　　义
board	系统软硬件版本信息，包含 4 个部分，分别为内核版本、主机名称、系统 CPU 类型信息和版本信息,版本信息从/etc/openwrt_release 文件读出
info	当前系统信息，包含 5 部分，分别为系统启动时间、系统当前时间、系统负载情况、内存和交换分区占用情况等
upgrade	设置 service_update 为 1
watchdog	设置 watchdog 信息，还存在问题，例如如果本身为 0 的情况
signal	向指定 pid 的进程发信号，是通过 kill 函数来实现的
nandupgrade	执行升级

8.5.3　procd.sh

使用 ubus 方法来进行管理时其传递参数复杂并且容易出错，procd.sh 将这些参数拼接组织功能封装为函数，每一个需要被 procd 管理的进程都使用它提供的函数进行注册。这些函数组织为 JSON 格式的消息然后通过 ubus 总线向 procd 进程发送消息。这些函数将不同功能封装为不同的函数，构建特定的 JSON 消息来表达特定的功能用法，例如 procd_open_ trigger 函数创建一个触发器数组，在增加了所有的触发器之后，调用 procd_close_trigger 函数来结束触发器数组的增加。

procd.sh 提供了大量的函数方便应用程序进行注册。我们仅讲述最常用的一些函数。procd.sh 提供的 API 命名非常规范，除了有一个 uci_validate_section 函数用于验证 UCI 配置文件以外，其他所有的函数均是以 "procd_" 开头。

（1）procd_open_instance 开始增加一个服务实例。

（2）procd_set_param 设置服务实例的参数值，通常会有以下几种类型的参数。

- command：服务的启动命令行。

- respawn：进程意外退出的重启机制及策略，它需要有 3 个设置值。第一个设置为判断异常失败边界值（threshold），默认为 3600 秒，如果小于这个时间退出，则会累加重新启动次数，如果大于这个临界值，则将重启次数置 0。第二个设置为重启延迟时间（timeout），将在多少秒后启动进程，默认为 5 秒。第三个设置是总的失败重启次数（retry），是进程永久退出之前的重新启动次数，超过这个次数进程退出之后将不会再启动。默认为 5 次。也可以不带任何设置，那这些设置都是默认值。

- env：进程的环境变量。

- file：配置文件名，比较其文件内容是否改变。

- netdev：绑定的网络设备（探测 ifindex 更改）。

- limits：进程资源限制。

每次只能使用一种类型参数，其后是这个类型参数的值。

（3）procd_close_instance 完成进程实例的增加。

通常以上 3 个函数在一起使用，示例 8-8 为 rpcd 对 procd 函数的使用，这个示例可以用于大多数应用程序。PROG 变量在前面已设置为/bin/rpcd。该示例将最终调用以下命令完成进程的增加：

```
ubus call service set '{"name":"rpcd", "script":"/etc/init.d/rpcd",
"instances": {"instance1":{ "command": ["/bin/rpcd"] } } }'
```

示例 8-8：

```
procd_open_instance
procd_set_param command "$PROG"
procd_close_instance
```

（4）procd_add_reload_trigger，增加配置文件触发器，每次配置文件的修改，如果调用了 reload_config 时，当前实例都被重启。有一个可选的参数为配置文件名称。其实它在内部是调用 procd_open_trigger、procd_add_config_trigger 和 procd_close_trigger 这 3 个函数来增加触发器。

（5）procd_open_validate，打开一个验证数组，是和 procd_close_validate 函数一起使用。

（6）procd_close_validate，关闭一个验证数组。示例 8-9 是软件包 firewall 使用 procd 来对防火墙配置的触发器和验证。

示例 8-9：

```
procd_add_reload_trigger firewall

procd_open_validate
validate_firewall_redirect
validate_firewall_rule
procd_close_validate
```

（7）procd_open_service(name, [script])，至少需要一个参数，第一个参数是实例名称，第二个参数是可选参数为启动脚本。该函数仅在在 rc.common 中调用，用于创建一个新的 procd 进程服务消息。

（8）procd_close_service，该函数不需要参数，仅在 rc.common 中调用，完成进程管理服务的增加。

（9）procd_kill，杀掉服务实例（或所有的服务实例）。至少需要一个参数，第一个参数是服务名称，通常为进程名，第二个是可选参数，是进程实例名称，因为可能有多个进程示例，如果不指定所有的实例将被关闭。该函数在 rc.common 中调用，用户从命令行调用 stop 函数时会使用该函数杀掉进程。

（10）uci_validate_section，调用 validate_data 命令注册为验证服务。在配置发生改变后对配置文件的配置项合法性进行校验。验证服务是在进程启动时通过 ubus 总线注册到 procd 进程中。输入以下命令，可以看到系统所有注册的验证服务。

```
ubus call service validate
```

这些验证服务是在启动脚本中增加验证服务来实现，如示例 8-10 所示，service_triggers 函数是预定义好的回调函数，在每一个增加服务结束后会自动调用，使用者不必关注如何调用。validate_cron_section 函数是真正的将验证服务加入 procd 的验证服务中。它调用 uci_validate_section 函数，而 uci_validate_section 函数进一步调用 validate_data 程序。

示例 8-10：

```
validate_cron_section() {
    uci_validate_section system system "${1}" \
        'cronloglevel:uinteger'
}
service_triggers()
{
    procd_add_validation validate_cron_section
    procd_add_reload_trigger "hello"
}
```

8.5.4　rc.common

rc.common 在 1209 及之前的版本中并不支持 procd 启动，在 1407 版本中增加了专门针对 procd 的启动。该脚本向前兼容，在软件模块的启动脚本中如果没有定义 USE_PROCD 变量，则启动流程和之前完全相同，如果定义了 USE_PROCD 变量，对 start、stop 和 reload

函数进行重新定义，在调用这些函数时，将调用 start_service、stop_service 和 reload_service 函数等。

表 8-16　procd 预定义的函数

函　　数	含　　义
start_service	向 procd 注册并启动服务，是将在 services 所管理对象里面增加了一项
stop_service	让 procd 解除注册，并关闭服务，是将在 services 中的管理对象删除
service_triggers	配置文件或网络接口改变之后触发服务重新读取配置
service_running	查询服务的状态
reload_service	重启服务，如果定义了该函数，在 reload 时将调用该函数，否则再次调用 start 函数
service_started	用于判断进程是否启动成功

如果在自己的启动脚本中定义了 USE_PROCD 那就调用这些函数。在 rc.common 中重新定义了 start 函数，相当于重载了这些函数。

8.5.5　综合示例

如何编写一个 procd 启动脚本，如示例 8-11 所示，通常前面两行内容是固定的，第一行表示使用"/etc/rc.common"来解释脚本。第二行内容设置 USE_PROCD 变量为 1，表示使用 procd 来管理进程。

示例 8-11：

```
#!/bin/sh /etc/rc.common

USE_PROCD=1
START=15
STOP=85
PROG=/bin/hello

validate_hello_section()
{
    uci_validate_section hello system globe \
        'delay:uinteger(1:200)'
```

```
}
start_service() {
    echo "start HelloRoute!"
    validate_hello_section || {
        echo "hello validattion failed!"
        return 1
    }
    procd_open_instance
    procd_set_param command "$PROG" -f -w bjbook.net
    procd_set_param respawn
    procd_close_instance
}
service_triggers()
{
    procd_add_reload_trigger "hello"
}
reload_service()
{
    stop
    start
}
```

PROG 变量用来给程序的启动脚本赋值，用于启动应用程序。

validate_hello_section 函数验证了配置文件 hello 中的 delay 变量否为整形值，并且在合理的（1 ~ 200）范围内。

start_service 函数负责程序的启动。函数开始处调用了 validate_hello_section 函数对程序配置文件进行验证，如果验证失败，则进程不启动。在参数验证完成后，首先调用 procd_open_instance 函数发起实例增加，接着调用了 procd_set_param 函数来设置了启动命令和启动参数，再接着设置其进程意外退出的重启机制及策略为默认值，最后调用 procd_close_instance 函数完成实例的增加。注意 procd 管理的进程需要运行在前台，即不能调用 daemon 或类似函数。

service_triggers 函数增加触发器，我们增加了对配置文件 hello 的触发服务。当 hello 文件发生改变后，如果调用了 reload_config 命令，将触发调用 reload_service 函数。

reload_service 函数在传递 reload 参数时进行调用，如果没有该函数，将会调用默认 start 函数。

在执行该启动脚本时，如果需要对 procd 脚本进行调试，可以设置 PROCD_DEBUG 变量为 1，这样可以输出向 ubus 总线调用的参数信息。例如：

PROCD_DEBUG=1 /etc/init.d/hello start

8.6 参考资料

- JSON 对象（ttp://json.org/）。

- OpenWrt 网络配置（http://wiki.openwrt.org/doc/uci/network）。

- 如何编写一个 procd 初始化脚本（https://wiki.openwrt.org/inbox/procd-init-scripts）。

- libubox 技术（https://wiki.openwrt.org/doc/techref/libubox）。

第9章
常用软件模块

9.1 CWMP

9.1.1 概述

CWMP（CPE WAN Management Protocol）是一个面向终端设备的网管技术规范。这个技术规范提供了对下一代网络中家庭网络设备进行管理配置的通用框架、消息规范、管理方法和数据模型。它由宽带（Broadband）论坛管理和发布，于 2004 年发布第一版，文件编号为 TR-069。CWMP 中定义了以下两种基本网络元素。

- ACS：自动配置服务器（Auto Configuration Server），网络中的管理服务器。

- CPE：客户端设备（Customer premises equipment），网络中的被管理设备。

CWMP 作为一个双向的 SOAP/ HTTP 的协议，它定义了客户端设备和自动配置服务器之间的通信协议。它包括一个安全的自动配置和其他 CPE 管理功能控制整体框架。协议支持了不同的互联网接入设备，如调制解调器、路由器、机顶盒和 VoIP 电话等。标准 TR-069 协议的自动配置服务器对这些设备进行自动配置和管理。

CWMP 是一个基于文本的协议，在设备和自动配置服务器之间传输 HTTP 文本。在 HTTP 层面上 CPE 是客户端，ACS 起到 HTTP 服务器的作用。这意味着控制配置数据的流动是客户端设备的职责。

所有的通信和操作都在配置会话的范围内进行。会话是由设备从一个通知（Inform）

消息的传输开始的。ACS 服务器在收到通知消息时，开始对 CPE 调用接口方法进行状态查询和配置。认证对于 CPE 来说是必不可少的，一般采用摘要认证算法来对 CPE 进行认证。

大多数的配置和诊断是通过设置和检索设备参数的值来实现的。这些配置都是组织为一个定义良好的层次结构，包括常见或不太常见的所有设备模型。宽带论坛发布的数据模型标准有两种格式，XML 包含每一个子元素的详细规范，还有包含人可读细节的 PDF 文件。TR181 包含了大多数设备类型的数据模型定义，设备所支持的管理模型用设备节点Device.DeviceInfo.SupportedDataModel 来表示。

每一个定义的对象节点都需要标识出是可修改的还是只读的。这些是通过 GetParameterNames 方法来获取设备支持配置对象节点报告。设备不应允许标记为只读的任何参数的修改。TR181 数据模型的规格和扩展清楚地标识了大多数设备参数的规格。参数的类型和含义在标准 TR181 中有详细定义。

CWMP 主要应用于电话、有线电视、宽带等家庭接入网络环境。在这些接入网络中，由于用户设备数量很多，并且用户分散，不容易进行设备的管理和维护。采用 CWMP 协议，可以实现 ACS 对 CPE 设备的远程集中管理，解决了 CPE 设备的管理维护问题，提高了网络的运维效率。

9.1.2 方法和流程

设备的整个管理过程是建立在定义好的一组简单的操作方法上，每个方法都是原子操作。如果设备不能执行一个配置命令那就返回给 ACS 适当的错误值。设备不应当因为错误中止会话。常用支持的方法见表 9-1。

表 9-1 TR069 的主要交互方法

方 法	含 义
SetParameterValues	服务器用来修改 CPE 的参数
GetParameterValues	用于服务器获取 CPE 的参数配置值。一次可以获取一个或多个参数
GetParameterNames	用于服务器来发现客户端可以访问的配置参数
Inform	CPE 调用服务器的 Inform 方法来建立和服务器之间的传输会话
AddObject	用于服务器来针对多实例对象来创建新的实例
DeleteObject	服务器删除客户端多实例中的一个实例

为适应终端数量巨大并且地址不固定的特性，TR069 定义的交互流程中，管理交互通

常都是由 CPE 发起的，由 CPE 来"请求"ACS 进行管理（见图 9-1）。当 ACS 希望启动对 CPE 的管理时，协议定义了一个反向触发机制。CPE 建立一个用于侦听的 HTTP 端口，这个端口地址信息在 CPE 初始连接时上报给 ACS，当 ACS 希望对 CPE 进行管理时，ACS 向该端口建立传输控制协议连接并发送空的 POST 请求报文，CPE 收到该请求报文后随即启动正向的 HTTP/HTTPS 连接，请求自动配置服务器的管理。交互流程如图 9-1 所示。

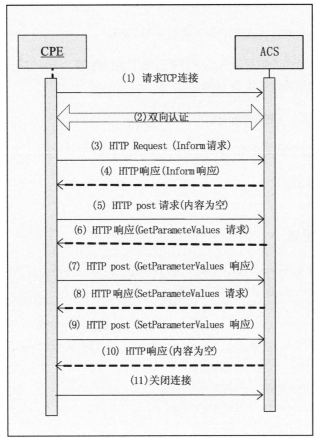

图 9-1　TR069 交互流程

（1）CPE 和 ACS 建立 TCP 连接。

（2）SSL 初始化进行双向认证。

（3）CPE 发送 Inform 报文，开始建立 CWMP 连接。Inform 报文使用 Eventcode 字段描述发送 Inform 报文的原因，通常为"0 BOOTSTRAP"，表示 CPE 首次启动建立连接。

（4）如果 CPE 通过 ACS 的认证，ACS 将返回 Inform 响应报文，连接建立完成。

（5）如果 CPE 没有别的请求，就会发送一个 HTTP Post 请求，内容为空，以满足 HTTP 报文请求/响应报文交互规则（CWMP 是基于 HTTP 协议的，CWMP 报文作为 HTTP 报文的数据部分封装在 HTTP 报文中）。

（6）ACS 查询 CPE 上设置的轮询通知间隔的值等。

（7）CPE 把自身的轮询通知间隔的值返回给 ACS。

（8）ACS 发现轮询通知间隔的值设置不符合服务器配置，于是发起设置请求，要求将 CPE 的轮询通知间隔的值设置为 1800 秒。

（9）设置成功后，CPE 发送响应报文。

（10）ACS 发送空报文通知 CPE 没有别的请求了。

（11）CPE 关闭连接。

9.1.3　如何配置

OpenWrt 通过 freecwmp 软件包来支持 CWMP，但默认并不会对该软件包进行编译，因此编译前需要使用 feeds 命令来查找和配置 cwmp。

```
./scripts/feeds search cwmp        #查找 cwmp 所支持的软件包
./scripts/feeds install freecwmp-curl #我们选择 freecwmp-curl 模块
Installing package 'freecwmp'
Installing package 'libfreecwmp'
Installing package 'libmicroxml'
Installing package 'shflags'
Installing package 'curl'
Installing package 'libzstream'
```

然后在 make menuconfig 中就会有 UTilities --->freecwmp-curl 的选择项，输入 M 选择并保存退出，然后进行编译。编译成功之后将所有的软件包放在服务器上，然后在 OpenWrt 终端输入以下命令进行安装。

```
opkg install freecwmp-curl
```

9.2 SSH 服务器

SSH（Secure Shell）是专为远程登录会话和其他网络服务提供安全性的协议。OpenWrt 默认采用 Dropbear 软件来实现 SSH 协议。它是一个在小内存环境下非常高效的 SSH 服务器和客户端。

9.2.1 概述

Dropbear 是一个开源软件包，是由马特·约翰逊撰写，并且和安全 shell 兼容的服务器和客户端。它是在低内存和处理器资源情况下对标准的 OpenSSH 的一个替代品，适合嵌入式操作系统。它是 OpenWrt 的一个核心组件。

Dropbear 实现了 SSH 协议 V2 版本。SSH 协议是一种在不安全的网络环境中，通过加密和认证机制，实现安全的远程访问以及文件传输等业务的网络安全协议。它使用了第三方的加密算法，但嵌入到 Dropbear 代码中，终端的部分代码继承自 OpenSSH 软件。

Dropbear 在客户端和服务器都实现了完整的 SSH 协议 V2 版。它不支持 SSH 版本 V1 的向后兼容性，以节省空间和资源，并避免了在 SSH 版本 V1 中固有的安全漏洞。

Dropbear 还提供安全远程复制功能，可以在网络上的主机之间进行远程文件复制。它利用 SSH 协议来传输数据，和 SSH 登录采用同样的认证和安全，当需要认证时提示输入密码。文件名包含一个用户和主机地址，以表明该文件复制的源地址和目标地址。本地文件名可以明确使用绝对或相对路径名来避免处理文件名含有主机说明符。远程主机之间的复制也是可以的。将目标路由器的配置文件复制下来的命令示例如下：

```
scp root@192.168.6.1:/etc/config/dropbear /tmp/dropbear
```

9.2.2 配置

配置文件为/etc/config/dropbear，所有的配置在唯一一个配置节 dropbear 中。表 9-2 列出了 SSH 服务器的主要配置选项。

表 9-2　SSH 服务器的主要配置选项

名　称	类　型	含　义
PasswordAuth	布尔值	设置为 0 关闭密码认证。默认为 1
RootPasswordAuth	布尔值	设置为 0 关闭 root 用户的密码认证。默认为 1
Port	数字	监听的端口号，默认为 22
BannerFile	字符串	用户认证成功后登录进去的输出内容的文件名
enable	布尔值	是否随系统启动该进程，默认为 1
Interface	字符串	指定监听的网卡接口，即只从该接口接收请求

示例 9-1 所示的是 dropbear 的默认配置，打开了密码认证功能，并且允许管理员用户登录，设置在 TCP 端口号 22 处监听。

示例 9-1：

```
config dropbear
        option PasswordAuth 'on'
        option RootPasswordAuth 'on'
        option Port         '22'
#   option BannerFile   '/etc/banner'
```

9.3　QoS

服务质量（Quality of Service，QoS）就是指网络通信过程中，保障用户业务在带宽、时延、抖动和丢包率等方面获得可预期的服务水平。家庭网内部的 QoS 主要指保证用户实时交互的业务符合用户的要求。

9.3.1　服务模型

QoS 服务模型是指一组实现端到端服务质量保证的方式，QoS 服务模型主要有如下 3 种。

（1）尽力而为服务模型（Best-Effort service）。尽力而为服务模型是一个单一的服务模型，也是最简单的服务模型。对尽力而为服务模型，网络尽最大的可能性来发送报文，但对时延、可靠性等性能不提供任何保证。尽力而为服务模型是 Linux 网络的缺省服务模型，通过先进先出队列来实现。它适用于绝大多数网络应用，如 HTTP、FTP 和 E-Mail 等。

（2）综合服务模型（Integrated service）。综合服务模型，它可以满足多种 QoS 需求。该模型使用资源预留协议（RSVP），RSVP 运行在从源端到目的端的每个设备上，可以监视每个流，以防止其消耗资源过多。这种体系能够明确区分并保证每一个业务流的服务质量，为网络提供最细粒度化的服务质量区分。但是综合服务模型对设备的要求很高，当网络中的数据流数量很大时，设备的存储和处理能力会遇到很大的压力。综合服务模型可扩展性很差，难以在互联网的核心网络实施。它仅适合在专用网络上实施。

（3）区分服务模型（Differentiated service）。区分服务模型如图 9-2 所示，是 IETF 工作组为了克服综合服务模型的可扩展性差而在 1998 年提出的另一个服务模型，目的是制定一个可扩展性相对较强的方法来保证 IP 的服务质量。在区分服务模型中，根据服务要求对不同业务的数据进行分类，对报文按类进行优先级标记，然后有差别地提供服务。

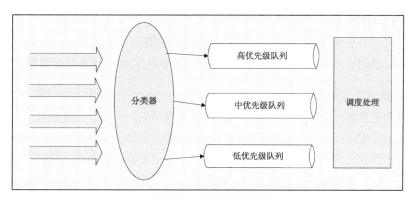

图 9-2　区分服务模型

OpenWrt 采用区分服务模型来提供 QoS。区分服务模型是一个多服务模型，它可以满足不同的 QoS 需求，例如优先保证通过 HTTP 上网流量，它采用流量分类、流量整形、拥塞管理和拥塞避免机制来进行 QoS。

流量分类：采用一定的规则识别符合某类特征的报文，它是对网络业务进行区分服务的前提和基础。一般使用 Iptables 来根据端口和报文特征进行分类。

流量整形：当流量被整形时，其传输速率是受到控制。整形可以大大降低使用的带宽，这样是为了更好的网络效应。它也被用来平滑流量的突发大流量。流量整形发生在出口处。

调度：通过调度数据包的传输，可以在提高流量的交互性的同时，仍然保证大容量传输的带宽。重新排序也被称为划分优先顺序，并且只发生在出口处。

带宽控制用于 QoS 时，一般用于保障某一类用户的服务质量，在家庭网内部常用于保障主人的带宽，限制访客的带宽。

OpenWrt 采用 qos-Script 来实现 QoS，内部使用 Iptables 和 Tc 工具来实现 QoS。Iptables 工具实现数据报文的分类。Tc 工具来实现配置 Linux 内核中优先级队列。Tc 工具在 iproute2 代码包中。Tc 的一个关键的概念是 QDISC。QDISC 是 "queueing discipline" 的缩写，是指报文的排队规则，这是理解流量控制的基础。

当内核需要发送一个数据包到一个接口时，它被排入到配置该接口的队列中。紧接着，内核试图从队列获得尽可能多的数据包，把它们交由网络适配器驱动程序来处理。一个最简单的 QDISC 队列是 "PFIFO"，它根本没有特别处理，是一个纯粹的先进先出队列。当网络接口不能瞬间处理完成时，它能存储部分流量。

类别（CLASSES）：一些排队规则可以包含类，这些类又进一步包含了另外的排队规则——流量可以在任何类内部排队规则。当内核试图取出一个数据包时，就可以来自任何一个类的分类排队规则。排队规则可以在特定类别的队列中优先处理某些特定类型的流量。

过滤器用于数据包分类，以确定哪一类数据包将加入队列中。当流量到达带有子类的类时，数据包需要进行分类。各种方法都可以这样做，其中一个是过滤器。附着在类中的所有过滤器被调用，直到其中一个返回一个决定。如果没有判决做出，其他标准可能是可用的。每一个排队规则都是不同的处理。需要注意，过滤器位于排队规则内部，它们不能独立存在。详细内容请参考 Tc 手册。

9.3.2　QoS 配置

在 menuconfig 时，选择 qos-scripts 软件包，在 Base-file/Qos-scripts 中，源代码目录在 package/network/config/qos-scripts 下，编译后生成的软件包为 qos-scripts。在 OpenWrt 中至少还有其他两个 QoS 软件包分别为 sqm-scripts 和 wshaper。不能同时安装两个 QoS 软件包，因为它们均使用了 Tc 和 iptables，并且按照不同的标准进行报文分类。QoS 的 UCI 配

置文件为/etc/config/qos，如何进行报文分类才能得到好的性能，这取决于应用程序。通常有两个处理原则。

（1）优先处理小包。例如 TCP-ACKs 和 DNS 等。

（2）优先处理用户交互的报文。例如 SSH 等协议。

QoS-script 的默认配置将域名请求和 SSH 访问作为优先规则。通常域名请求负载非常小，并且用户在上网时的第一步请求动作，用户通常会等待上网请求页面，因此设置为最高优先级。SSH 也是同样的原因，用户和服务器之间交互，用户等待服务器的响应。这样将对用户非常友好。QoS 配置非常复杂，此处不再讲述。

9.4 uHTTPd 服务器

9.4.1 概述

uHTTPd 是 OpenWrt/LuCI 开发者从零开始编写的 Web 服务器，目的是成为优秀稳定的、适合嵌入式设备的轻量级任务的 HTTP 服务器，并且和 OpenWrt 配置框架非常好地集成在一起。它是管理 OpenWrt 的默认的 Web 服务器，还提供了现代 Web 服务器所有的功能。

uHTTPd 支持 TSL（SSL）、CGI 和 Lua，是单线程运行但支持多个实例，例如多个监听端口，每一个都有自己的根目录和其他特性。使用 TLS（HTTPS 支持）时需要安装 uhttpd-mod-tls 模块。和许多其他的 Web 服务器一样，它也支持在进程内运行 Lua，这样可以加速 Lua CGI 脚本。注意这依赖于 Lua，默认情况下没有这样配置。

uHTTPd 是 OpenWrt 的标准 HTTP 服务器，但是它默认并不会安装在 OpenWrt 发行版的系统文件中。因为默认的发行版并不包含 Web 用户管理界面，通常 uHTTPd 会作为 Web 接口 LuCI 的依赖模块自动安装。如果需要单独安装，可以通过以下命令来实现。

```
#>opkg update
#>opkg install uhttpd
```

9.4.2 配置

uHTTPd 的配置和 OpenWrt 用户接口系统 UCI 完全集成在一起。UCI 配置文件是/etc/config/uhttpd。由于 uHTTPd 直接依赖这文件，因此当 UCI 设置提交时没有第二个配置文件需要重新生成。uHTTPd 是 UCI 系统配置的一部分。uHTTPd 也提供一个初始化脚本/etc/init.d/uhttpd 来启动或停止服务，或者在系统启动时自动启动。

uHTTPd 有两个配置节定义，类型 uHTTPd 包含了通用的服务器设置，在表 9-3 中做了详细介绍。cert 部分定义了加密连接 SSL 证书的默认值，在局域网中一般不使用，因此不再介绍。

表 9-3 uHTTPd 配置项含义

名　称	类　型	含　义
listen_http	字符串	定义服务器的 IP 和端口。指所监听的非加密的地址和端口。如果仅给出端口号，将同时服务于 IPv4 和 IPv6 请求。使用 0.0.0.0:80 仅绑定在 IPv4 接口，使用[::]:80 仅绑定 IPv6
home	目录路径	定义服务器的文档根目录
max_requests	整型数字	最大的并行请求数，如果大于这个值，后续的请求将进入排队队列中
cert	文件路径	用于 HTTPS 连接的 ASN.1/DER 证书。在提供 HTTS 连接时必须提供
key	文件路径	用于 HTTPS 连接的 ASN.1/DER 私钥。在提供 HTTPS 连接时必须提供
cgi_prefix	字符串	定义 CGI 脚本的相对于根目录的前缀。如果没有该选项，CGI 功能将不支持
script_timeout	整型数字	Lua 或 CGI 请求的最大等待时间秒值。如果没有输出产生，则超时后执行就结束了
network_timeout	整型数字	网络活动的最大等待时间，如果指定的秒数内没有网络活动发生，则程序终止，连接关闭
tcp_keepalive	整型数字	tcp 心跳检测时间间隔，发现对端已不存在时则关闭连接。设置为 0 则关闭 tcp 心跳检测
realm	字符串	基本认证的域值，默认为主机名，是当客户端进行基本认证的提示内容
config	文件路径	用于基本认证的配置文件

最小配置必须包含文档根目录和 HTTP 监听端口，示例 9-2 所示为 uHTTPd 的一个最小配置。在端口 80 处监听，默认的主目录为 "www"。

示例 **9-2:**

```
config 'uhttpd' 'main'
        option 'listen_http' '80'
        option 'home'        '/www'
```

9.5 SMTP

SMTP（Simple Mail Transfer Protocol）即简单邮件传输协议，它是用于由源地址到目的地址传送邮件的传输协议，由它来控制电子邮件的传输方式。SMTP 协议建立在 TCP 协议之上，它帮助每台计算机在发送或中转信件时找到目的地址。路由器通过 SMTP 协议所指定的服务器，就可以把电子邮件寄到收信人的服务器上。

邮件的内容格式包含邮件消息头和消息体，消息头和消息体之间由一个空行分隔。

OpenWrt 使用 sSMTP 软件包来支持邮件发送。sSMTP 是一个简单的邮件发送客户端，它不需要一个后台进程，不能接收邮件仅可以发送邮件。通过以下命令进行安装。

```
opkg update
opkg install ssmtp
```

在安装完成后 sSMTP 会链接到 sendmail，配置文件会安装到以下位置。

```
/etc/ssmtp/ssmtp.conf
/etc/ssmtp/revaliases
```

sSMTP 并不会默认选择编译，首先将 sSMTP 软件包从可选仓库中加入到选择列表中。

```
./scripts/feeds install ssmtp
```

然后在 make nenuconfig 时，通过"Mail→ssmtp"进行选择。sSMTP 编译脚本位于 package/feeds/packages/ssmtp 目录下，编译完成后的软件包名称为 ssmtp。示例 9-3 所示的是一个示例邮件内容（msg.txt），包含收件人和抄送收件人，邮件主题为"Hello OpenWrt route"，邮件消息头和邮件内容之间有一个空行，最后是邮件正文。

示例 9-3：

```
To:zyz323@163.com
CC:zyz323@sohu.com
Subject:  Hello OpenWrt route

test. Hello Openwrt bjbook.net.
```

在发送邮件之前，我们需要配置邮件账户和服务器信息：

```
echo "mainhub=smtp.163.com" >> /etc/ssmtp/ssmtp.conf
echo "rewriteDomain=163.com" >> /etc/ssmtp/ssmtp.conf
echo "root:zyz323@163.com:smtp.163.com" >> /etc/ssmtp/revaliases
```

写好邮件之后我们使用命令来发送邮件，发送命令接口格式如下：

```
ssmtp [ flags ] 目的地址 < msg.txt
```

- **-t**：从消息内容中读取目的接收者。

- **-v**：详细输出程序执行步骤。

- **-au username**：指定 SMTP 认证用户名

- **-ap password**：指定 SMTP 认证密码

- **-Cfile**：不读取默认配置，使用指定配置文件。

发送邮件示例如下，请替换为实际的账号和密码。

```
#> ssmtp -f username au username@163.com -ap password -s zyz323@163.com
-v < msg.txt
```

9.6 NTP

NTP（Net Time Protocol）是用于互联网上计算机时间同步的协议。其中有 NTP 服务器来提供网络时间服务，客户端从服务器获取时间。OpenWrt 路由器中内置了一些常用的

NTP 时间服务器地址，一旦与因特网连接后，路由器可以自动从时间服务器获取当前时间，然后设置到路由器系统当中。OpenWrt 默认支持内置的网络时间服务器，在配置文件/etc/config/system 中设置。该选项用来设置 NTP 时间服务器的 IP 地址，可以设置多个网络时间服务器。注意：

- 关闭路由器电源后，没有电池的路由器时间信息会丢失，只有再次开机连上因特网后，路由器才会自动获取 GMT 时间。

- 必须先设置系统时间后，路由器的防火墙的时间限定才能生效。

- 另外可以不采用 NTP 时间，通过 date 命令来手动设置系统时间。

在调试时我们可以使用 date 命令手动设置路由器的时间，然后等待路由器进行时间更新。使用 date 命令也可以来查询当前时间。date 命令如果没有指定选项，则默认输出当前时间。设置时需要传递一个 -s 选项，后面再以引号传递时间字符串。推荐使用"YYYY-MM-DD hh:mm:ss"的格式进行时间设置：

```
date -s '2015-12-20 00:00:00'
```

OpenWrt 也支持提供 NTP 服务器，可以控制配置文件来打开和关闭 NTP 服务器，系统重启后生效。也可以通过调用/etc/init.d/sysntpd restart 命令生效。命令设置如下：

```
uci set system.ntp.enable=1
uci commit system
```

9.7 PPPoE

PPP 在 RFC1661 中描述，是针对拨号连接的解决方案。PPP 是一种分层的协议，物理层用来进行实际的点到点连接。由链路控制层（LCP）发起对链路的建立、配置和测试。在 LCP 初始化完成后，通过一种或多种网络控制协议来传送特定协议族的通信。PPPoE 是指在以太网上进行拨号因特网连接。PPPoE 是目前使用最为广泛的广域网协议，因为其具有以下几个特征。

（1）能够控制数据链路的创建。

（2）能够对 IP 地址进行分配和管理。

（3）采用应用最广泛的以太网介质传输。

（4）能够配置链路并对链路进行质量测试和错误检查。

PPPoE 也支持身份验证，身份验证选项用于创建链路的发起方输入信息，用于确保发起方发起连接时拥有管理员的许可。可供选择的验证方式有两种。

（1）PAP（密码验证协议）。以客户端明文方式传递用户名和密码，服务器和本身所存储的密码进行比较验证。

（2）CHAP（握手质询验证协议）。服务器向客户端发送挑战消息，客户端使用密码和挑战消息计算出请求值再次发送给服务器。服务器将请求消息和本地计算出的字符串进行对比，如果符合则身份验证通过，否则拒绝下一步请求。

CHAP 密码不在网络中明文传输，因此保证了密码不被泄漏。另外使用了不可预知的，可变随机值来防止回放攻击。

9.7.1 CHAP 验证过程

（1）首先由客户端发起连接请求。

（2）服务器收到连接请求后向客户端发送一个 CHAP 质询消息。CHAP 质询消息包含以下内容。

- 质询分组的类型标识符。
- ID：标识该质询分组的序列号。
- Random=随机数。
- 质询方的认证名。

服务器保存随机数和 ID 以便后续计算认证。

（3）客户端收到质询消息，并进行解析。解析完成后将序列号、随机数和口令连接到一起并计算 MD5 值，这是一个单向 MD5 哈希值，不能从结果计算出原始值，但可以从 MD5 值来判断原始值是否正确。这个数值放在请求中当作认证信息发送给服务器。报文包含以下 4 部分内容。

- 02：CHAP 回应分组类型标识符。

- ID：序列号，从质询分组中复制而来。

- Hash 字符串，随机值和口令的哈希值。

- 设备认证名称。

（4）服务器收到带有认证的连接请求报文后，从序列号找出原始的质询随机数，将序列号、随机数及口令使用 MD5 算法计算哈希值。将自己计算的哈希值和客户端请求的哈希值进行比较，如果一致则认证通过，否则认证失败。认证成功消息包含以下 3 部分内容。

- 03：CHAP 认证成功消息类型标识符。

- ID：序列号，是会话的标识，直接从认证请求中复制而来。

- "Welcome in"：文本消息，表示认证通过。

如果认证失败，则发送认证失败消息，主要包含以下内容。

- 04：CHAP 认证失败消息类型标识符。

- ID：序列号，是会话的标识，直接从认证请求中复制而来。

- "Authentication failure"：文本消息，表示认证失败。

CHAP 认证过程如图 9-3 所示。

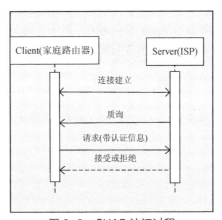

图 9-3　CHAP 认证过程

9.7.2 PPPoE 配置

最典型的是用户名和密码，配置文件为/etc/ppp/chap-secrets，由用户名、提供者和密码 3 部分组成。配置选项在/etc/ppp/options 中。在实际配置中使用 UCI 网络配置文件 network，在表 8-12 中已经进行说明。

9.8 无线基础

9.8.1 什么是无线

无线是使用射频技术，利用无线电波发送与接收数据，无须中断网络即可实现移动办公。IEEE 802.11 是无线网络的协议标准，计算机之间的无线通信需要共同遵守 IEEE 802.11 规则。共同的协议标准是确保不同厂商生产设备实现互通与兼容的基础，到目前为止，IEEE 正式发布的无线网络协议标准共有 IEEE 802.11、IEEE 802.11a、IEEE 802.11b、IEEE 802.11g、IEEE802.11ac 和 IEEE802.11ng 等。

9.8.2 优点

（1）灵活性。在无线网络信号覆盖的任何地方，对于支持无线客户端的设备而言，在获取相应权限的前提下，都可以随时接入此无线网络，这对于有线网络来说是不可能实现的。

（2）成本和安装。无须布置网线，安装简单。

（3）扩展性。无线网络能够应用于多种拓扑结构的网络中。可以通过简便地改变无线配置，而完成不同的功能。

9.8.3 缺点

（1）性能。无线局域网是依靠无线电波进行传输的，这些电波通过无线发射装置进行发射，而建筑物、车辆、树木和其他障碍物都可能阻碍电磁波的传输，所以会影响网络的性能。

（2）速率。无线信道的传输速率与有线信道相比要低得多。目前，无线局域网的最大传输速率为 802.11ac 标准的 1.3G bit/s。

（3）安全性。无线电波不要求建立物理的连接通道，再加上无线信号是发散的。所以传输信号很容易被监听到，这样会造成通信内容被泄露。

9.8.4　安全

无线的安全性必须要慎重考虑，中国推出的无线局域网鉴别和保密基础结构(WAPI)无线网络标准也主要是针对无线局域网的安全性而提出的。具体说来，无线局域网目前所使用的安全机制主要有以下一些。

（1）服务集标示符（Service Set Identifier，SSID）是用于识别无线设备的服务配置标示符，相当于无线接入点（Access Point，AP）的名称。它可以提供最低级别的访问控制功能，用户在连接不提供服务集标示符广播功能的无线路由器时，必须要知晓该无线路由器服务集标示符，否则就无法连接。

（2）有线等效保密（Wired Equivalent Privacy，WEP）协议是无线网络上信息加密的一种标准方法。它一方面用于防止没有正确的有线等效保密密钥的非法用户接入网络，另一方面只允许具有正确的有线等效保密密钥的用户对数据进行加密和解密。

（3）无线保护接入（Wi-Fi Protected Access，WPA）是有线等效保密协议的替代方案，它是由 IEEE 802.11i 安全规范派生而来，并与其兼容。它可以保护 IEEE 802.11 的所有版本，而且其安全性比目前广泛采用的有线等效保密技术更好。

9.8.5　认识 OpenWrt 无线接口

（1）无线接口操作工具（iwconfig）。

```
ath0    IEEE 802.11ac  ESSID:"WIRELESS_0001"
        Mode:Master  Frequency:5.745 GHz  Access Point: 18:9D:54:10:10:04
        Bit Rate:1.3 Gb/s   Tx-Power=23 dBm
```

```
        RTS thr:off   Fragment thr:off
        Encryption key:off
        Power Management:off
        Link Quality=0/94  Signal level=-95 dBm  Noise level=-95 dBm
        Rx invalid nwid:107 Rx invalid crypt:0 Rx invalid frag:0
        Tx excessive retries:0  Invalid misc:0   Missed beacon:0

ath1    IEEE 802.11ng  ESSID:" WIRELESS_0002"
        Mode:Master  Frequency:2.412 GHz  Access Point: 18:9D:54:10:10:01
        Bit Rate:216.7 Mb/s   Tx-Power=20 dBm
        RTS thr:off   Fragment thr:off
        Encryption key:off
        Power Management:off
        Link Quality=94/94  Signal level=-96 dBm  Noise level=-95 dBm
        Rx invalid nwid:1071  Rx invalid crypt:0  Rx invalid frag:0
        Tx excessive retries:0  Invalid misc:0   Missed beacon:0
```

（2）无线接口分析。

两个无线接口：ath0 和 ath1

IEEE 802.11ac：使用的 MAC 层协议，802.11ng 为 2.4G，802.11ac 为 5G
ESSID：接口广播的 SSID 名称
Mode：工作模式，Master\mixed
Frequency：无线接口工作的频率
Access Point：无线接口的 MAC 地址
Bit Rate：比特率，单位为 Mbit/s
Tx-Power：发射功率
RTS thr：用来解决数据冲突的 RTS 阀值
Fragment thr：数据帧分片阀值
Encryption key：无线密码
Power Management：电源管理开关
Link Quality/Signal level/Noise level：链路质量、信号级别、噪声级别

9.8.6　OpenWrt 无线配置

（1）配置文件名称：**/etc/config/wireless**。

（2）配置文件内容如下所示。

```
config wifi-device 'wifi0'
     option macaddr '18:9D:54:10:10:01'
     option txpower '20'
     option country 'CN'
     option hwmode '11g'
     option channel 'auto'
config wifi-iface
     option device 'wifi0'
     option network 'lan'
     option mode 'ap'
     option ssid 'WIRELESS_0002'
     option key '11111111'
     option encryption 'psk2'
config wifi-device 'wifi1'
     option macaddr '18:9D:54:10:10:04'
     option hwmode '11ac'
     option txpower '21'
     option country 'CN'
     option htmode 'HT20'
     option channel '149'
config wifi-iface
     option device 'wifi1'
     option network 'lan'
     option mode 'ap'
     option ssid 'WIRELESS_0001'
     option encryption 'none+'
```

（3）配置文件分析。见表9-4。

表 9-4　无线网络参数解析

名　称	类　型	含　义
wifi-device	字符串	无线网络物理设备名称
macaddr	字符串	无线网络物理设备的 MAC 地址
txpower	字符串	设备发射功率，和 iwconfig 看到的接口发射功率对应
country	字符串	国家编码
hwmode	字符串	设备工作模式，11g 代表 2.4G，11ac 代表 5G，和 iwconfig 看到的接口工作模式对应
channel	字符串	设备工作信道，自动或者 1-14 (2.4G)
device	字符串	三层接口和物理接口绑定设置
network	字符串	网络层工作方式，例如："lan"
mode	字符串	接口工作模式，例如："station" "ap"
ssid	字符串	无线网络标识符
key	字符串	无线网络密码
encryption	字符串	无线加密方式，例如："psk2" "wpa-psk"

（4）配置设置。OpenWrt 配置使用系统 UCI 工具进行设置。

例如，设置无线信道时：

```
uci set wireless.wifi0.channel='auto'
```
将无线配置写入配置文件：
```
uci commit
```

9.9　参考资料

- CPE 广域网管理协议（ https://www.broadband-forum.org/technical/download/TR-069.pdf ）。

- TR-069 Device:2.6 根对象定义（ https://www.broadband-forum.org/cwmp/tr-181-2-10-0.html [2016-03-20] ）。

- TR069 在家庭网络中的应用. 唐珂，王民。

- rfc2475 区分服务模型架构. 1998。

- PPP 挑战握手认证协议（CHAP）（http://www.ietf.org/rfc/rfc1994.txt）。

- Linux 高级路由和流量控制（http://lartc.org/）。

- 思科网络技术学院教程（第三版）[M]. 北京：人民邮电出版社。

第 **10** 章
IP 路由

路由就是把报文从源主机传输到目标主机的过程，报文根据路由表来进行路由。本章首先对路由进行分类，接着讲述了根据目的地址路由，为了更灵活的路由报文而产生了根据源地址的策略路由，最后讲述了 D 类 IP 地址的组播路由。

10.1 路由分类

智能路由器上最重要的功能是 IP 路由。IP 报文根据路由表进行路由决策，路由表中的路由项又有各种不同的分类，按目的地址类型不同可划分为单播路由和组播路由。单播路由表中保存了各种路由协议发现的路由。根据路由表项的来源来划分，通常分为以下 3 类。

（1）接口路由。也称为直连路由，当设置接口 IP 地址和掩码时会自动增加的路由，是报文通往该接口 IP 地址所在网络的路由。

（2）静态路由。网络管理员手工配置的路由。当网络结构比较简单时，只需配置静态路由就可以工作，适用于拓扑结构简单并且稳定的小型网络。静态路由不能自动适应网络拓扑结构的变化，当网络发生故障或者拓扑发生变化后，必须再次由网络管理员手工修改配置。

（3）动态路由。动态路由协议发现并设置路由，常见的动态路由协议有 RIP、OSPF 和 IS-IS 等。路由表会根据链路状态或网络拓扑结构变化进行动态生成和删除。常见的动态路由软件有 Zebra 和 Quagga 等。在智能路由器领域一般只有唯一的互联网出口，因此不会用到动态路由。

根据路由目的地址的不同，路由可划分为以下两类。

（1）网络路由。目的地为网络地址，子网掩码长度小于 32 位

（2）主机路由。目的地为主机地址，子网掩码长度为 32 位，通常主机路由的优先级更高。

按路由决策的方式不同，路由可划分为以下两类。

（1）策略路由。也称为源地址路由，根据 IP 报文源地址、端口、报文长度、优先级等内容灵活地进行路由选择。

（2）普通的目的地址路由。仅根据报文目的地址来选择出接口或者下一跳地址。

另外，根据目的地与该路由器是否直接相连，路由又可划分为以下两类。

（1）直接路由。目的地所在网络与路由器直接相连。

（2）间接路由。目的地所在网络与路由器非直接相连。

还有一个概念是缺省路由，也称默认路由，是指在路由器中没有找到精确匹配路由表项后所使用的路由。如果报文的目的地址在路由表中没有找到匹配的路由，而且还没有默认路由，那么该报文将被丢弃并向报文的源地址发送一个网络地址不可达的 ICMP 差错报文。智能路由器的默认路由通常是通过 DHCP 或 PPPoE 自动获取下一跳地址后，动态生成并写入到路由表中的。

10.2　单播路由

报文的目标地址为 A、B、C 类地址的路由表项为单播路由。目标 IP 地址是告诉报文目的的主机地址在哪里，而路由是告诉报文如何到达目的地址。网络上的每个路由器独立进行决策，将报文转发到离目的地址更近的路由器上，就这样一步一步地路由到目标主机上。

10.2.1　路由表管理

首先我们来看一下 OpenWrt 机器的路由表，示例 10-1 执行"route –n"命令来列出路

由表项，-n 选项表示列出数字地址形式，而不是主机名或者域名。route 命令是用于管理和维护操作系统内核的路由表，主要用于设置到特定主机或网络的静态路由。可以增加、删除及查看路由表等。

示例 10-1：

```
root@zhang:~$ route -n
Kernel IP routing table
Destination     Gateway        Genmask        Flags Metric  Ref    Use  Iface
0.0.0.0         10.0.2.2       0.0.0.0        UG    0       0      0    eth0
10.0.2.0        0.0.0.0        255.255.255.0  U     0       0      0    eth0
192.168.56.0    0.0.0.0        255.255.255.0  U     0       0      0    eth1
```

第一行是一个默认路由，这表明如果没有精确匹配路由，就会将 IP 报文发送到 IP 地址 10.0.2.2 上。UG 表示一个启用的网关地址。eth0 表示出接口地址。

第二行是一个接口路由，表示该接口 eth0 和 10.0.2.0/24 网络相连。这在接口配置 IP 和掩码时会默认自动设置上。如果不设置掩码则默认 A 类地址为 8 位掩码，B 类地址为 16 位掩码，C 类地址为 24 位掩码。

第三行也是一个接口路由，为局域网接口的路由项，表示局域网为 192.168.56.0 网段。eth1 表示通过该网卡和局域网网络相连接。路由各个字段含义如表 10-1 所示。

表 10-1　路由表含义

字　　段	含　　义
Destination	目的网络/主机的 IP 地址
Gateway	网关地址，即路由的下一跳地址，如果全为零表示没有网关地址
Genmask	网络掩码，以 IP 地址形式表示，255.255.255.0 表示 24 位掩码
Flags	路由表项标识
Metric	路由优先级
Ref	该路由表项的引用数
Iface	转发报文出接口名称，即符合这条路由的报文将从此接口转发出去

对于给定的路由表项的路由标识通常有以下几种。

● U：路由表项可以使用。

- H：路由表项的目标地址是主机地址，即掩码为 32 位。

- G：路由表项下一跳为网关。

- R：动态路由算法生成的。

- D：该路由通过重定向或者守护进程动态安装的。

- M：该路由被路由守护进程或重定向报文修改。

- A：该路由被 addrconf 安装。

- C：缓存（cache entry）。

- !：拒绝路由（reject route）。匹配这一条报文将丢弃。

每当增加一个接口 IP 时将自动创建一个直连的接口路由。对于通过 DHCP 获得的 IP 地址，除了设置直连路由外还可能会设置网关的默认路由。使用 ip 命令和 route 命令均可对路由表进行管理，默认路由通过以下两个命令均进行设置。

```
#>ip route add default via <gw ip> dev eth0
#>route add default gw <gw ip> dev eth0
```

这两个命令行为完全相同，只是 ip 命令使用 Netlink 接口设置到内核中，route 命令通过传统的 ioctl 接口设置到内核中。Linux 内核已经不建议使用 ioctl 接口。

针对目的 IP，如何来选择路由表项？路由表中的信息包含了 IP 层的决策。采用最长匹配算法来匹配，如果有多个匹配则会随机选择一个作为路由。我们可以使用"ip route get"命令来查看匹配的路由。

```
root@zhang:~$ip route get 8.8.8.8
8.8.8.8 via 10.0.2.2 dev eth0 src 10.0.2.15
    cache
```

为了系统的稳定性，操作系统将路由功能划分为两部分。

（1）管理平面，也称为控制平面。是指用于路由学习，生成路由表的部分。Linux 用户空间的程序就属于管理平面。

（2）转发平面，也称数据平面（Data Plane）。转发平面是指系统中进行数据报文的接收、查找路由表、根据路由表进行决策等的部分。转发平面在 Linux 内核中。

路由器可以实现转发面和管理平面的相互独立。为了做到控制平面和转发平面的分离，Linux 内核构建了一张转发表，专门用于指导数据报文的转发。用户空间的应用层软件形成控制平面的路由表，可能会有多种可选的路由规则，但路由软件系统会计算出一条最佳的路径然后写入内核中。两者之间通过接口（Netlink）来实现相互操作。在小型智能路由器上网络比较单一，路由表项不用动态生成，只有固定的路由表。因此一般不会使用 quagga 路由软件生成的控制平面的路由表，只有静态路由。在小型智能路由器上可以认为两者完全相同。数据平面保存的路由表，也称为路由转发表（Forwarding Information Base，FIB），用来指导 IP 报文的转发，转发算法如下。

（1）组织和存储选出的路由表项。

（2）按照 LPM（最长掩码匹配）算法提供路由检索接口。

报文的转发过程为：首先网卡接口上接收报文，并查看报文的目的地址；然后根据目的地址来查询转发表；最后按查询到的路径把分组报文转发出去。

在增加静态路由时需注意：在 Windows 下增加静态路由，必须设置有下一跳地址；在 Linux 下增加静态路由时，可以仅设置出接口而不设置下一跳地址。

如果增加静态路由时仅设置出接口而不设置下一跳地址，在一些没有开启 ARP 代理的设备上将会遇到不能连通网络的问题。因为使用出接口地址时，Linux 会认为目标地址网络是直连可达的网络，将直接发出 ARP 请求来查询目标 IP 地址的 MAC 地址，如果路由器没有启动 ARP 代理，就不会发出 ARP 响应消息，这时 Linux 就会因为找不到目标 MAC 地址而转发失败。

如果直接指定网关地址，那 ARP 请求就直接请求网关地址的 MAC 地址，然后进行报文转发。

10.2.2　静态路由配置

使用命令行对路由表进行设置时，在重启之后配置均需重新设置。OpenWrt 的静态路由配置在配置文件 /etc/config/network 的 route 配置节中，在启动过程中 netifd 模块会读取该配置文件并进行设置。可选的配置选项见表 10-2。

表 10-2　静态路由配置含义

选　项	类　型	含　义
interface	字符串	三层网络接口名称，例如为"wan"
target	字符串	目的主机 IP 或目的网络地址
netmask	字符串	如果 target 为网络地址，在这里需要填写网络掩码，例如为 255.255.255.0
gateway	字符串	网关地址，即 IP 报文的下一跳地址
metric	整型数字	路由的优先级
mtu	整型数字	该路由的 IP 报文最大传输单元
table	整型数字	路由表，默认为 main 表，通常不用设置，如果开启策略路由则需要设置

例如局域网还有一个 192.168.9.0/24 网络，那么我们将增加示例 10-2 所示的配置，就可以通过网关地址 192.168.6.10 到达 192.168.9.0/24 网络。

示例 10-2：

```
config route
        option interface 'lan'
        option target  '192.168.9.0
        option network '255.255.255.0
        option gateway '192.168.6.10'
```

进行重启后，使用 route -n 命令来查看，路由表增加了以下内容：

```
192.168.9.0  192.168.6.10  255.255.255.0  UG  0  0  0  br-lan
```

10.3　策略路由

10.3.1　概述

策略路由提供了一种比基于目的地址进行路由转发更为灵活的数据包路由转发机制。策略路由可以根据 IP 报文源地址、目的地址、传输端口、报文长度和优先级等内容灵活地进行路由选择。

现有用户网络，常常会出现使用到多个 Internet 服务提供商（Internet Server Provider，ISP）资源的情形，不同 ISP 申请到的带宽大小不同；同时，由于在企业用户环境中需要对重点用户资源保证等目的，对这部分用户不能够再依据普通路由表进行转发，需要有选择地进行数据报文的转发控制，因此策略路由技术即能够保证 ISP 资源的充分利用，又能够很好地满足这种灵活多样的应用。

策略路由处理的优先级高于普通路由，因此在接口收到报文后进行处理时，在策略路由处理完成之后，再进行普通路由决策，转发出的报文将不再进入策略路由处理。在系统设置策略路由后，将对该系统接收到的所有报文进行检查，不符合任何策略路由的数据报文将按照普通的路由转发进行处理，符合路由中某个策略的数据包就按照该策略中定义的路由表进行报文转发。

策略路由通常由两部分组成：匹配策略表和自定义路由表。匹配策略表是由很多条策略组成的，每条匹配策略都有对应的序号，序号越小，该条策略的优先级越高。在策略路由转发过程，报文依策略优先级从高到底依次匹配，只要匹配前面的策略，就执行该策略对应的动作或进入相应的策略路由表，然后退出策略路由的执行。自定义路由表和普通的路由表完全相同，只是其带有特殊的路由表编号，通常使用 1~252 之间的数字来编号。

10.3.2　配置策略路由

（1）路由表的管理。在单播路由中，我们通常使用 route 命令来对路由表进行管理，这个命令是主路由表（main）进行操作和管理的。其实 Linux 系统默认有 3 个路由表，分别为：

- 本地路由表（local），路由表编号 255。本地路由表负责本机 IP 地址和广播地址的路由，内核将自动维护这个路由表，如果没有该路由表则任何网络都不能访问。

- 主路由表（main），路由表编号 254。通常的单播路由均保存在主路由表中。

- 默认路由表（default），路由表编号 253。默认路由表通常没有任何路由表项。

Linux 系统可以处理 $1 \sim 2^{31}$ 个路由表，路由表名称和编号之间的对应关系由/etc/iproute2/rt_tables 来指定。默认情况下所有的路由均插入到主路由表中，除了内置的 3

个路由表外，其他的路由表来源于策略路由。可以使用"ip route"命令来管理多个自定义的路由表，使用"table"关键字来指定路由表编号，如果没有指定则将加入到主路由表中。用于管理路由表的命令通常有以下 4 种。

- ip route add：增加路由。通常有以下几个参数。

PREFIX（default）：路由的目的前缀，是一个 IP 地址后跟一个斜线和掩码长度。如果没有掩码，则就是一个主机路由。如果为"default"则为默认路由，表示 IP 地址 0/0，即匹配所有的目标 IP 地址。

table TABLEID：这条路由所在的表，TABLEID 可以是数字或者是配置文件 /etc/iproute2/rt_tables 的字符串。如果这个参数忽略，那将加入到主路由表中。

dev NAME：报文输出的网卡设备名称。

via ADDRESS：报文的网关地址，即下一跳地址。

src ADDRESS：发送这个路由报文所使用的源地址。

- ip route del：删除路由。删除命令和增加路由命令的参数相同，如果指定的路由没找到，则删除失败。
- ip route list：列出路由表的内容，经常指定路由表名称或编号来查看。
- ip route get：这个命令用于传递一个 IP 地址，并列出该目标地址的内核路由，这个路由就是内核实际转发该目标地址报文的路由。

（2）策略表管理。Linux 系统匹配策略表的缺省配置如示例 10-3 所示，即有 3 条默认的匹配规则，匹配所有的报文依次进入系统的 3 个默认路由表中进行处理。如果使用策略路由，通常会新增自定义匹配规则。

示例 10-3：

```
root@zhang:/> ip rule
0:      from all lookup local
32766:  from all lookup main
32767:  from all lookup default
```

匹配策略表默认有 3 条规则，编号越小，优先级越高。

标号 0 的匹配规则是优先级最高的规则，所有的报文都要进入本地路由表（local）中进行处理，如果删除，则不能访问任何网络。这个本地表负责本机 IP 地址和广播地址的路由。

标号 32766，匹配所有的报文，使用主表（main）进行路由。这个主表就是普通的单播路由表。

标号 32767，匹配所有的报文，使用默认表（default）进行路由。通常这个默认表都是空的。

通常系统中默认匹配策略表不要进行修改。报文按照编号由低到高依次匹配规则，匹配规则后就执行相应的动作。这里首先匹配编号 0 的规则，然后在本地路由表中进行路由查找，如果报文的目标地址是本机 IP 或者是广播地址，则会在本地路由表中查找到路由，然后进行路由转发。如果找不到路由则跳出这个本地路由表匹配下一条策略规则。这里是标号 32766，将会跳入到主路由表中进行路由查找。主路由表中通常如示例 10-1 所示，找到一条路由，然后就结束路由过程。如果还没有找到路由，则匹配标号 32767 的规则，进入默认路由表中进行路由查找。

每条策略是由一个或者多个匹配条件组成的。匹配语句定义了 IP 报文的匹配规则和对符合匹配规则的 IP 报文的处理动作。策略路由提供了很多种类型的匹配规则，分别是 from、to、tos、fwmark、iif 和 oif。对于同一条策略，可以配置多个匹配规则。如果在同一条策略中包含多个匹配规则，那么只有同时满足全部匹配规则的 IP 报文才会执行该策略中指定的动作。

匹配策略表通常使用"ip rule"命令来进行管理。命令格式如下：

```
ip rule [ list | add | del | flush ] SELECTOR ACTION
```

SELECTOR 就是选择匹配规则，可以根据报文的以下几个部分进行匹配。

from：根据源地址进行匹配。

to：根据目的地址进行匹配。

iif：选择报文的源设备接口去匹配，如果接口是回环接口，则规则仅匹配本机产生的报文。这意味着你可以创建单独的路由表去处理转发报文和本机产生报文，以此来完全分隔它们。

oif：选择报文发出设备去匹配。发出接口仅仅针对本机产生的报文，这些报文通过绑定本地 socket 来发送数据。

tos：报文的服务类型。

fwmark：选择防火墙值 fwmark 去匹配。这个值通常由 iptables 来设置。

策略路由提供了 4 种类型的动作语句（ACTION），常用的有两类。第一类用于匹配之后结束策略路由跳转到对应的路由表，通过 table 关键字来指定。第二类用于控制 IP 消亡，包括 prohibit、reject 和 unreachable。

策略路由通常由以下三步来实现，首先需要定义一个路由表，这个表用于指定报文转发到目的地址的路由。路由表是一组路由规则组成的，路由表名称默认在/etc/iproute2/rt_table 中定义。

其次，在自定义的路由表中增加匹配后的路由规则，这和普通静态路由相同，由用户或程序来添加。

最后，使用 ip rule 语句控制报文匹配行为。报文匹配控制是通过在策略表中定义一组 ip rule 语句而实现的；依序使用每一个规则语句进行报文匹配，匹配后进入相应的路由表；每一个语句都会独立决策，通常不会引用前面或者后面的语句。如果不匹配任何策略，则按普通路由转发。

在 OpenWrt 15.05 中已经支持 UCI 方式进行自定义路由表的配置，在/etc/config/network 中进行配置，但还不支持策略路由配置。

10.3.3 典型配置举例

假设某公司有两个带宽接入网络，但是外出的带宽还是经常不够用，那么我们就需要保证 VIP 人士的带宽，这时我们就可以采用策略路由来实现。将 VIP 计算机的 IP 地址加入到策略路由中，专走质量稳定并且带宽较大的 B 路由，其他人员走默认路由 A 路由。

网络拓扑如图 10-1 所示，有两条不同的路径接入网络。假设我们接入互联网有固定的静态 IP 地址：第一个为 10.0.2.15，经过网关地址 10.0.2.2 接入互联网，物理接口为 eth0；第二个接入网络的固定静态 IP 地址为 172.16.100.2，经过网关 172.16.100.1 接入互联网，物理接口为 eth1。

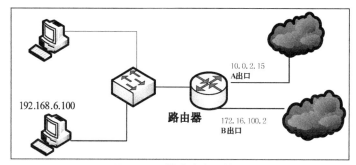

图 10-1　策略路由环境图

现在我们设置 VIP 主机选择 172 网段路由接入互联网。其他主机通过 10 网段路由接入互联网。我们使用 ip 命令在路由器中创建两条路径，分别路由来自不同 IP 地址的数据包。在 Linux 中策略路由优先选择，因此我们将 VIP 主机进行策略路由，其他主机通过默认路由来实现。

（1）创建策略路由表。在 rt_table 里面建立新的路由表 VIP 表，编号为 200。这步不是必须的，但为了明确区分路由表而设置，后面使用 VIP 和 200 的含义相同。

```
#>echo "200 vip" >> /etc/iproute2/rt_tables
```

（2）将 B 出口的路由加入到自定义路由表 VIP 中。

```
#>ip route add default via 172.16.100.1 table vip
#>ip route add 172.16.100.0/24 dev eth1 table vip
```

（3）配置 VIP 的源 IP 地址到 VIP 路由表中查找。

```
#>ip rule add from 192.168.6.100/32 table vip
```

这时 VIP 主机已经可以通过专用通道访问网络了。我们使用 ping 命令来验证网络是否连通。但普通主机因为没有默认路由还不能访问网络，我们创建路由如下：

```
#>ip route add default dev eth0 via 10.0.2.2
```

注意以下几种情况。

- 在使用 ping 来进行验证时，如果提示端口不可达（Destination Port Unreachable），一般是因为防火墙禁止转发导致，可以关闭防火墙再进行验证。

- 如果提示主机不可达（Destination Host Unreachable），则通常为路由规则配置不正确，或者目标主机确实不存在导致。

- 如果没有任何提示，则报文可能已经到达目的主机，只是目的主机的响应报文因为没有路由规则而没有发送成功。

10.4 组播路由

10.4.1 组播原理

为了让网络中的多个客户端可以同时接收到相同的报文，例如互联网直播电视，如果采用单播的方式，那么服务器必须同时产生很多份相同的报文来进行发送，并且路由器也需要转发多份完全相同的报文，这增加了服务器主机和路由器的负担。组播路由在这种情况下应运而生。采用组播的方式，源主机只需要发送一份报文到组播地址，加上路由器的组播路由支持，就可以到达每个需要接收的主机上。路由器根据组播路由协议来对组成员和组关系进行维护和生成组播路由。

组播的优势是不论网络中的用户数量有多少，服务器仅发出一个数据流，由网络中的路由器或交换机同时转发多个组播流到每个用户，每个链路仅有一份流量的带宽。可见 IP 组播能够有效地针对这种直播场景节省网络带宽和资源，管理网络的增容和控制开销，大大减轻发送服务器的负荷，达到发送信息的高效。在单播环境里，如果有 100 个用户，视频服务器依次传输 100 个信息流到网络中的用户，假设信息流为 1M 带宽，则一共需要 100M 的带宽。服务器网络带宽是一个巨大的瓶颈。而在组播环境下仅占用 1M 带宽。

组播数据在传输层封装为 UDP 报文进行传输。在 IP 层，组播把 224.0.0.0 ～ 239. 255.255.255 的 D 类地址作为组播目的地址，还有更为具体的分类（见表 10-3）。任何一台主机均可以发出目的地址是 D 类地址的报文。在网络中，如果有其他主机对于某组播组感兴趣，可以申请加入这个组，并设置为接收这个组的报文，而其他不是这个组的成员是无法接收到这个组播组的报文的。

为了使主机能收到组播报文，接口需要在组播地址进行监听，因此主机需要指定组播的 MAC 地址，在 IP 地址到链路地址转换过程中，组播使用专用的 MAC 地址范围，MAC 组播地址是由 IP 组播地址转换过来的。组播 MAC 地址开始六字节是 01-00-5E，例如组播地址为 236.0.0.1，转换为二进制取最右边 23 位，即组播地址为 01-00-5E-00-00-01。

IP 组播地址使用 28 位来表示，而以太网组播地址使用 23 位地址，因此 32 个 IP 组播地址映射到同一个 MAC 地址。组播 MAC 地址范围如下：

```
01-00-5E-00-00-00  01-00-5E-7F-FF-FF
```

实现组播的关键在于路由器支持组播路由，因此需要创建组播路由并按照组播路由表对组播报文进行路由。组播路由表的创建，可以有 3 种方式。

（1）静态组播路由。

（2）PIM 协议

（3）IGMP 代理。

PIM 和 IGMP 代理实现了对组员和组之间关系的维护机制，可以明确知道在网络是否有主机对这类组播报文感兴趣，如果没有就不会把报文进行转发，并会通知上游路由器不要再转发这类报文到下游路由器上。静态组播路由需要进行手动设置，不会进行动态维护，只能由管理员设置。

如果所有接口均转发组播路由，那将大大增加网络的负担，因为有些网络没有客户端用户。因此仅有组播路由表项的报文才能转发。组播路由表和普通单播路由表完全不同，是根据源接口、源 IP、目的地址及目的接口共同决定的。源接口是上游接口。

和单播路由一样，每当路由器转发组播数据报文时，IP 包中的 TTL 值都会减 1。若数据报文的 TTL 减少到 0，则路由器将抛弃该数据报文。这样可以在源主机发出组播报文时设置为较少的值来对组播范围加以控制，例如公司内部局域网内，可以设置组播报文 TTL 为 4，这样组播报文最多跨越 3 台路由器。

常见永久组播地址及含义见表 10-3。

表 10-3　常见永久组播地址及含义

组 播 地 址	含　义
224.0.0.0～224.0.0.255	本地网络控制组播组地址。其 TTL 值应当为 1，但路由器不论 TTL 值为多少，都不应当转发这些组播报文
239.0.0.0～239.255.255.255	管理用途的组播地址。这些地址被分配给每一个组织内部使用，组织内的路由器不能将这些地址的组播报文转发到组织外部。不向在组织外的地址提供路由。参见 RFC2365

续表

组 播 地 址	含 义
224.0.0.1	所有主机（包括路由器）均在该地址监听
224.0.0.2	所有的路由器均在该地址监听
239.255.255.250	UPNP 组播地址

10.4.2　IGMP 原理

互联网组管理协议（IGMP）是一个由主机和路由器之间使用的 IPv4 相邻网络建立组播，并维护组成员关系的通信协议。IGMP 是 IP 组播的一个组成部分。IGMP 可用于一对多的网络应用如直播视频，并允许更高效地利用网络资源，支持这些类型的应用程序。IGMP 用于 IPv4 组播。它是 TCP/IP 协议族中负责 IP 组播成员管理的协议，用来在主机和与其直接相邻的路由器之间建立和维护组播组成员关系。

IGMP 协议和 ICMP 协议一样运行在网络层。主机发送请求加入本地路由器所管理的组播组中，而路由器监听这些请求，并定期发送订阅查询。如表 10-4 所示，通常有 4 种类型的报文，即组播查询消息报文、离开组播组消息报文、组成员查询消息报文和组成员报告消息报文。

表 10-4　常见 IGMP 组播消息含义

消 息 类 型	目 的 地 址	含 义
组播查询消息	224.0.0.1	所有主机均在该地址监听，组播路由器向该地址发出查询，是否还有组播客户端
离开组播组消息	224.0.0.2	所有的路由器均在该地址监听。主机发出的目的地址为 224.0.0.2 报文，告诉路由器主机离开了组播组
组成员查询消息	正在查询的组播地址	向组播地址查询是否有组播成员，如果没有组播成员将删除组播路由
组成员报告消息	要加入或已加入的组播地址	报告组播组里还有组播成员存在

10.4.3　IGMP 代理

在家庭网的树状网络拓扑中，路由设备上并不需要运行复杂的组播路由协议（如 PIM），可以通过在这些设备上配置 IGMP Proxying（IGMP 代理）功能，使其代理下游主机来发送 IGMP 报文及维护组成员关系，并基于该关系再次加入上级组播组。在上游设备来看，配置了 IGMP 代理功能的设备不再是一个路由设备，而仅是一台主机。

IGMP 代理将会主导组播组的创建工作。当有一个用户 IGMP 请求接收上来时，IGMP 代理首先会检查本地的组播组，如果在本地这个组播组已经存在，那么就把该用户 IP 地址加入到这个组播组的成员列表中，而不需要向上行路由器发送加入消息。如果在本地没有找到相应的组播组，那么 IGMP 代理就会向上级的路由器发送加入消息，并在本地创建组播组并设置组播路由。在组播成员退出的时候，IGMP 代理首先检查该组播组中是否还有其他的组播成员存在，如果还有其他成员那就只是把组播组中申请退出的成员删除；如果是最后一个成员退出它就会通知上级的路由器，并在本地销毁组播组及删除组播路由。创建的组播路由通过 ip mroute 命令来查看。

```
#>ip mroute
(10.0.1.1,236.0.0.1)  Iif: eth0  Oifs: br-lan
```

组播路由由 4 部分组成。源地址是报文的发起者，目标地址为组播地址，是目的主机所要接收的组播报文地址。Iif 为报文进入接口，只有从该接口进入的报文才会被转发。Oifs 为报文转发出口地址，组播报文从这里转发给目标主机。

IGMP 代理中定义了以下两种接口类型。

（1）上行接口。又称代理接口，指 IGMP 代理设备上运行 IGMP 代理功能的接口，即朝向组播分发树树根方向的接口。该接口在上行路由器来看是执行 IGMP 协议的主机行为。

（2）下行接口。指 IGMP 代理设备上除上行接口外其他运行 IGMP 协议的接口，即背向组播分发树树根方向的接口。该接口在家庭网内主机来看是执行 IGMP 协议的路由器行为。

IGMP 代理设备上维护着一个组成员关系的数据表，所有下行接口维护的组成员关系记录都存到这个数据表中。上行接口正是依据这个数据表来执行主机行为的，当收到查询报文时根据当前数据表生成状态响应报告报文，或者当数据表变化时主动发送报告或离开报文。而下行接口则执行路由器行为——发送查询报文并根据报告报文维护组成员关系等。

OpenWrt 采用 igmpproxy 软件来支持组播路由。igmpproxy 是一个组播路由守护进程，使用 IGMP 消息来生成动态组播路由表。路由器定义一个上行（upstream）接口，守护进程作为组播客户端；定义一个或多个下行（downstream）接口，服务于目的网络的客户端。igmpproxy 仅使用了 IGMP 信令，因此适用于组播流量仅从一个邻居网络而来，不适合多级扩展。当前仅有 IGMPv2 支持。

OpenWrt 也支持静态组播路由，在 smcroute 软件包中，但其限制较多，因此不再介绍。

- 下行端口（家庭网内部）完全执行路由器的角色。

- 上行端口执行主机的角色，当用户加入时，发送成员加入报文。成员全部离开时发送离开报文。

10.4.4 IGMP Proxy 管理

IGMP Proxy 提供配置文件为其管理接口。配置文件保存在/etc/config 目录下，文件名为 igmpproxy，示例 10-4 所示为一个实际配置文件。quickleave 打开快速离开模式，在这个模式下代理守护进程一旦收到任何下行接口的离开消息，将立即向上行接口发送离开消息。这个选项在仅有一个客户端时使用。

phyint 用来配置接口，必须设置的选项有接口名称和流量传输方向，仅支持一个上行网络接口，支持一个或多个下行网络接口。altnet 用来定义可以通过的组播源地址。网络地址是 "a.b.c.d/n" 的数据格式。默认情况下路由器可以从任何网络地址接收组播数据。如果组播源位于因特网的网络上，这个可以定义哪里的流量将被接收。如果不在其地址范围内将不会转发。这对上行接口尤其有用，可以使用它来限制仅指定源地址的组播流量允许通过。

示例 10-4:

```
config igmpproxy
        option quickleave 1
config phyint
        option network wan
        option direction upstream
        list altnet 0.0.0.0/0
config phyint
        option network lan
        option direction downstream
```

IGMP 代理还支持网络接口的速率限制。如果速率限制设置为 0，将没有速率限制。这个设置可选。threshold ttl 定义了网络接口的 TTL 阈值。如果报文的 TTL 小于设置值将被忽略。这个设置是可选的，默认设置为 1。在 UCI 配置到 igmpproxy 进程的配置转换过程中，这两个参数设置为默认值。

源代码位于 package/igmpproxy 下。通过命令 opkg install igmpproxy 来安装。

当 IGMP 代理打开时，两个 iptables 规则将增加到防火墙中并打开转发组播流量。IGMP 代理使用的配置文件位于 var/tmp/igmpproxy.conf，在启动时由 UCI 配置转换而来。

10.4.5　验证及调试

首先我们需要组织一个组播工作环境，最小环境需要一台组播服务器和一台组播客户端及 OpenWrt 路由器本身 3 个机器，如果用虚拟机则节省了硬件资源。组播服务器地址为 10.0.1.1，运行 DHCP 服务器，OpenWrt 的广域网接口启动 DHCP 并自动获取 IP 地址。局域网接口设置地址为 192.168.1.1，并且为局域网分配 IP 地址。PC 自动获取路由器分配的 IP 地址。部署图如图 10-2 所示。

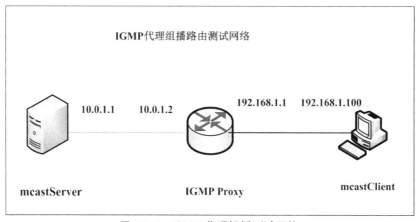

图 10-2　IGMP 代理组播测试网络

在网络环境配置成功后，依次启动组播服务器、组播代理软件及组播客户端。这时在组播客户端就会收到组播服务器的报文。如果没有收到报文，首先检查防火墙策略是否限制了组播转发，可以直接关闭防火墙进行测试。另外 igmpproxy 支持调试，使用下面选项进行调试。

- **-d**：运行在调试模式，输出所有消息在标准出错中（stderr）。

- **-v**：输出大量信息，给出两个 v 将可以看到调试信息。

- **-c**：指定配置文件。

如果防火墙的默认策略为拒绝转发时，这时使用组播功能就需要关闭防火墙，或者允许 IGMP 从 wan 接口接收并且允许转发组播流量到 lan 接口，防火墙设置配置如示例 10-5 所示。

示例 10-5：

```
config rule
        option src      wan
        option proto    igmp
        option target   ACCEPT
config rule
        option src      wan
        option proto    udp
        option dest     lan
        option dest_ip  224.0.0.0/4
        option target   ACCEPT
        option family   ipv4
```

10.5 名词解释

- **IGMP**：是一个由主机和路由器之间使用的相邻 IPv4 网络建立组播，并维护组成员关系的通信协议。

- **策略路由**：策略路由提供了一种比基于目的地址进行路由转发更为灵活的数据包路由转发机制。它可以根据 IP 报文源地址、目的地址、传输端口、报文长度和优先级等内容灵活地进行路由选择。

10.6　参考资料

- Linux 高级路由（http://lartc.org/）。

- IPv4 路由规范（http://www.ietf.org/rfc/rfc1812.txt）。

- https://en.wikipedia.org/wiki/Internet_Group_Management_Protocol）。

- 因特网组管理协议（第二版）（https://tools.ietf.org/html/rfc2236）。

- 注册的 IPv4 组播地址（http://www.iana.org/assignments/multicast-addresses/multicast-addresses.xhtml）。

第11章
DNS 与 DHCP

域名系统（Domain Name System，DNS）是因特网的一项基础服务。它作为将域名和 IP 地址相互映射的一个分布式数据库，能够使人通过域名来更方便地访问互联网中的主机。动态主机配置协议（Dynamic Host Configuration Protocol，DHCP）是局域网的基础服务，DHCP 是一种动态地向网络终端主机提供配置参数的协议，能够简化网络的管理。

本章首先讲述了 DNS 的由来以及 DNS 基础知识；接着讲述了 DHCP 基础知识，并介绍了实现 DNS 代理和 DHCP 服务器的 dnsmasq 软件；最后讲述了动态域名更新系统和 DNS 测试工具的使用。

11.1 主机系统

在主流的操作系统上，均有一个 hosts 的配置文件，这个配置文件的主要作用是定义 IP 地址和主机名的映射关系，这个配置可以使用文本编辑器打开并进行编辑。在微软视窗操作系统的位置为 C:\Windows\System32\Drivers\etc\hosts，当用户在浏览器中输入所想访问的网址时，系统首先从这个 hosts 文件中查找域名的 IP 地址，如果找到就打开 IP 地址的网页，如果没有找到就向 DNS 服务器进行查询。

在 Linux 系统，主机配置文件为/etc/hosts，这是主机名的静态查找表。这个文件是简单的文本文件，用于保存主机名称和 IP 之间对应关系。其格式为一个 IP 地址占用一行，每一个主机关联一个 IP 地址。格式如下所示：

```
127.0.0.1 localhost [aliases...]
```

各个域之间用空格或制表字符分开。以 "#" 开头的文本行为注释行，不做处理。现在主流的现代操作系统中，主机系统表已经很少使用，已经被域名查找机制 DNS 取代，但它仍广泛地使用在以下 5 个场景。

（1）启动中。大多数系统都包含名称和地址为本地网络上的信息主机信息表。这是非常有用的，因为在系统启动时 DNS 解析库还没有装载到内存中。举例如下：

```
127.0.0.1      localhost
192.168.1.1    bjbook.net        server
192.168.1.100 openwrt.bjbook.net    openwrt
```

（2）DNS 输入。网络信息服务站点使用主机表作为 DNS 服务主机数据库的输入，或者使用主机表作为备用配置。

（3）加快域名解析，节省网络流量。hosts 文件在主机上配置具有加快域名解析的作用，对于经常访问的网站和主机，我们可以在 hosts 文件中配置域名和 IP 的对应关系。由于有了映射关系，当我们访问域名时，可以直接从 hosts 文件中解析得出，而不用访问网络上的域名服务器，不用消耗网络流量。

（4）屏蔽网站（域名重定向）。屏蔽广告网站，有很多网站带有广告，但广告和网站本身域名不同，因此如果能屏蔽一些众所周知的广告网站域名，这样我们利用 hosts 把这些广告的网站的域名映射到本机 IP 或非法目的 IP，这样就不会看到这些广告图片了,也不会浪费网络流量。例如：

```
127.0.0.1 a.com
```

这样计算机解析域名 a.com 时，就解析到错误的 IP，达到了屏蔽广告网站的目的。

（5）防止 DNS 污染和 DNS 劫持。DNS 劫持就是攻破了 DNS 服务器防护，从而获得域名解析记录的控制权，进而修改域名解析的结果。这将导致对原始域名的访问转到另外的 IP 地址。

DNS 污染是因为 DNS 查询没有任何认证机制，而且 DNS 查询通常采用的 UDP 是无连接不可靠的协议，因此 DNS 的查询非常容易被篡改：通过对 UDP 端口 53 上的 DNS 查询报文进行分析，一旦发现与关键词相匹配的请求则立即伪装成目标域名的解析服务器给查询者返回虚假结果。

如果我们已知服务器的 IP 地址，就可以在 hosts 文件中设置正确的 IP 地址，从而避免 DNS 劫持和污染。

11.2　DNS 基础

　　主机系统适合小型网络等一些特殊的场景。在因特网中，主机地址非常庞大，并且主机的 IP 地址经常改变，因此使用域名系统 DNS 代替主机系统。

　　DNS 可以被视为一种用于 TCP/IP 应用程序的分布式数据库，它提供主机名字和 IP 地址间的相互转换。这里提到的分布式是指在因特网上的单个站点不能拥有所有的信息。每个站点（如大学中的系、校园、公司或公司的部门）保留它自己的信息数据库，并运行一个服务器程序供因特网上的其他系统查询。

11.2.1　域名结构

　　DNS 是一个分层级的分布式名称对应系统，采用类似 Linux 目录树的层级结构，如图 11-1 所示。其最顶端有一个未命名的根节点，然后其下分为好几个基本类别名称（称为顶层域名），例如 com、org、net 和 gov 等 3 字符域名，还有 cn、sg、jp 和 us 等两个字符国家地区域名。每个节点有一个至多 63 个字符长的标识，域名总长度则不能超过 253 个字符。命名标识中不区分大写和小写。命名树上任何一个节点的域名就是将从该节点到最高层的域名串连起来，中间使用一个点 "." 分隔这些节点。例如，一个完整的域名为 www.bjbook.net。域名树中的每个节点必须有一个唯一的名称，但域名树中的不同层级节点可使用相同的标识，只要在不同的父节点下即可。

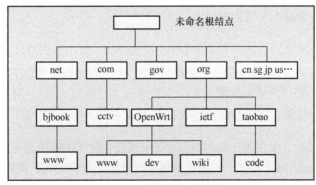

图 11-1　域名组成结构

11.2.2　DNS 报文格式

DNS 采用客户机/服务器模型。DNS 默认使用 TCP 和 UDP 端口 53。DNS 的请求和应答封装在 UDP 报文中。报文内容格式如图 11-2 所示。

会话标识	flags
问题数目（2 字节）	回答资源记录数（2 字节）
授权资源记录数目（2 字节）	额外资源记录数目（2 字节）
问题（可变长度）	
回答资源记录（可变长度）	
授权资源记录（可变长度）	
附加信息资源记录（可变长度）	

图 11-2　DNS 报文格式

DNS 请求报文和响应报文格式基本相同，是由固定 12 字节长的报头和 4 个长度可变的字段组成的。报文头部的会话标识字段由客户端生成随机值填充并由服务器原样返回。客户端通过该字段来匹配请求和响应。flags 部分非常复杂，如果是请求一般为 0x0100。如果为响应，通常有两种情况：0x8182 表示服务器失败；0x8180 表示服务器成功响应。

紧接着的 4 个 2 字节字段均为无符号整型数字。对于查询报文，问题数目通常是 1，而其他 3 项则均为 0。对于应答报文，问题数目还是 1，回答数至少是 1。

问题部分中每个问题的格式由 3 部分顺序组成：查询内容、类型（Type）和类（Class）。类型和类均为固定的两个字节长度。

查询内容长度不定，它是一个或多个标识符的序列。每个标识符以首字节的计数值来说明随后字符串的字节长度，每个名字的最后字节为 0 表示结束。计数字节的值必须是 0～63 的数字，因为标识符的最大长度为 63。高位字节为二进制 11 时，用于压缩格式，指向报文的查询字符串位置，字符串位置是从 DNS 报文头部开始计算的。

DNS 报文中最后 3 个字段分别为回答字段、授权字段和附加信息字段，均采用资源记录（Resource Record，RR）格式。资源记录格式内容顺序包含域名、类型、类、生存时间、数据长度和数据 6 部分。如图 11-3 所示。

```
⊟ Answers
  ⊟ www.bjbook.net: type A, class IN, addr 121.42.116.225
     Name: www.bjbook.net
     Type: A (Host Address) (1)
     Class: IN (0x0001)
     Time to live: 15 minutes
     Data length: 4
     Address: 121.42.116.225 (121.42.116.225)
```

图 11-3　查询报文资源格式

域名是记录中资源数据对应的名字。它的格式和前面介绍的查询名字段格式相同。类型和类与问题域内容格式相同。生存时间字段占 4 个字节，是客户程序保留该资源记录的秒数，这里已转换为 15 分钟。资源数据长度占两个字节长度。数据部分的格式依赖于类型字段的值，这里的资源数据是 4 字节的 IP 地址。

11.2.3　域名解析器原理

用户程序通过解析器与名字服务器交互；用户查询和响应是 C 语言编程接口的入参和返回值，用户查询一般是调用 getaddrinfo 函数获取 IP 地址，Linux 操作系统通常不缓存查询结果，每次均调用接口函数进行查询。现在域名解析器动态库已经成为 Linux 主机操作系统的一部分，供给每一个进程使用。

注意，如果未配置名字服务器，解析器将默认向 127.0.0.1 发起查询。

图 11-4 所示为 Linux 系统的 DNS 解析实现原理。解析器通常对几个不同的名字服务器进行多个查询，才能回答特定用户的查询，因此用户域名查询可能涉及对几个网络的访问和很长的时间。

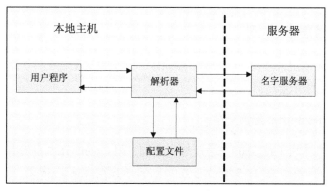

图 11-4　Linux DNS 工作原理图

（1）解析库首先查询主机执行流程，查询 hosts 文件是否有对应域名配置。

（2）如果 host 文件没有该域名，则在 resolv.conf 文件中取出第一个域名服务器地址。

（3）然后向域名服务器地址发起域名查询请求。

（4）等待查询响应。如果超时，则向下一个域名服务器发起查询。

域名解析器提供因特网域名系统（DNS）的解析 C 函数库。解析器配置文件名默认为 resolv.conf，包含 C 函数库所需的信息，域名解析时首先读取这个文件。这个文件的可读性非常好，包含一系列的关键词，提供各种类型的解析器信息。常用的配置有 nameserver、domain 和 search。

（1）nameserver。用于配置名字服务器，最多可以设置 3 个名字服务器，每一行一个。如果有多个名字服务器地址，解析库将按照列表顺序查询。若第一个名字服务器查询超时，再顺序查询下面的名字服务器，直到所有的名字服务器都尝试一遍。如果没有名字服务器地址或者这个配置文件不存在，则默认使用本机（127.0.0.1）作为名字服务器地址。

（2）domain。可以使用相对于本地域名的短名来查询。如果域名没有配置，则返回主机名。

（3）search。search 定义域名的搜索列表，当要查询没有域名的主机时，将在由 search 声明的域中分别顺序进行查找，是只有使用短名时所要附加的域名后缀。domain 和 search 不能共存，如果同时存在，后面出现的将覆盖前面的定义。

11.2.4　域名解析实例

我们模拟各种情况来学习 DNS 解析器原理，包括没有配置文件、配置多个域名服务器和配置 domain 的情况。

1. 没有/etc/resolv.conf 配置文件

解析库默认向本机（127.0.0.1）发起域名查询，因 OpenWrt 本身带有 dnsmasq 提供服务，因此可以返回响应。图 11-5 所示为访问域名时的请求和响应报文。

```
$#ping haosou.com
```

```
No.  Time        Source      Destination  Protocol  Length  Info
     1 0.000000  127.0.0.1   127.0.0.1    DNS          70  Standard query 0x0002  AAAA haosou.com
     2 2.260698  127.0.0.1   127.0.0.1    DNS         130  Standard query response 0x0002
     3 2.261072  127.0.0.1   127.0.0.1    DNS          70  Standard query 0x0003  A haosou.com
     4 2.334798  127.0.0.1   127.0.0.1    DNS          86  Standard query response 0x0003  A 106.120.160.134

⊞ Frame 4: 86 bytes on wire (688 bits), 86 bytes captured (688 bits)
⊞ Ethernet II, Src: 00:00:00_00:00:00 (00:00:00:00:00:00), Dst: 00:00:00_00:00:00 (00:00:00:00:00:00)
⊞ Internet Protocol Version 4, Src: 127.0.0.1 (127.0.0.1), Dst: 127.0.0.1 (127.0.0.1)
⊞ User Datagram Protocol, Src Port: domain (53), Dst Port: 46903 (46903)
⊟ Domain Name System (response)
    [Request In: 3]
    [Time: 0.073726000 seconds]
    Transaction ID: 0x0003
  ⊞ Flags: 0x8180 Standard query response, No error
    Questions: 1
    Answer RRs: 1
    Authority RRs: 0
    Additional RRs: 0
  ⊞ Queries
  ⊟ Answers
    ⊟ haosou.com: type A, class IN, addr 106.120.160.134
        Name: haosou.com
        Type: A (Host Address) (1)
        Class: IN (0x0001)
        Time to live: 2 minutes, 54 seconds
        Data length: 4
        Address: 106.120.160.134 (106.120.160.134)
```

图 11-5　向本机发起请求报文过程

2. 配置多个域名服务器地址

resolv.conf 配置如下：

```
nameserver 59.108.61.61
nameserver 219.232.48.61
```

$#ping 163.com 首先向第一个服务器 59.108.61.61 发起查询 163.com 的 IP 地址，如果查不到将使用下一个域名服务器来进行查询。

3. 配置有 domain

resolv.conf 配置如示例 11-1 所示，这种情况下如果访问完全合格域名，则直接向域名服务器发起查询；如果不是完全合格域名，则首先在 hosts 文件中进行查找，如果在 hosts 文件中找不到主机名的 IP 地址，则再向名字服务器发起查询请求。如果是不带点的字符串，则加上域名后缀向名字服务器发起查询请求，如果中间带有点，则认为是一个域名，将不用加上域名后缀，直接使用该字符串向名字服务器发起请求。

示例 11-1：

```
domain bjbook.net
nameserver 8.8.8.8
```

（1）执行"ping 163.com"命令，首先在 hosts 文件中查询主机 163.com 的 IP 地址，如果查不到将直接向名字服务器查询 163.com 的 IP 地址，找到后向目的 IP 发起 ICMP 请求。

（2）执行"ping openwrt"命令，首先在 hosts 文件中查询主机 openwrt 的 IP 地址，如果查不到将拼接域名后缀"bjbook.net"，然后向名字服务器查询 openwrt.bjbook.net 的 IP 地址，找到后向目的 IP 发起 ICMP 请求。

11.3　DHCP 基础

11.3.1　引言

在 TCP/IP 网络上，每台主机在访问网络及其资源之前，都必须进行基本的网络信息配置，包含 IP 地址、子网掩码、默认网关和 DNS 等。在大型网络中，如果每台终端主机的地址都由不同的使用者来分配，那么就很容易出现地址相同的情况。对于经常移动的终端，重新配置可能需要很长时间，并且容易出错，如果 IP 配置错误将会导致不能访问网络。因此需要一种机制来简化主机 IP 地址的配置。动态主机配置协议 DHCP 应运而生。

采用 DHCP 的好处在于减少了网络管理员和用户的负担。这将可以减少手工配置 IP 地址导致的地址冲突，以及网关地址或 DNS 地址错误导致的不能访问网络等问题。

11.3.2　DHCP 原理

DHCP 服务器拥有一个 IP 地址池，当任何启用 DHCP 的客户机连接到网络时，可从服务器那里租借一个 IP 地址，不再使用的 IP 地址自动回收到地址池中，供再次分配使用。

DHCP 保证同一时刻的任何 IP 地址只能分给一个客户机使用。当 DHCP 客户机重新启动时，应配置为相同的 IP 地址。在 DHCP 服务器重启的情况下，也应当给每一个客户机分配相同的 IP 地址，并且和手动分配的 IP 地址共存。这要求 DHCP 服务器对已分配的地址进行保存，并且在客户端不使用时进行回收。

DHCP 是一种动态地向网络终端提供配置参数的协议。在终端提出申请之后，DHCP 服务器可以向终端提供 IP 地址及子网掩码、网关和 DNS 服务器地址等参数。

DHCP 协议基于 UDP 协议，客户端的端口号是 68，服务器的端口号是 67。

11.3.3　DHCP 报文

DHCP 的请求和应答封装在 UDP 报文中。报文内容格式如图 11-6 所示。

报文类型	硬件类型	硬件地址长度	跳数
事务 ID			
秒数		flags	
客户端 IP 地址			
你的（客户端）IP 地址			
服务器 IP 地址			
中继 IP 地址			
客户端 MAC 地址（16 字节 MAC 地址后面补零）			
服务器主机名（64 字节）			
引导文件名（128 字节）			
可选字段			

图 11-6　DHCP 报文格式

"报文类型"字段为 1 表示请求，为 2 表示应答。硬件类型字段为 1 表示以太网，以太网的硬件地址长度为 6 字节。"跳数"字段由客户端设置为 0，如果和 DHCP 服务器之间有中继器的话将被修改。

"事务 ID"字段是一个由客户端设置并由服务器返回的 4 字节整数。客户机使用它对请求和应答进行匹配。对于每个请求客户端首先将该字段设置为一个随机数。客户端开始进行 DHCP 请求时，将"秒数"字段设置为一个时间值。服务器能够看到这个时间值，备用服务器在等待时间超过这个时间值后才会响应客户的请求，这意味着备用服务器接管 DHCP 服务。"flags"是保留值，设置为 0。

客户端 IP 地址字段填 0，如果上次成功配置过 IP 地址，它将写到"客户端 IP 地址"字段。服务器返回应答时将该客户的 IP 地址写入"你的 IP 地址"字段，并将自身 IP 地址填写到"服务器 IP 地址"字段。在同一网络中继地址填 0。

客户端 MAC 地址字段填写网卡硬件地址，不足部分填 0。服务器主机名字段由服务器来填写，通常为 0。引导文件名字段用于填充 TFTP 下载的文件全路径，通常用于无盘启动工作站。选项字段用于扩展，但实际上有一些选项在终端节点接入互联网时是必须的。这些包含 DNS 地址、网关地址和子网掩码等。

可选字段部分均以 TLV（类型-长度-值）来表示。

子网掩码选项用于指定客户端的子网掩码。子网掩码的类型码为 1，长度为 4 字节。

路由选项指定了客户端子网的下一跳地址。如果有多个，路由器将按照优先顺序排列，一般为路由器自身 IP 地址。类型码为 3，长度为 4 的倍数。

域名服务器选项用于将名字服务器提供给客户端，并且以优先顺序给出，选项代码为 6，最小长度为 4 个字节，并且是 4 的倍数。

传输层使用 UDP 协议，使用两个固定的端口号，服务器使用 67，客户端使用 68。这样可以非常方便地区分是请求还是响应。

IP 层在请求 IP 地址时采用链路层广播，链路层广播地址为"FF:FF:FF:FF:FF:FF"。网络层目的 IP 使用广播地址 255.255.255.255，源地址采用 0.0.0.0，这是因为请求时自身没有 IP 地址，并且不知道服务器的 IP 地址。

11.3.4　DHCP 工作流程

DHCP 通常由客户端发起广播请求，服务器收到请求后在配置文件中查询，如果符合要求则向客户端提供服务。图 11-7 所示为 DHCP 配置 IP 地址的报文流程。

```
   1    0.000000     0.0.0.0 255.255.255.255 DHCP  342    DHCP Discover -
Transaction ID 0xba170374
   2    0.000304     10.0.2.2    10.0.2.15    DHCP    590    DHCP Offer
- Transaction ID 0xba170374
   3    0.005345     0.0.0.0 255.255.255.255 DHCP  342    DHCP Request -
Transaction ID 0xba170374
   4    0.005510     10.0.2.2    10.0.2.15    DHCP    590    DHCP ACK
- Transaction ID 0xba170374
```

图 11-7　DHCP 配置 IP 流程

（1）客户端在以太网上广播 "DHCP Discover" 报文来发现 DHCP 服务器。

（2）IP 为 10.0.2.2 的服务器收到广播请求后，向客户端回应请求，发出单播 "DHCP Offer" 报文，并且目的 IP 为 10.0.2.15。

（3）客户端再次以广播形式发出 "DHCP Request" 报文。这是因为客户端可能收到多个服务器 "DHCP Offer" 报文，客户端会根据报文的内容来选择一个给予响应，采用广播形式可以让多个服务器均可收到。

（4）当服务器收到 "DHCP Request" 报文后，服务器在将客户端的 MAC 地址同分配的 IP 地址绑定后，将 IP 信息（IP、掩码、网关地址和 DNS 等）发送给客户机。

（5）客户机收到 "DHCP ACK" 报文后，将 IP 信息设置到主机系统上。这时 IP 设置就完成了，客户机就可使用 IP 来访问网络了。

11.4　dnsmasq

11.4.1　概述

智能路由器服务于家庭和小型企业网络，当多个人同时上网时，客户机经常进行 DNS 查询，大多查询会是重复的域名，如果有一个 DNS 缓存代理服务于局域网，这样将减少

DNS 的因特网存取，加快 DNS 访问速度和节省网络流量，dnsmasq 软件就是在这种情况下应运而生的。

dnsmasq 是轻量级 DHCP、TFTP 和 DNS 缓存服务器，给小型网络提供 DNS 和 DHCP 服务。它的设计目标是轻量级的 DNS，并且占用空间小，适用于资源受限的路由器和防火墙，以及智能手机、便携式热点设备等。

dnsmasq 接收 DNS 请求，并从本地缓存中读取，如果缓存不存在就转发到一个真正的递归 DNS 服务器。它也可以读取/etc/hosts 的内容，这样就可以对局域网的主机查询进行 DNS 查询响应，这些局域网的主机名称不会暴露在全局 DNS 域中。

DNS 子系统提供网络的本地 DNS 服务器，即只服务于局域网的 DNS 服务器。转发所有类型的查询请求到上游递归 DNS 服务器，并且缓存通用记录类型（A、AAAA、CNAME 和 PTR）。支持的主要特性有以下几方面。

- 本地 DNS 服务器可以通过读取/etc/hosts 来定义，或者通过导入 DHCP 子系统的名字，或者通过各种各样的用户配置。

- 上行服务器可以各种遍历的配置，包括动态配置。

- 认证 DNS 模式允许本地 DNS 名称导出到全球 DNS 区域。dnsmasq 作为这个区域的认证服务器，也可以提供区域传送。

- 从上游服务器 DNS 响应执行 DNSSEC 验证，防止欺骗和缓存中毒。

- 指定子域名可以继承自它们的上行 DNS 服务器，这样使 VPN 配置更容易。

- 国际化域名支持等。

11.4.2　配置

dnsmasq 的配置文件位于/etc/config/dhcp，控制着 DNS 和 DHCP 服务选项。默认配置包含一个通用的配置节来指定全局选项，还有一个或多个 DHCP 来定义动态主机配置服务的网络接口和地址池等。还可以包含多个域名和主机配置，并且提供客户端地址列表来查询。

1. 全局配置

表 11-1 所示的是 dnsmasq 的所有配置选项。

表 11-1 dnsmasq 参数含义

名　　称	转换后配置	含 义 描 述
domainneeded	domain-needed	不会转发针对不带点的普通文本的 A 或 AAAA 查询请求到上行的域名服务器。如果在/etc/hosts 和 DHCP 中没有该名称将直接返回 "not found"
cachesize	cache-size	指定缓存的大小。默认是 150
boguspriv	bogus-priv	所有私有查找如果在/etc/hosts 没找到，将不转发到上行 DNS 服务器
filterwin2k	filterwin2k	不转发公共域名不能应答的请求
localise_queries	localise-queries	如果有多个接口，则返回从查询接口来的接口网络的主机 IP 地址。在同一主机有多个 IP 地址时非常有用，返回查询网段的 IP 地址，这样源主机和目标主机通信是将不会跨越路由器
rebind_protection	stop-dns-rebind	上游域名服务器带有私有 IP 地址范围的响应报文将被丢弃
rebind_localhost	rebind-localhost-ok	允许上游域名服务器的 127.0.0.0/8 响应，这是采用 DNS 黑名单时所需的服务，这在绑定保护启用时使用
expandhosts	expand-hosts	在/etc/hosts 中的名称增加本地域名部分
nonegcache	no-negcache	在通常情况下，"no such domain" 也会缓存，下次查询时不再转发到上游服务器而直接应答，这个选项将禁用 "no such domain" 返回的缓存
authoritative	dhcp-authoritative	我们是局域网的唯一的 DHCP 服务器，当收到请求后会立即响应，而不会等待，如果拒绝的话也会很快拒绝
readethers	read-ethers	从/etc/ethers 文件中读取静态分配的表项。格式为硬件地址和主机名或 IP 地址，当收到 SIGHUP 信号时也会重新读取
resolvfile	resolv-file	指定一个 DNS 配置文件来读取上游域名服务器的地址，默认是从/etc/resolv.conf 文件读取

2. DHCP 地址池配置

类型为 dhcp 的配置节指定了每一个接口的 DHCP 设置，通常最少有一个服务于局域网接口的 dhcp 配置设置。

示例 11-2：

```
config dhcp lan
    option interface    lan
    option start        100
    option limit        150
    option leasetime    12h
```

示例 11-2 指定了 DHCP 服务器的服务接口 "lan"，100 是客户端分配的 IP 地址起点，总共可以分配 150 个 IP 地址，即从 100～249。12h 表示客户端得到的地址租约时间为 12 小时。DHCP 配置参数含义如表 11-2 所示。

表 11-2　DHCP 配置参数含义

名　　称	含　　义
interface	表示服务的网络接口，这个接口名称是 network 中配置的虚拟接口
start	分配 IP 的起始地址
limit	地址空间范围，默认为 150
leasetime	DHCP 分配 IP 地址的租期，start 和 limit 在生成 dnsmasq 的配置文件时进行组合为 dhcp-range
ignore	dnsmasq 将忽略从该接口来的请求

3. 域名配置

dnsmasq 支持自定义主机或者是自定义域名，使用 domain 配置节来管理自定义域名。我们使用 uci 命令来增加两条自定义域名记录。首先创建一个类型为 domain 匿名的配置节，然后设置其名称和 IP 地址。示例 11-3 创建了两个匿名配置节，然后使用 uci commit 命令提交修改。

示例 11-3：

```
root@zhang:/#uci add dhcp domain
root@zhang:/#uci set dhcp.@domain[-1].name="zhang"
root@zhang:/#uci set dhcp.@domain[-1].ip="192.168.6.10"
root@zhang:/#uci add dhcp domain
root@zhang:/#uci set dhcp.@domain[-1].name="bjbook.net"
root@zhang:/#uci set dhcp.@domain[-1].ip="192.168.6.20"
root@zhang:/#uci commit dhcp
```

记录被写到/etc/config/dhcp 文件中，但现在功能并未生效。调用重启 dnsmasq 进程命令来使 dnsmasq 读取这些配置更改，命令为/etc/init.d/dnsmasq restart。生效后内容如下：

```
config domain
    option name `zhang`
    option ip `192.168.6.10`
config domain
    option name `bjbook.net`
```

```
    option ip `192.168.6.20`
```

实际的配置将转换为 dnsmasq 的配置，配置文件为/var/etc/dnsmasq.conf。

然后在 OpenWrt shell 中 ping 主机名称 bjbook.net。这时将访问 192.168.6.20 这个 IP 地址，并从 192.168.6.20 收到响应。这和主机系统的功能完全相同，只是在/etc/hosts 文件中只在本机生效，如果加载这里就可以服务于家庭网。domain 配置选项见表 11-3。

表 11-3 domain 配置选项

名　　称	类　　型	含　　义
name	字符串	主机的域名，这个域名将不在因特网上查询
ip	IP 地址	域名对应的 IP 地址

4. 主机配置

DHCP 在分配 IP 时，选择一个未使用的 IP 地址进行分配。假定有一个服务器，也是通过 DHCP 进行 IP 分配的，这样每次重启后分配的 IP 地址可能发生改变，这在访问服务器时还需查看其 IP 地址。根据 MAC 地址分配固定 IP 地址可以解决这个问题。在 DHCP 配置文件中使用 host 来配置。如示例 11-4 所示。

示例 11-4：

```
config host
        option ip      '192.168.6.120'
        option mac     ' 08:00:27:9d:89:e7'
        option name    'buildServer'
```

通过 uci 命令进行增加：

```
root@zhang:/#uci add dhcp host
root@zhang:/#uci set dhcp.@host[-1].ip = "192.168.6.120"
root@zhang:/#uci set dhcp.@host[-1].mac=" 08:00:27:9d:89:e7"
root@zhang:/#uci set dhcp.@host[-1].name="buildServer"
root@zhang:/#uci commit dhcp
```

这将增加固定的 IP 地址 192.168.6.120。然后重启 DHCP 服务器，这时 MAC 地址为 "08:00:27:9d:89:e7" 的计算机再次获取的 IP 地址将设置为固定 IP 地址 192.168.6.120，主机名称设置为 buildServer。固定主机配置选项如表 11-4 所示。

表 11-4　指定固定 IP 的 host 配置选项

名　称	类　型	含　义
ip	字符串	客户端所获得的 IP 地址
mac	字符串	主机的网卡 MAC 地址
name	字符串	DHCP 客户端所获取到的主机名称，是否使用由客户端决策

5．DHCP 客户端信息

DHCP 还有一个功能是记录客户端列表。客户端列表显示当前所有通过 DHCP 服务器获得 IP 地址主机的相关信息，包括客户端主机名称、MAC 地址、所获得的 IP 地址及 IP 地址的有效期。表 11-5 列出了所有保存字段的含义，我们可以通过/tmp/dhcp.leases 文件来查看所有通过 DHCP 服务器获得 IP 地址的计算机信息。

表 11-5　DHCP 分配的客户端信息

类　别	含　义
有效时间（租期）	指客户端计算机获得 IP 地址的有效时间，是指从 1970 年开始的一个秒值，到这个时间之后地址将失效，客户端软件会在租期到期前自动续约
MAC 地址	获得 IP 地址的客户端计算机的 MAC 地址
IP 地址	DHCP 服务器分配给客户端计算机的 IP 地址
客户端名称	显示获得 IP 地址的客户端计算机的主机名称

11.5　动态 DNS

11.5.1　DDNS 原理

利用 DNS 可以将域名解析为 IP 地址，从而实现使用域名来访问网络中的主机。但是 DNS 仅仅提供了域名和 IP 地址之间的静态对应关系，当主机的 IP 地址发生变化时，DNS 服务器没有动态地更新域名和 IP 地址的对应关系，此时如果仍然使用域名访问该主机，则通过域名解析得到的 IP 地址是错误的，从而将导致访问失败。

动态域名系统（Dynamic Domain Name System，DDNS）用来动态更新 DNS 服务器上

域名和 IP 地址之间的对应关系，从而保证通过域名解析到正确的主机 IP 地址。

DDNS 采用客户端/服务器模型，由两部分组成，分别为 DDNS 客户端和 DDNS 服务器。

DDNS 客户端：需要动态更新域名和 IP 地址对应关系的设备软件。因特网用户通常通过域名访问提供应用层服务的服务器，如 HTTP、FTP 服务器。为了保证 IP 地址变化时，仍然可以通过域名访问这些服务器，当服务器的 IP 地址发生变化时，它们将作为 DDNS 客户端，向 DDNS 服务器发送更新域名和 IP 地址对应关系的 DDNS 更新请求。

DDNS 服务器：负责通知 DNS 服务器动态更新域名和 IP 地址之间的对应关系。接收到 DDNS 客户端的更新请求后，DDNS 服务器通知 DNS 服务器重新建立域名和 IP 地址之间的对应关系。从而保证即使 DDNS 客户端的 IP 地址改变，网络用户仍然可以通过同样的域名访问 DDNS 客户端主机提供的网络服务。

11.5.2　DDNS 配置

OpenWrt 通过 Ez-Ipupdate 软件来支持 DDNS，常用的 DDNS 配置在表 11-6 中做了详细说明。通过以下命令来安装 DDNS 客户端。

```
opkg update
opkg install ez-ipupdate
```

表 11-6　DDNS 详细配置

名　称	类　型	含　义
enabled	布尔值	是否启动 DDNS 客户端
interface	接口名称	设置该 DDNS 所绑定的接口，DDNS 更新的域名所对应的 IP 地址为该接口的主 IP 地址
service	字符串	服务类型，支持很多种 DDNS 更新协议，我们使用 gnudip
username	字符串	设置 DDNS 服务器的认证用户名
password	字符串	设置 DDNS 服务器的认证密码
hostname	字符串	绑定的域名后缀，一般为服务提供商域名

11.5.3　DNS 更新协议及算法

我们采用 Ez-Ipupdate 客户端和 GnuDIP 服务器来讲述 DDNS 更新认证算法。GnuDIP 实际上有两个更新协议，原始更新协议采用客户端到服务器的直接 TCP 连接；另外一种则适配原始协议到 HTTP 协议。HTTP 协议对于一些动态 DNS 更新客户端实现起来更方便。

这两个协议均不能通过嗅探抓包软件找出明文密码，也不能使用捕获的报文来重放欺骗更新服务器，即可以防止重放攻击。Ez-Ipupdate 向 GnuDIP 更新的流程如图 11-8 所示。

（1）客户端首先向服务器发起 TCP 连接请求，端口默认为 3495，GnuDIP 服务器可以修改为其他端口。

（2）一旦 TCP 连接建立，服务器将首先发送一个随机产生的 10 字符长度的字符串，我们称之为 sessionKey。

（3）客户端收到并读取服务器的认证字符串。然后使用下列算法来对密码和 nonce 进行哈希。

```
hashed_password=F(password, sessionKey)
F(password, sessionKey)=MD5(MD5(password)+"."+sessionKey)
```

MD5 函数使用 MD5 算法对密码计算摘要值，然后将摘要值（二进制）转换为十六进制（使用字符 0～9 和小写字母 a～f）的字符串，字符串长度从 16 字节变为 32 字节。

- 首先计算出密码摘要值，并转换为十六进制数字。

- auth 拼接一个点 "."再拼接一个认证字符串 sessionKey（这个是服务器传输过来的值）。

- 然后对整个拼接的字符串计算 MD5 摘要值，并转换为十六进制数字，我们称之为认证字符串 "hashed_password"。

- 将用户名、认证字符串、域名及地址组成认证信息向动态域名更新服务器 GnuDIP 发起请求，消息组成格式如下：

user_name:hashed_password:domain:0:address

（4）GnuDIP 服务器收到请求后采用同样的算法计算认证字符串，并将计算结果和请求的认证字符串进行比较，如果相同，则认证通过，更新域名和 IP 地址的对应关系，并向客户端发送更新成功消息；如果不相同，则认证失败，发送更新失败消息。

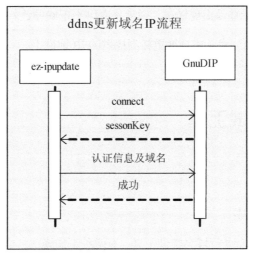

图 11-8　DDNS 动态更新域名 IP 时序图

注册消息的响应有以下两种情况。

- 1：表示登录出现错误，通常是密码错误。

- 0：更新成功。

IP 地址将注册为子域名 user_name.domain。假设服务器域名为 bjbook.net，那注册的子域名将是 user_name.bjbook.net。除了注册消息之外，DDNS 客户端和服务器之间还有两种消息，分别为下线消息和查询消息。下线消息格式为：

```
user_name:hashed_password:domain:1
```

当前注册到 user_name.domain 的 IP 地址将被删除，这是下线请求，正式域名 user_name.domain 将不再关联任何 IP 地址。这条消息的响应有以下两种情况。

- 1：表示登录出现错误，通常是密码不正确导致。

- 2：成功下线。

查询消息格式为：

```
user_name:hashed_password:domain:2
```

客户端请求服务器确定客户端正在使用的 IP 地址，并注册到正式域名 user_name. domain 上。这时 IP 地址将返回到客户端。这条消息的响应有以下两种情况。

- 返回"1"，表示登录出现错误，通常是密码不正确导致。

- 返回"0:address"表示成功地更新到提供的 IP 地址上。

11.6 DNS 测试工具

11.6.1 nslookup

"nslookup"是一个命令行域名查询工具，有两种工作模式：交互式和非交互式。交互方式用于向域名服务器查询各种主机和域名信息并输出。非交互模式仅向服务器查询请求的信息。

非交互式模式用于查询主机名或主机 IP 地址为第一个参数，可选的第二个参数为域名服务器 IP 地址。其他选项参数以"-"开始。例如，我们可以查询一个恶意域名，并把它的 IP 地址加入到防火墙黑名单中。

（1）查询域名 IP 地址。例如：

```
$>nslookup openwrt.org
```

（2）指定域名服务器来查询域名 IP 地址。例如：

```
$>nslookup openwrt.org 8.8.8.8
```

（3）查询 IP 地址的域名，即进行反向查询。例如：

```
$>nslookup 8.8.8.8
```

11.6.2 dig

dig 是另一款域名查询工具，其功能非常强大，并且可以指定源 IP 地址，这在主机上有多个接口及 IP 地址时非常有用。其最基本的用法如下：

```
#>dig @server baidu.com
```

@后面表示 DNS 服务器地址。

```
#>dig -b 192.168.1.100  baidu.com
```

"-b"表示指定源 IP，在系统有多个接口地址时使用。

dig 提供了大量的查询选项和输出结果显示选项。一些查询选项会设置查询报头的标志位，有些是设置超时和重试策略，还有些是控制屏幕输出。dig 的查询选项和其他软件不同，采用"+"开头的标识符来表示。

dig 还有很多选项可以定制查询和输出。例如+short 可以简化输出。默认 dig 会输出 DNS 报头信息，包含查询问题个数和回答问题个数等信息。输出如示例 11-5 所示。

示例 11-5：

```
zhang@zhang-VirtualBox:~$ dig @8.8.8.8 baidu.com

; <<>> DiG 9.9.5-3ubuntu0.1-Ubuntu <<>> @8.8.8.8 baidu.com
; (1 server found)
;; global options: +cmd
;; Got answer:
;; ->>HEADER<<- opcode: QUERY, status: NOERROR, id: 65069
;; flags: qr rd ra; QUERY: 1, ANSWER: 4, AUTHORITY: 0, ADDITIONAL: 1

;; OPT PSEUDOSECTION:
; EDNS: version: 0, flags:; udp: 512
;; QUESTION SECTION:
;baidu.com.      IN      A

;; ANSWER SECTION:
baidu.com.      588 IN A   220.181.57.217
baidu.com.      588 IN A   111.13.101.208
baidu.com.      588 IN A   123.125.114.144
baidu.com.      588 IN A   180.149.132.47
```

```
;; Query time: 81 msec
;; SERVER: 8.8.8.8#53(8.8.8.8)
;; WHEN: Sat Nov 14 19:57:07 CST 2015
;; MSG SIZE  rcvd: 102
```

dig 在进行域名查询时，如果第一个域名服务器无响应，将在 1 秒后向第二个 DNS 地址发起请求。在这点上它和 nslookup 不同，nslookup 需要等待 5 秒之后再向第二个域名服务器发起查询请求。

11.7　参考资料

- RFC1034（DOMAIN NAMES-CONCEPTS AND FACILITIES）。

- RFC1035（域名-规范和实现）。

- dnsmasq 概述（http://dnsmasq.org/）。

- RFC2132（DHCP 选项和 BOOTP 扩展）。

- <TCP/IP 详解>第 14 章 DNS：域名系统。

- DNS 和 DHCP 配置（http://wiki.openwrt.org/doc/uci/dhcp [2015-11-14]）。

- GnuDIP（http://gnudip2.sourceforge.net/ [2016-3-26]）。

iptables 防火墙

欢迎你来到防火墙一章。如果你第一次接触防火墙，这章将帮助你理解防火墙如何工作及如何管理防火墙。防火墙技术并不像屠呦呦的诺贝尔医学科学奖那么技术高深，但还需要你去学习理解并遵从指导，否则结果可能和你的预期完全不同。

iptables 是用来设置、维护和检查 Linux 内核的防火墙 IP 报文过滤规则和网络地址转换规则的。本章首先讲述 iptables 的表和处理目标，接着讲述报文在 netfilter 中的处理流程和规则匹配，最后讲述 iptables 的实际利用。下一章讲述 OpenWrt 中的防火墙实现。

12.1 防火墙概述

"防火墙"（Firewall）术语来自建筑设计领域，是指用来起分割作用的墙，当某一部分着火时可以减缓或保护其他部分免受火灾影响。在计算机网络中，防火墙是在两个或多个网络之间用于设置安全策略的一个或多个系统的组合。防火墙起到隔离异常访问的作用，仅允许可靠的流量通过，从而保护了家庭和企业内部网络信息的安全。图 12-1 所示的是一个典型的防火墙部署结构。

Linux 防火墙通常包含两部分，分别为 iptables 和 netfilter。iptables 是 Linux 管理防火墙规则的命令行工具，处于用户空间。netfilter 执行报文过滤，处于 Linux 内核空间。有时候也会用 iptables 来统称 Linux 防火墙。

iptables 是一个报文状态检测防火墙，这意味着防火墙内部存储每一个连接的信息，并且可以将每一个报文关联到它所属的连接。这个信息非常有用，它用于自动打开响应报文的传输路径，因此在创建防火墙规则时，通常没有必要创建相反方向的防火墙规则，防火墙将自动计算出这个规则。

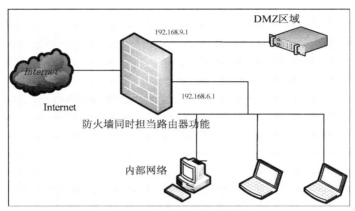

图 12-1　典型防火墙部署结构

12.2　iptables 中的表

iptables 是用 C 语言实现的，最新版本是 1.4.21，并以 GNU 许可协议发布。它实际上包含两部分，内核 netfilter 和用户空间工具 iptables。管理员通过 iptables 工具集和内核打交道，将防火墙规则写入内核中。内核 netfilter 执行报文过滤规则。iptables 根据功能划分不同的表来处理不同的功能逻辑，当前包含 5 个表，分别为 filter、nat、mangle、raw 和 security。

12.2.1　filter（过滤表）

filter 是 iptables 的默认表，主要用于报文过滤，在这里根据报文的内容对报文进行丢弃或者接收。它包含有 3 个内置规则链。

- INPUT 输入链，处理目标地址为本机 IP 地址的报文。

- OUTPUT 输出链，处理本机 IP 地址产生的报文。

- FORWARD 转发链，处理经过本机路由的报文。

这样每一个 IP 报文只经过这 3 个内置链中的一个，便于进行数据报文匹配和处理。这里是真正实现防火墙处理的地方。注意：

- 经过本机转发的报文经过 FORWARD 链，不经过 IPPUT 链和 OUTPUT 链。

- 本机产生的报文经过 OUTPUT 链，其他的链不经过。

- 去往主机的报文经过该主机的 INPUT 链，其他的链不经过。

12.2.2　nat（网络地址转换表）

nat 用来完成源/目的地址和端口的转换，当一个报文在创建一个新的连接时进入该表。它也有 3 个内置规则链。

- PREROUTING：用于修改到来的报文，只用来做网络地址转换。

- OUTPUT：用于修改本机产生的并且在路由处理之前的报文。

- POSTROUTING：用于修改准备出去的报文的地方。

通过目的地址转换，你可以将服务器放在防火墙后面，并使用私有 IP 地址。一些协议通过 nat 转换有困难（例如 FTP 或 SIP），连接跟踪将打开这些协议的数据/媒体流路径。nat 表不能用于报文过滤和报文修改，因为每一个连接流仅有一次机会进入该表中的规则链。

网络地址转换在路由功能前后都可能发生，源地址转换是在数据包通过路由之后在 POSTROUTING 规则链进行地址转换。目的地址转换是在路由之前，在 PREROUTING 规则链进行地址转换。

12.2.3　mangle（修改表）

这个表主要用来进行报文修改，有 5 个内置规则链。

- PREROUTING：针对到来的报文，在路由之前修改的地方。

- INPUT：针对目的地址为网关本身的报文。

- FORWARD：针对通过网关路由转发的报文。

- POSTROUTING：将要发送出去的报文的地方。

- OUTPUT：本机产生报文在路由之前修改的地方。

通常使用该表进行报文修改，以便进行 QoS 和策略路由。通常每一个报文都进入该表，但不使用它来做报文过滤。

12.2.4 raw（原始表）

这个表很少被用到，主要用于配置连接跟踪相关内容，在 ip_conntrack 之前调用。它提供了两个内置规则链。

- PREPROUTING：到达本机的报文。

- OUTPUT：本机进程产生的报文。

这里是能够在连接跟踪生效前处理报文的地方，你可以标记符合某种条件的报文不被连接跟踪处理。一般很少使用。

此外，还有 security 表，这个表用于安全 Linux 的防火墙规则，是 iptables 最近的新增表，在实际项目中还很少用到。

12.3 处理目标

防火墙规则检测报文的特征是否符合规则，如果匹配，就进入规则的处理目标（TARGET）中。如果报文不匹配则进入该规则链的下一条规则进行检测。就这样逐条规则进行比较，直到整个规则链比较完成。规则的处理目标可以是用户定义的自定义链名，也可以是系统内置的 4 种处理方式。

- ACCEPT（接收）：表示让这个报文通过。

- DROP（丢弃）：表示将这个报文丢弃。

- QUEUE（入队）：表示把这个报文传递到用户空间的队列中。

- RETURN（返回）：表示停止这条规则链的匹配，返回到调用这个规则链的上一条规则链的规则处执行。如果到达了一个内建的规则链的末端，或者遇到内置链的规则目标是 RETURN，报文的命运将由规则链指定的默认目标处理方式决定。

还有其他扩展的目标处理方式，例如 REJECT、DNAT、SNAT、MASQUERADE、LOG

和 REDIRECT 等，将在下面各节依次讲述。

12.3.1 REJECT（拒绝）

REJECT 和 DROP 一样丢弃报文，但 REJECT 的不同之处在于同时还向发送者返回一个 ICMP 错误消息。这样发送者将知道报文被丢弃，如果发送端检测到返回的错误信息，将不再尝试发送报文，这样可以在特定条件下减少发送端重发报文。例如禁止访问主机上 80 端口的服务，访问者将收到端口不可达的 ICMP 消息。

```
#>iptables -A IPNUT -p tcp --dport 80 -j REJECT
```

DROP 和 REJECT 含义的比较

DROP 和 **REJECT** 报文，许多人选择丢弃报文，因为其安全优势超过拒绝，因为这样暴露给攻击者的信息较少，然而在调试网络问题时会遇到困难，应用程序也不知所措。

如果报文被 **REJECT**，路由器将响应一个 ICMP 目的端口不可达消息，这样连接将立即失败。这意味着每一个试图连接特定端口都会有 ICMP 响应报文产生。如果有大量的访问或攻击，这样做会有大量的 ICMP 消息产生，导致占用所有的带宽而合法的连接不可用（DOS）。

当使用 **DROP** 时，客户端不知道报文被丢弃，会继续使用重传机制来发送报文，直到连接超时。具体行为依赖于客户端软件的实现，这将导致程序挂起等待超时，然后才会继续执行。因此两者各有利弊，它们各自的特点如下所示。

DROP

- 信息暴露较少。

- 攻击面减少。

- 客户软件可能无法很好地处理它（程序挂起直到连接超时）。

- 可能使网络调试复杂化（报文丢弃，不清楚导致问题出现的原因，可能是路由器的问题，或者报文丢失）。

REJECT

- 暴露了防火墙的 IP 地址信息（例如流量被实际阻挡的 IP）。

- 客户端软件能立即从拒绝连接尝试中恢复过来。

● 网络调试更容易（路由和防火墙问题可以清晰地区分出来）。

12.3.2 DNAT（目的网络地址转换）

当你的局域网内的多个服务器需要对互联网的机器提供服务时，你就会用到这个目标处理方式。这个目标是用来实现目的网络地址转换的，就是重写报文的目的 IP 地址。如果一个报文被匹配了，那么和它属于同一个流的所有报文都会被自动转换，然后就可以被路由到正确的主机或网络。这个处理目标仅可以用在 nat 表中的 PREROUTING 和 OUTPUT 链以及被这些链调用的自定义链中。例如将访问路由器的 80 端口的流量重定向到 192.168.6.100 上：

```
#>iptables -t nat -A PREROUTING -p tcp --dport 80 -j DNAT --to-destination
192.168.6.100
```

这样 Web 服务器就可以搭建在局域网的主机（192.168.6.100）上对外提供服务。对外仅有路由器的 IP 地址暴露给用户，也节省了 IP 资源。处理流程如下。

（1）报文进入防火墙之后，将目标地址修改为 192.168.6.100，然后离开防火墙到达 HTTP 服务器。

（2）HTTP 服务器处理完成后，将源地址改为目标地址，使用自身 IP 作为源地址发送报文。

（3）防火墙收到响应报文后将报文的源地址转换为防火墙的出接口地址，然后返回给请求方。整个通信流程完成。

12.3.3 SNAT（源网络地址转换）

这是另外一种网络地址转换方式，仅仅在 nat 表的 POSTROUTING 和 INPUT 链，以及和被这些链调用的自定义链中可以使用。它指定报文的源地址将被修改，它至少需要一个参数-源地址，报文的源地址将被指定地址替换。此连接的后续报文并不进入该规则中，连接中的报文源 IP 均被自动替换。设置参考命令如下：

```
#>iptables -t nat -A POSTROUTING -s 192.168.6.0/24 -o eth0 \
-j SNAT --to-source 10.0.2.15
```

这个目标处理方式经常用于仅有少量固定 IP 地址上网的情形，局域网的私有地址在访问因特网时，源地址被路由器外网地址替换。

12.3.4　MASQUERADE（伪装）

MASQUERADE 是最常用的处理目标，因为大多数情况下，路由器并没有一个固定的 IP 地址。我们的路由器是通过 PPPoE 拨号上网或者是通过 DHCP 自动分配的 IP 地址。这个处理目标和 SNAT 处理目标作用是一样的，区别就是它不需要指定源地址。MASQUERADE 是被专门设计用于那些动态获取 IP 地址的连接，比如拨号上网、DHCP 连接等。如果你有固定的 IP 地址，还是用 SNAT 处理目标，这样可以节省计算资源。

注意，MASQUERADE 只能用于 nat 表的 POSTROUTING 链。例如，局域网来自 192.168.6.0 网络的报文通过 MASQUERADE 进行源地址转换：

```
#>iptables -t nat -A POSTROUTING -s 192.168.6.0/24 -o eth0 -j MASQUERADE
```

12.3.5　LOG

为匹配的报文开启内核记录。当在规则中设置了这一选项后，Linux 内核会通过 printk 函数打印一些关于匹配包的信息，然后通过 syslog 机制记录在日志文件中。该处理目标并非最终目标，处理完成后，报文还会接着进入下一条规则继续匹配。有以下几个选项可以设置。

- --log-level：日志级别。
- --log-prefix：prefix 在记录 log 信息前加上的特定前缀：最多 14 个字母长，用来和日志中其他信息区别。
- --log-tcp-sequence：记录 TCP 序列号。
- --log-tcp-options：记录 TCP 报文头部的选项。
- --log-ip-options：记录 IP 报文头部的选项。

12.3.6　REDIRECT

只适用于 nat 表的 PREROUTING 和 OUTPUT 链，以及它们调用的用户自定义链。它修改报文的目标 IP 地址来发送报文到机器自身(本地生成的报文被设置为地址 127.0.0.1)。
经常用于 HTTP 代理,例如将 80 端口的 HTTP 请求重定向到 SQUID 的 3128 端口。它包
含一个选项:

```
--to-ports []
```

指定使用的目的端口或端口范围。不指定的话,目标端口不会被修改。只能用于指定
了 TCP 或 UDP 的规则。

注意,iptables 中的所有表都是小写字母表示,内置规则链均大写字母表示,所有处理
目标均以大写字母表示。

12.4　报文处理流程

iptables 有 5 个表,每一个表中又有几个不同的链,不同的表中有相同名称的规则链,
但这些规则链处理的任务是不同的。报文按照预定的流程来顺序进入到各个规则链中,报
文处理流程如图 12-2 所示。同一名称规则链根据表的先后顺序进入,进入顺序依次是 raw、
mangle、filter 和 nat。

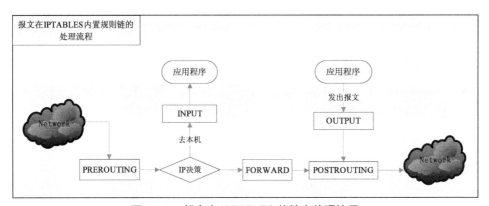

图 12-2　报文在 IPTABLES 的链表处理流程

报文从网络来的,首先进入到 PREROUTING 链中进行处理,再对目标 IP 地址进行判
断,如果目标 IP 地址和本机相同就会把报文转到 INPUT 链,再转到应用程序。如果报文
的 IP 地址和本机不同,则是转发报文,进入 FORWARD 链,再经过 POSTROUTING 链发

出报文。如图 12-3 所示。

（1）首先网卡从网络上收到 IP 报文。

（2）报文进入 raw 表的 PREROUTING 链。
这里能够在连接跟踪生效前对报文进行处理，
你可以标记某种类型的报文不被连接跟踪处
理。一般很少使用。

（3）报文进入到连接跟踪处理。这里是收
到报文进行连接跟踪处理的位置。

（4）报文进入到 mangle 表的 PREROUTING
链。这里是报文进入网关之后、路由之前修改
报文的地方。

（5）报文进入到 nat 表 的 PREROUTING
链。在这里我们做目的地址转换（DNAT）。这
里不能用于报文过滤，因为每一个连接数据流
仅第一个报文进入到这里。

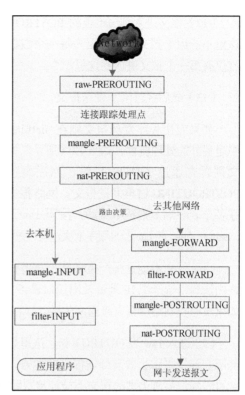

（6）进行路由决策，因为前面的 mangle

图 12-3　网络报文处理流程

和 nat 表可能修改了报文的 IP 地址信息。如果目标地址为网关，则直接进入到 INPUT 链
中，如果和本机地址不同，则是进入路由转发，跳到第 9 步的转发表中。

（7）报文进入到 mangle 表的 INPUT 链。这里是报文进入网关时修改报文的地方，在
这里做报文过滤是不被推荐的，因为它可能有副作用。通常也很少修改报文。

（8）报文进入到 filter 表的 INPUT 链。这里是对收到报文做过滤的地方，然后将报文
转到应用程序。

（9）对于转发报文进入到 mangle 表的 FORWARD 链。这里是对转发报文进行修改的地方。

（10）报文进入到 filter 表中的 FORWARD 链，对转发报文进行过滤。这里是唯一适合
对转发报文过滤的地方。所有的转发报文均经过这个规则链。

（11）报文进入到 mangle 表的 POSTROUTING 链。这条链可能被两种报文遍历，一种
是转发的报文，另外就是本机产生的报文。这个链通常很少使用。

（12）报文进入到 nat 表的 POSTROUTING 链。在这里我们做源地址转换（SNAT）。这里不能用于报文过滤，因为每一个数据流仅有第一个报文进入到这里。

（13）最后经过网卡发送报文。

如果应用程序发送报文则在 netfilter 中是另外的处理流程，如图 12-4 所示。报文则首先通过 OUTPUT 链，然后经过 POSTROUTING 链再发送报文。网络报文在各个表中的规则链中流动，按照 raw、mangle、filter 和 nat 表的顺序依次进行匹配。

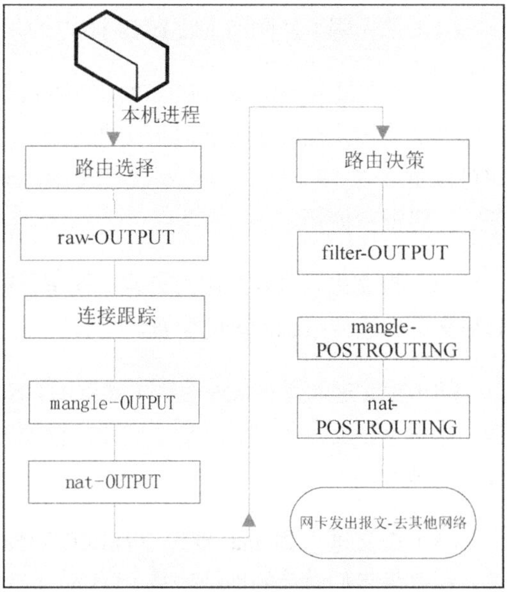

（1）首先本地进程产生报文，并进行路由选择，选择源 IP 地址及出接口设备。如果没有找到路由将直接返回失败。

（2）进入 raw 表 OUTPUT 链。这里是能够在连接跟踪生效前处理报文的地方，你可以标记某种类型的报文不被连接跟踪处理。一般很少使用。

图 12-4　本机产生报文处理流程

（3）连接跟踪。这里是本地发出报文进行连接跟踪处理的位置。

（4）进入到 mangle 表的 OUTPUT 链。这里是我们修改报文的地方。不推荐在这里做报文过滤，因为它可能有副作用。

（5）进入到 nat 表 OUTPUT 链。这里对于本机发送的报文做目的地址转换（DNAT）。不能用于过滤，因为每一个数据流仅第一个报文进入到这里。

（6）进入路由决策。因为前面的 mangle 和 nat 表可能修改了报文的 IP 地址信息。

（7）进入到 filter 表的 OUTPUT 链。对本机发出报文做过滤的地方。

（8）进入到 mangle 表的 POSTROUTING 链。这条链可能被两种报文遍历，一种是转发的报文，另外就是本机产生的报文。

（9）进入到 nat 表的 POSTROUTING 链。在这里我们做源地址转换（SNAT）。这里不能用于报文过滤，因为每一个数据流仅有第一个报文进入到这里。

（10）在网卡接口上发出报文，报文离开主机。

12.5 报文规则匹配

防火墙规则用于匹配报文，有多种匹配报文特征的方法，常见的有根据数据链路层、IP 层及传输层特征进行匹配，甚至可以根据应用层特征进行匹配，例如用户、域名以及内容匹配等。

MAC 地址过滤用于匹配报文以太网卡的物理地址。必须是 XX:XX:XX:XX:XX:XX 这样的格式。它只对来自以太网设备并进入 PREROUTING、FORWORD 和 INPUT 链的报文有效。注意：MAC 地址过滤只对源 MAC 地址有效。格式为：-m mac --mac-source [!] address。如下面所示的规则将丢弃来自指定 MAC 的报文。

```
#>iptables -I INPUT -m mac --mac-source 28:D2:44:15:D5:A4 -j DROP
```

IP 层匹配常用的有协议、源 IP 地址和目标 IP 地址，经常和传输层的端口一起使用。

-p 用于匹配 IP 层报头所指定的传输层协议。常见的协议为 TCP、UDP、IGMP、ICMP 或者 ALL，等等。也可以是一个数字，数字代表的协议在文件/etc/protocols 描述。数字零表示所有协议。例如禁止 UDP 5060 报文通过命令如下：

```
#>iptables -A FORWARD -p UDP --m udp dport 5060 -j DROP
```

-s 和-d 用于匹配 IP 报文的源和目标 IP 地址。IP 地址可以是网络地址、主机名或具体的 IP 地址。如果是主机名，在插入到内核之前将被解析为 IP 地址。网络掩码长度是指 IP 地址左边 "1" 的个数。例如 24 表示 255.255.255.0。例如禁止 192.168.1.0 网段访问本机的设置命令如下：

```
#>iptables -A INPUT -s 192.168.1.0/24 -j DROP
```

owner 模块用于匹配报文发起者，用于本机进程产生的报文，一般为用户或用户组 ID。这些规则仅可以在 OUTPUT 和 POSTROUTING 链中使用。转发的报文不会匹配到任何的用户信息，内核线程产生的报文也没有所有者，例如 ICMP 信息。这在一些严格限制仅限定用户进程可以通过的场合使用，每一个进程一个用户，这样可以非常方便地对进程加以区分。

例如，允许 1002 用户进程的报文通过：

```
#>iptables -I OUTPUT -m owner --uid-owner 1002 -j ACCEPT
```

接口匹配模块提供了根据报文的出入接口来匹配的方法，如果不限定接口，规则将匹配所有的网卡接口网络。可以通过以下方法来设置匹配接口。

- -i [name]：这是报文经由该接口接收的流入接口名称，报文通过该网卡接口接收（在规则链 INPUT、FORWORD 和 PREROUTING 中进入的报文）。

- -o [name]：这是报文经由该接口发出的流出接口名称，报文通过网卡该口发送（在规则链 FORWARD、OUTPUT 和 POSTROUTING 中送出的报文）。

当在接口名称前使用 "!" 修饰后，指的是不为该接口的报文，如果接口名后面加上 "+"，则所有以此接口名开头的接口都会被匹配。如果不指定这个选项，那么将匹配任意网卡接口的报文。

conntrack 连接跟踪是有状态防火墙的核心机制，用于存取这个报文的连接跟踪状态来计算匹配返回的报文。state 是连接跟踪的子集，用于存取连接跟踪的报文状态。可选的状态列表如下。

- NEW：这个报文开始新的连接，是连接建立的第一个报文。例如 TCP 连接的第一个请求报文。

- ESTABLISHED：连接建立，这个报文关联的连接已经在双方向看到报文。

- RELATED：这个报文开始新的连接，但是关联到一个已存在的连接上，例如一个 FTP 数据传输或者一个 ICMP 错误。

- UNTRACKED：这个报文没有连接跟踪，如果你在 raw 表中使用 -j CT -notrack 进行了设置。

- INVALID：这个报文没有关联到已知的连接。例如收到不属于已有连接的 ICMP 错误信息。

可以和任何网络协议一起来使用 iptables 连接跟踪的状态功能，状态功能支持 TCP、UDP 和 ICMP 协议。下面的例子使用连接跟踪来只转发与已建立连接相关的分组报文，这种情况通常是禁止转发广域网的直接发起请求报文，这样就可以只用加入一条规则来允许局域网指定协议可以通过。

```
#>iptables -A FORWARD -i eth0 -m state --state ESTABLISHED,RELATED -j
ACCEPT
```

iptables 还支持很多扩展模块，例如 connlimit，用于限制并行连接数等（请参考 iptables 帮助手册）。

12.6　管理防火墙规则

iptables 工具提供了管理防火墙规则的功能，以下将介绍增加、删除、查看规则功能如何使用。

```
iptables [-t table] {-A|-C|-D} chain rule-specification
rule-specification = [matches...] [target]
match = -m matchname [per-match-options]
target = -j targetname [per-target-options]
```

一个防火墙规则包含报文匹配规则和处理目标，处理目标在 12.3 节已经讲述，匹配规则用于检测报文是否符合该规则标准。一般根据报文的 IP 特征进行匹配，典型根据报文协议、IP 地址和端口进行匹配，在 12.5 节已经讲述。iptables 提供了以下命令来管理防火墙规则。

- -A --append：将防火墙规则增加到所选规则链的末尾。

- -D --delete：在指定的规则链中删除规则。可以通过指定规则号来删除，也可以通过规则匹配来删除。规则编号是指规则在规则链中的顺序号，顺序号从 1 开始增加。

注意：规则在规则链中的规则编号不是固定的，如果删除前面的规则，则后面的规则自动往前移动。

- -I，--insert chain [rulenum] rule-specification：插入到规则链中的指定位置，如果不指定插入位置，则插入到规则链的第一个位置处。

- -L，--list [chain]：查看防火墙规则，如果没有指明规则链，则所有的规则链均显示出来。

所有的 iptables 命令，如果没有指定防火墙表就使用默认的 **filter** 表，所以查看网络地址转换规则使用 iptables -t nat -n -L，注意经常使用的-n 选项，是为了避免长时间的 DNS 解析。

iptables -F 清空所选的规则链中的规则。如果没有指定链，则清空指定表中的所有链的规则。如果什么都没有指定，就清空默认表所有的链规则。当然也可以一条一条地删除，但用这个命令会比较方便。例如清空 **filter** 表中 INPUT 链的规则。

```
iptables -t filter -F INPUT
```

（1）默认策略的设置。每一条内置链的策略都是用来处理那些在相应的规则链中没有被规则匹配的报文。也就是说，如果有一个报文没有被规则集中的任何规则匹配，那默认策略就会命中，执行默认策略的行为。

一般有两种策略行为，默认通过（ACCEPT）和默认丢弃（DROP），在白名单模式会使用默认丢弃，在黑名单模式下会默认通过。设置命令形式如下：

```
iptables [-P {chain} {policy}]
```

例如设置输入链为默认拒绝：#>iptables -P INPUT DROP。

（2）自定义规则链的创建。对于复杂规则，我们通常会创建自定义规则链来进行匹配，并把自定义规则链加入到已有的规则链中，这样我们在删除及加载时非常方便。自定义规则链设置命令如下：

```
#>iptables -N UDP_FILTER
```

（3）清空整个防火墙。通常在进行防火墙配置前，需要将以前的规则全部删除，因此我们清空整个防火墙。

```
#>iptables -F
#>iptables -t nat -F
#>iptables -t mangle -F
```

（4）一个典型路由器的配置。如果我们没有使用其他的额外的工具，我们手动进行配置一个典型路由器防火墙如示例 12-1 所示。从局域网发起的流量均可以通过，从互联网发起的主动流量不能通过，从互联网来的被动报文也允许通过，因为这是局域网主机请求的响应报文。所有局域网的请求转发后均进行网络地址转换，将源地址改为路由器地址。

示例 12-1：

```
WAN=eth0
LAN=eth1
iptables -t filter -P FORWARD DROP          #所有转发流量均默认禁止。
#局域网发起的连接进行转发
iptables -t filter -A FORWARD -i $LAN -j ACCEPT
#对所有符合连接跟踪状态的报文进行转发。
iptables -t filter -A FORWARD -m state --state RELATED, ESTABLISHED
-j ACCEPT
#所有去往互联网的流量均进行地址伪装，即源地址改为路由器地址。
iptables -t nat -A -o $WAN -j MASQUERADE
```

如果我们需要停止防火墙，我们可以逐条删除规则，也可以直接清空规则，并设置其默认策略，示例 12-2 将停止防火墙。

示例 12-2：

```
#恢复内置链默认策略
iptables -t filter -P FORWARD ACCEPT
iptables -t filter -P INPUT ACCEPT
#以下命令清空表中所有的规则
iptables -F
iptables -t nat -F
iptables -t mangle -F
iptables -t raw -F
```

12.7　其他工具集

iptables 提供了两个很有用的工具用来处理大规则集：iptables-save 和 iptables-restore，它们把规则存入一个与标准脚本代码只有细微差别的特殊格式的文件中，或从中恢复规则。

iptables-save：导出 iptables 规则到标准输出（即屏幕）中，我们使用 shell 的重定向命令可以将规则写入文件中。内容格式和 iptables 类似但稍有不同，这个格式便于程序解析。

iptables-restore：用于加载导出的防火墙规则，使用标准输入的内容来导入，一般都是通过 shell 提供的重定向从文件中读取规则之后来向内核导入规则。

一般的 iptables 一次仅执行一条指令，如果对于很大的规则集也采用 iptables 来设置，那就需要反复在内核和用户空间进行通信，这样将浪费很多的 CPU 时间，而这两个命令通过一次调用就可以装载和保存整个规则集，这样节省了大量的时间。

12.8　小结

开源领域有很多防火墙都是基于 iptables/netfilter 来实现的，例如 arno 防火墙、UFW 防火墙和 UCI 防火墙。OpenWrt 采用 UCI 防火墙是一个功能比较强大的防火墙。如果是静态配置也可以选择 arno 防火墙，作为桌面终端用户可以选择 ufw 防火墙。

12.9　参考资料

- Iptables 指南（ https://www.frozentux.net/iptables-tutorial/cn/iptables-tutorial-cn-1.1.19. html [2015-08-15] ）。

- Iptables 手册（ http://linux.die.net/man/8/iptables [2016-7-24] ）。

- drop 和 reject 比较（ http://www.chiark.greenend.org.uk/%7Epeterb/network/drop-vs-reject ）。

- Arno 防火墙（ http://rocky.eld.leidenuniv.nl/html/ ）。

- UFW 防火墙（ https://help.ubuntu.com/community/UFW ）。

如果直接使用 iptables 命令，不便于管理。OpenWrt 采用 UCI 配置来管理防火墙规则，这样将便于用户使用命令或 Web 接口来管理。另外加入 UCI 配置层可以分离路由器控制层和转发层。

本章首先讲述了 UCI 防火墙的基本配置，接着使用 UCI 配置来对黑白名单和家长控制进行管理，最后讲述了防火墙的管理和如何调试防火墙。

13.1 概述

OpenWrt 使用 Netfilter 来实现报文过滤、网络地址转换和报文修改。UCI 防火墙封装了 Netfilter 的配置接口，抽象了防火墙系统特征来提供简单的配置模型，适合大多数场景。UCI 配置还提供了扩展接口，用户自己需要特殊 iptables 命令时也可直接配置。

防火墙的核心是防火墙规则，所有的规则在一起就是规则集。这些规则允许或拒绝某些主机去访问另外一个网络的主机。通过组合这些规则，就可以创建非常复杂的强大规则集。但是手动维护这些规则集将非常困难，因此 OpenWrt 定义了安全域（Zone）的概念，可以减少管理的负担。

UCI 防火墙映射一个或多个接口在一起为一个安全域，这样可以简化配置模型。安全域是一个相同规则的区域，一个安全域根据接口来划分，可以包含一个或多个接口。可以同时定义多个接口的默认规则，以及接口之间的转发规则，还有前两步未覆盖到的其他规则。安全域也用于配置网络地址转换、端口转发规则、重定向等。

安全域必须映射到一个或多个接口，并最终映射到多个物理接口设备，因此安全域不能用于指定子网和按照 iptables 规则来操作物理设备接口。当接口的子网包含另外一个网关时，可以用来达到目的地不属于自己的子网网络。通常转发是在局域网和广域网之间的接口完成，因此使用路由器作为局域网和因特网之间的边缘网关。UCI 的防火墙默认配置提供了这样的一个共同设置。典型智能路由器设置为两个安全域，wan-连接互联网，lan-连接局域网。

Netfilter 系统是数据包通过各个规则的链式处理过滤器。第一个规则如果没有匹配，则继续下一个规则匹配，直到数据报文命中 ACCEPT、DROP 或 REJECT 之一。如果直到最后一个仍未匹配，默认规则最后生效，具体的规则首先起作用。OpenWrt 的防火墙规则也是如此，在配置文件中，默认规则在最前面，但最后生效，同级别的规则按照配置文件顺序先后生效。

13.2　防火墙配置

路由器的最小防火墙配置通常有一个缺省（defaults）部分、至少两个安全域（局域网和广域网）和一个转发——允许数据从局域网到广域网。

这一节的内容是对防火墙配置文件中定义的配置节的详细描述。防火墙配置文件位于 / etc/config/firewall 中。UCI 配置文件没有区分类型，但防火墙模块解析处理过程需要区分类型，因此配置文件的配置项需要填入指定类型的值，主要有字符串、布尔值、整型值、MAC 地址和 IP 地址等类型。

13.2.1　Defaults

Defaults 配置节定义了不属于特定区域的全局防火墙设置。配置类型为 "defaults"，表 13-1 所示的是这个配置节的主要定义选项。

表 13-1　defaults 配置节选项含义

名　　称	类　　型	含　义　描　述
input	字符串	设置过滤表的 INPUT 链的策略，默认为 REJECT
output	字符串	设置过滤表的 OUTPUT 链的策略，默认为 REJECT

续表

名　称	类　型	含　义　描　述
forward	字符串	设置过滤表的 FORWARD 链的策略，默认为 REJECT
syn_flood	布尔值	启动 SYN 洪水攻击保护，默认不启用
disable_ipv6	布尔值	关闭 IPv6 防火墙，默认打开

13.2.2　Zones-安全域

一个安全域根据接口来划分，可以包含一个或多个接口，在源和目的地之间进行转发、生成规则和重定向。输出的流量伪装是每一个安全域的基础控制。注意伪装是对即将报文离开的接口进行定义，是将报文的源 IP 地址转换为路由器的出口 IP 地址。

INPUT 规则用于匹配流量从这个安全域的接口到达路由器本身，即目的地址为路由器 IP 地址的流量。OUTPUT 规则用于处理从路由器自己产生的报文并通过安全域的接口，即作用于源地址为路由器地址的报文。FORWARD 规则用于处理从一个安全域到另外一个安全域的报文，即经过路由器来转发的报文。

安全域的配置节类型为"zone"，其主要选项在表 13-2 中有详细描述。

表 13-2　zone 配置节选项含义

名　称	类　型	含　义　描　述
name	字符串	定义安全域的名称
network	链表	安全域的接口列表
input	字符串	进入安全域报文的默认策略（ACCEPT、REJECT 或 DROP），默认为 DROP
forward	字符串	转发流量的默认安全策略（ACCEPT、REJECT 或 DROP），默认为 DROP
output	字符串	该安全域发出报文的默认策略（ACCEPT、REJECT 或 DROP），默认为 DROP
masq	布尔值	该安全域流量是否进行地址伪装，即是否进行地址转换，典型情况下 wan 域均启用该设置
mtu_fix	布尔值	对于所有的外出流量固定其最大分片大小值

13.2.3　转发

转发部分控制安全域之间的数据流量，可以使 MSS（最大分片大小）为特定的方向。

一个转发规则仅代表一个方向。允许两个区域之间的双向流量，这需要两个转发规则，src 和 dest 部分颠倒过来即可，转发配置节的类型为 "forwarding"。主要选项在表 13-3 中描述。

表 13-3　forwarding 配置节选项含义

名　　称	类　　型	描　　述
src	安全域名称	指定流量的源区域，必须指向一个已经定义的安全域的名称
dest	安全域名称	指定流量的目的区域，必须指向一个已经定义的安全域的名称
family	字符串	协议家族（ipv4、ipv6 或者 any），默认值为 any，用于产生 iptables 规则

iptables 规则生成该部分依靠需要连接跟踪工作来生成状态匹配。在 src 和 dest 安全域至少需要有一个连接跟踪通过 MASQ 或连接跟踪选项启用。如果没有启用连接跟踪机制，那报文只能单向通过，返回的报文将被拒绝。示例 13-1 表示允许局域网到广域网的报文转发。

示例 13-1：

```
config forwarding
        option src 'lan'
        option dest 'wan'
```

13.2.4　重定向

目的地址转换（DNAT）定义在重定向配置节。在指定源安全域的所有进入的报文如果匹配给定的规则将重定向到指定的内部主机上。

重定向也叫 "端口转发" 或 "端口映射"。端口访问可以以 "start:stop" 来指定，例如 8080:8090，语法和 iptables 类似。技术上来说，端口映射是目的地址转换的另一个术语，报文发送到防火墙并被转换为一个新的目的地址，这个处理过程完全由防火墙自动完成。对于设置这个规则，需要新老目的地址，并且可以选择源地址或者其他约束条件进行匹配。重定向配置类型为 "redirect"。配置选项在表 13-4 中详细描述。

表 13-4　redirect 配置节选项含义

名　　称	类　　型	含 义 描 述
src	安全域名称	指定流量的源安全域。必须指向已经定义的区域，典型的端口转发通常是 wan
src_ip	IP 地址	匹配从指定源 IP 地址的报文

续表

名　　称	类　　型	含 义 描 述
src_dip	IP 地址	对于 DNAT 来说，匹配指定目的地址的报文；对 SNAT 来说，重写源地址为指定的地址
src_mac	MAC 地址	对于流入报文，匹配指定的 MAC 地址
src_port	端口号	匹配指定源端口或范围的流入报文
src_dport	端口号	报文的原始目标端口
proto	协议名称或数字	匹配指定的协议
dest	安全域名称	指出流量的目的安全域，必须是一个已定义的安全域的名称。对于 DNAT 这个必须为 lan 域
dest_ip	IP 地址	对于 DNAT，将重定向到指定的内部主机，对于 SNAT，匹配给定地址的流量
dest_port	端口号或范围	对于 DNAT 来说，重定向匹配的报文到内部主机的指定端口。对于 SNAT 来说，匹配的报文将直接重定向到指定的端口

示例 13-2 将转发从 wan 接口的 HTTP 请求报文到 IP 地址为 192.168.1.100、端口为 80 的 Web 服务器上，没有指定转换后端口号，那就是目的端口不变。

示例 13-2：

```
config redirect
        option src        wan
        option src_dport  80
        option proto      tcp
        option dest       lan
        option dest_ip    192.168.1.100
```

13.2.5　规则

规则（rule）用于定义基本的接受或拒绝规则来允许或限制你访问指定主机或端口。真正的防火墙规则在这里进行设置。规则定义如下。

- 如果 src 和 dest 均指定，规则作用于转发流量。

- 如果仅指定了 src，规则匹配流入本机的流量，即目的地址为防火墙的报文。

- 如果仅指定了 dest，规则匹配本机作为源地址的流量。

● 如果 src 和 dest 均没有给出，则默认作用于本机作为源地址的流量。

端口范围使用 start:stop，例如 8080:8090。这和 iptables 的语法完全一致。规则的配置类型为 "rule"，防火墙规则中如果指定了时间，则需要路由器的时间准确，否则和自己的期望将完全不同。具体的配置选项在表 13-5 中详细描述。

表 13-5　rule 配置节选项含义

名　　称	类　　型	描　　述
name	字符串	规则的名称
src	安全域名称	指定报文的来源，必须指向一个存在的安全域的名称
src_ip	IP 地址	匹配指定的源 IP 地址
src_mac	MAC 地址	匹配指定的源 MAC 地址报文，注意没有目的 MAC 地址匹配
src_port	端口或端口范围	匹配指定的源端口或端口范围的报文。在协议号指定的情况下使用
proto	协议名称或协议数字	匹配指定的协议报文。可以是 UDP、TCP、TCPUDP、ICMP、GRE、IGMP 或者 ALL。或者为代表这些协议的数字协议编号，编号含义来自文件 /etc/protocols，数字零和 ALL 等价
dest	安全域名称	指定流量的目的安全域。必须是一个已经存在的安全域名称。或者是*表示任何安全域。如果指定了表示这个规则用于转发链，否则作用于 INPUT 链
dest_ip	IP 地址	匹配指定的目的 IP 地址报文，如果没有配置 dest 域，这条规则将当作 INPUT 规则
dest_port	端口或端口范围	匹配给定的目的端口或端口范围
target	字符串	匹配报文之后的行为（ACCEPT、REJECT、DROP、MARK 或 NOTRACK）
weekdays	星期列表	可以指定周一到周日的任何一天，可以组合起来，中间用空格隔开，例如：mon tue wed thu fri

默认的防火墙配置是接受所有的局域网流量，但是阻断所有的 WAN 入口主动流量，除了当前 NAT 或连接的被动流量。如果要打开服务的端口，可以像示例 13-3 一样增加规则。示例 13-3 配置将允许互联网上的主机通过 SSH 协议访问路由器。

示例 13-3：

```
config rule
    option src          wan
    option dest_port    22
    option target       ACCEPT
    option proto        tcp
```

示例 13-4 用于阻止局域网主机到广域网主机 121.42.62.172 的全部连接。源主机将收到目标端口不可达的 ICMP 消息。这就是把这个 IP 地址加入了访问黑名单，不允许访问。

示例 13-4：

```
config rule
        option src          lan
        option dest         wan
        option dest_ip      121.42.62.172
        option target       REJECT
```

示例 13-5 用于创建一个输出规则，阻止从路由器 ping IP 为 8.8.8.8 的主机。这个规则没有 src 字段，因此仅匹配从路由器发出的报文。

示例 13-5：

```
config rule
        option dest         wan
        option dest_ip      8.8.8.8
        option proto        icmp
        option target       REJECT
```

示例 13-6 用于限制从局域网到广域网的目的端口为 1024～65535 的报文转发。

示例 13-6：

```
config rule
        option src          lan
        option dest         wan
        option dest_port    1024-65535
        option proto        tcpudp
        option target       REJECT
```

13.2.6　include

include 用于包含自定义的防火墙规则。在防火墙配置中可以指定一条或多条 include

配置节。类型为"include"，仅有一个必须的参数是包含的文件路径，所有的可选参数如表 13-6 所示。

表 13-6 include 配置节选项含义

名　称	类　型	描　述
path	文件名	指定自定义规则的路径，默认值为/etc/firewall.user
enabled	布尔值	为 1 表示启用，为 0 表示不使用，即可以不用删除规则定义，就可以这条规则不起作用，默认为启用
type	字符串	指定 include 的类型，"script"表示是传统的 shell 脚本，"restore"表示是 iptables-restore 格式的文本
family	字符串	指定这个包含规则的 IP 地址家族（IPv4、IPv6 或者 any）
reload	布尔值	指定规则在重新加载时是否需要被再次调用，这仅在注入到内部规则时需要再次调用，因为内部防火墙规则链先被删除，然后再次创建

包括类型的脚本可以包含任意的命令，例如高级的 iptables 规则或流量整形所需的 tc 命令。由于自定义 iptables 规则要比一般的更具体，所以必须确保使用"-I"来插入而不是一个"-A"来附加到最后，这样自定义规则将出现在默认规则的前面。

13.3　常见用法

13.3.1　MAC 地址黑白名单

MAC 地址过滤是家用路由器的一个常见功能，它可以防止未授权的 MAC 地址访问路由器和通过路由器访问网络。例如网络上有恶意用户，可以通过 MAC 地址限制指定恶意用户主机连接到路由器，即使他拥有路由器的密码。

OpenWrt 没有单独的 MAC 接入控制模块，但可以通过设置防火墙规则来实现。MAC 地址是计算机网卡的物理地址，它就像是网卡的身份证，在网络中进行通信时对网卡的识别都是通过这个地址进行的。通常一个计算机仅有一个网卡，那这个网卡就可以代表这个计算机，限制这个 MAC 地址即可控制计算机能否接入网络，从而有效控制了网络用户的上网权限。通常有两种方式来控制：白名单和黑名单。

（1）黑名单是指在名单内的设备不能接入网络。例如小孩的计算机不能访问。

（2）白名单是指名单内的设备可以接入网络，其他设备均不能访问。

示例 13-7：

```
config rule
        option src              lan
        option dest             wan
        option src_mac          08:00:27:00:58:AA
        option target           DROP
config rule
        option src              lan
        option src_mac          08:00:27:00:58:AA
        option target           DROP
```

示例 13-7 用于阻止指定客户端连接到因特网，第一个规则禁止黑名单访问网络，第二个规则阻止从客户端连接路由器。这样该机器就不能通过该 OpenWrt 路由器访问任何资源。

如果以自定义规则来实现黑名单，则使用如下 4 条规则进行设置：

iptables -N MAC_FILTER

iptables -I INPUT -j MAC_FILTER

iptables -I FORWARD -j MAC_FILTER

iptables -A MAC_FILTER -m mac --mac-source 08:00:27:00:58:AA   -j DROP

第一行首先定义了自定义链 MAC_FILTER，然后紧接着将 IPNUT 链的报文转到 MAC_FILTER，由它将匹配目标地址为路由器 IP 的报文。第三行规则将 FORWARD 链转到 MAC_FILTER 自定义链中，这个将匹配经过路由器转发的流量。最后一个规则将源 MAC 地址的规则加入到 MAC_FILTER 链中。通常防火墙是默认允许局域网报文通过的，因此可以仅设置拒绝通过的 MAC 即可。

例如，某企业想要保证仅授权用户可以连接 Wi-Fi。因为通常 Wi-Fi 的连接密码只有一个，如果多个人访问，经常会导致密码透露给非授权用户。白名单技术就在这时派上用场，将授权用户的 MAC 地址增加到防火墙中，这样即使 Wi-Fi 连接密码泄露，非授权用户也不能通过无线路由器访问网络。如果要设置白名单模式，则需要在规则的最后增加一个默认拒绝规则。

13.3.2　家长控制

OpenWrt 没有专门的家长控制模块，我们可以在防火墙功能中实现设置。例如，禁止小孩在周一到周五上网，通过设置小孩专用的计算机 MAC 来禁止访问任何网络。示例 13-8 用于禁止指定 MAC 周一到周五将报文转发到互联网，weekdays 用来表示一周中的第几天。

示例 13-8：

```
config rule
        option src              lan
        option dest             wan
        option src_mac          28:D2:44:15:D5:A4
        option weekdays         'mon tue wed thu fri'
        option target           REJECT
```

在企业也是同样的情况，有些公司在工作的时间会禁止使用互联网，或者是根据公司管理策略仅能访问一些授权的网站。这些策略最难的部分在于管理政策中哪些允许哪些不允许，这通常很难做出决定。在技术上使用防火墙来实现，UCI 配置只能从 IP 层进行限制，因此如果限制访问域名，需要转换为 IP 地址。

示例 13-9：

```
config rule
        option src              lan
        option dest             wan
        option src_mac          28:D2:44:15:D5:A4
        option target           ACCEPT
config rule
        option src              lan
```

```
option dest          wan
option src_ip        192.168.1.0/24
option start_time    9:00
option stop_time     18:00
option weekdays      'mon tue wed thu fri'
option target        REJECT
```

示例 **13-9** 所示的配置实现了周一到周五的工作时间内禁止局域网用户访问网络，并允许来自你自己 MAC 主机的网络访问。

13.4 防火墙管理及调试

13.4.1 管理防火墙

OpenWrt 12.09 的防火墙模块脚本目录为 /lib/firewall，管理脚本为/bin/fw：

```
/sbin/fw -help
/sbin/fw <command> <family> <table> <chain> <target> { <rules> }
```

在配置修改之后，通过执行/etc/init.d/firewall restart 生效；调用/etc/init.d/firewall stop 将删除所有自定义的规则，并设置所有标准的规则链为接受（ACCEPT）。手动启动防火墙执行/etc/init.d/firewall start。

（1）永久停用防火墙。防火墙可以通过执行/etc/init.d/firewall disable 永久禁用，需要重启生效。注意：禁用不会删除已生效的规则。使用 enable 可重新激活使用防火墙。

（2）停用防火墙。运行/etc/init.d/firewall stop 以删除所有规则和设置默认策略为接受。重启防火墙，运行/ etc/init.d/firewall start。

（3）删除规则。如果你增加了一个错误的规则，你可以通过以下方式删除。首先，错误的命令规则可以通过以下命令找出索引：

```
iptables -L -t raw --line-numbers
```

现在进行删除。例如删除 OUTPUT 链的第三条规则，可执行以下命令：

```
iptables -t raw -D OUTPUT 3
```

（4）调试产生的规则集。观察通过防火墙程序产生的 iptables 命令是非常有用的，跟踪防火墙重启的 iptables 错误，或者验证特定 UCI 配置规则的结果及作用。

为了看到执行过程中的规则，运行 fw 命令之前将 FW_TRACE 环境变量设置为 1。FW_TRACE 变量使用在 **/lib/firewall/fw.sh** 中，判断是否定义，如果已经定义，将输出执行的每条规则：

```
FW_TRACE=1 fw reload
```

将执行输出重定向到一个文件中供以后分析，使用以下命令：

```
FW_TRACE=1 fw reload 2>/tmp/iptables.log
```

在 OpenWrt 15.05 版本中防火墙使用 C 语言来重新实现，编译安装后为 fw3，使用 "-d" 选项来进行输出 iptables 命令。还有另外一个命令也支持输出防火墙规则：

```
fw3 print
```

13.4.2　测试防火墙

防火墙规则配置越多，它就越复杂。在正式使用之前，首先需要对配置进行测试。在配置修改完成后，需要调用以下命令来重启防火墙：

```
/etc/init.d/firewall restart
```

对于目标进行测试可以有非常方便的目标地址测试，但是如果有黑名单或者时间控制，就比较麻烦。测试时间需要你改变路由器系统时间进行测试，或者等待足够长的时间。

对于网络是否正常，可以使用 ping 命令进行进行测试。对于端口是否开放，可以用 NetCat 工具进行验证，NetCat 请参考在 "测试工具" 中描述的技术。

13.5 名词解释

- 安全域，是指相同安全等级的区域，由一个或多个接口组成，通常具有相同防火墙规则。

- 黑名单，是指不能通过的用户名单，名单以外的用户都能通过。

- 白名单，是指能通过的用户名单，名单之外的用户都不能通过。

- 家长控制，是指家长限制孩子使用计算机网络的时间以及仅能访问限定的网络资源。

13.6 参考资料

- OpenWrt 防火墙配置（http://wiki.openwrt.org/doc/uci/firewall [2016-7-24]）。

- UFW 防火墙（https://help.ubuntu.com/community/UFW [2016-7-24]）。

- Iptable 手册（http://Linux.die.net/man/8/iptables [2016-7-24]）。

- OpenWrt 网络配置（http://wiki.openwrt.org/doc/uci/network [2016-7-24]）。

第 **14** 章
UPnP

14.1 UPnP 简介

14.1.1 起源

通用即插即用（Universal Plug and Play，UPnP）是一种分布式、开放的网络架构，此标准由微软公司于 1999 年提出，由非盈利的通用即插即用论坛（UPnP Forum）负责体系架构和标准的维护和更新升级，此标准现已开放。

14.1.2 概述

UPnP 主要用于智能设备、无线设备、个人计算机之间的互联互通。此协议在使用过程中不需要任何驱动，可以在各种操作系统上运行。凡是可以连接局域网的场所都可以利用 UPnP 协议实现设备的互联互通，比如家庭、办公室、娱乐场所等地方。

UPnP 在即插即用的基础上进行了扩展，对家庭或企业中智能设备的联网过程进行了简化。当符合 UPnP 协议和技术的设备以物理形式连接到局域网之后，它们可以通过网络自动彼此连接在一起，而且连接过程不需要用户参与，更不需要有任何其他软件服务和设备支持。

UPnP 规范是基于 TCP/IP 协议，针对设备彼此间通信而开发和定制的高层协议。UPnP 最大的愿景就是希望任何设备一旦接入网络，所有在该网络上的设备马上就能知道新设备加入，这些设备彼此之间能互相沟通，在不需要任何设置的情况下，可以直接使用或控制设备，体现完全的即插即用特性。UPnP 技术使用标准的、不依赖于特定的设备驱动程序。 UPnP 设备可以自动配置网络地址，宣告它们在某个局域网子网的存在性，以及互相交换双方的设备描述信息和服务描述信息。UPnP 也推动了因特网技术的发展，包括 IP、TCP、UDP、HTTP、SSDP 和 XML 等技术。该协议是说明性的，利用 XML 进行表述和 HTTP 进行传输。这也是 UPnP 被称为通用即插即用的原因所在。

14.2　UPnP 架构

14.2.1　UPnP 协议术语

1. UUID

通用唯一识别码（Universally Unique Identifier），用来区别局域网、分布式系统中的不同设备终端，让它们有唯一的被识别的标识，其格式为 xxxxxxxx-xxxx-xxxx-xxxxxxxxxxxxxxxx，分别表示当前日期（8）-时间（4）-时钟序列（4）-全局唯一的 IEEE 机器识别号(16)。在有物理网卡的情况下，机器识别码就是物理网卡 MAC 地址，如果没有物理网卡则以其他方式获得，但是要全局唯一。

2. UDN

单一设备名（Unique Device Name，UDN），基于 UUID，用来标识一个设备。在不同的时间，对于同一个设备 UDN 是唯一的。

3. URI

Web 上可用的各种资源，比如文档、图像、视频片段、语音和图片等，由一个通用资源标识符（Universal Resource Identifier，URI）进行定位。URI 一般由 3 个部分组成：访问资源的命名机制、存放资源的主机名和资源自身的名称，使用路径表示。例如下面的 URI，它表示了当前的 HTML 4.0 规范：http://www.domain.com.cn/html/html40/。它表示一个可通过 HTTP 协议访问的资源，资源位于主机 www.domain.com.cn 上，通过路径"/html/html40"访问。

4. URL

统一资源定位符是因特网上用来描述信息资源的字符串，主要用在各种因特网客户程序和服务器程序上。采用 URL 可以用一种统一的格式来描述各种信息资源，包括文件、服务器的地址和目录等。

5. URN

统一资源名称用来唯一标识一个实体，但是无法给出实体的具体位置。它用于标识持久性的因特网资源。URN 可以提供一种机制，用于查找和检索定义特定命名空间的文件。尽管普通的 URL 可以提供类似的功能，但是在这方面，URN 更加强大并且更容易管理，因为 URN 可以引用多个 URL。

14.2.2　UPnP 组件

UPnP 服务系统是由支持 UPnP 的网络和符合 UPnP 规范的设备共同构成，整个系统由设备（Device）、服务（Service）和控制点（Control Point）3 个部分所构成。

1. 设备

这里的设备是指符合 UPnP 协议规范的设备。一个 UPnP 设备可以看成一个包含服务并嵌套了常规设备和服务的容器。例如，一个具有 UPnP 功能的路由器设备可以包含 IP 层数据包转发服务、服务质量（Quality of Service，QoS）服务等。也就是说，UPnP 设备不能仅仅理解为硬件意义上的设备，而应当包括服务功能。不同种类的 UPnP 设备将关联不同的设置、服务和嵌入设备以及嵌入服务。如路由设备和交换设备，它们的服务就不可能定义成一样的。

2. 服务

设备执行用户请求的过程，根据请求目的和业务的不同，可划分成不同的业务单位，每个单位就称为一个服务。每一个服务，对外都表现为具体的行为和模式，而行为和模式又可以用状态和变量值进行描述。一个设备也可以被定义多个服务。不论是设备的定义信息还是服务的描述信息，都保存在一个 XML 文件中，这个文件也是 UPnP 协议构成的一部分。当设备建立和使用服务的时候，XML 文件可以与它们进行关联。XML 文件中还有一个很关键的状态表，状态表可进一步分为"服务状态表"和"事件状态表"。在整个 UPnP 设备运行的全过程中，状态表贯穿始终，当设备状态改变的时候，例如发生参数变化或状态刷新的时候，立即就在"状态表"中反映出来。如控制服务器在接收到设置时间的行为请求时，就立即执行请求并给出响应，同时更新状态表中的有关状态数据。相应地，事件服务器负责向对此事件感兴趣的设备公布所发生的状态改变。例如，当办公区域温度达到一定值后，事件服务器产生相应温度超标事件并向温度报警器发送温度超标报警，以便及时处理，恢复温度正常。

3. 控制点

在 UPnP 网络中，用户请求设备执行的控制全部是通过控制点实现的，控制点首先是一个有能力控制别的设备的控制者，还要具有在网络中"发现"控制目标的能力。在发现控制目标之后，控制点应当作出如下反馈：

- 取得设备的描述信息并得到所关联的服务列表。
- 取得相关服务的描述。
- 调用控制服务行为。
- 确定服务的事件"源"，不论何时，只要服务状态发生改变，事件服务器会立即向控制点发送一个事件信息。

14.3 UPnP 协议

UPnP 协议栈图示如图 14-1 所示。

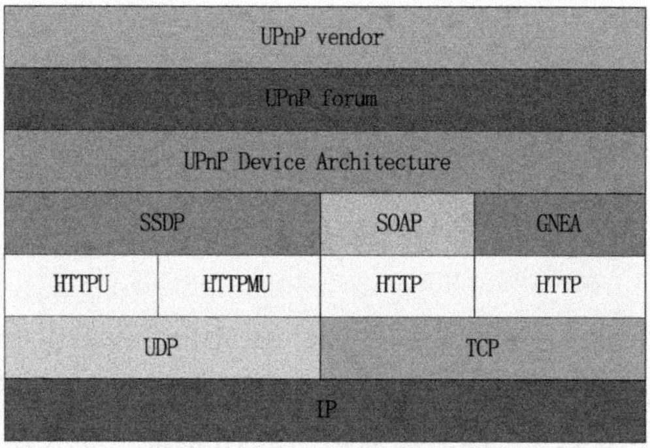

UPnP vendor			
UPnP_forum			
UPnP Device Architecture			
SSDP		SOAP	GNEA
HTTPU	HTTPMU	HTTP	HTTP
UDP		TCP	
IP			

图 14-1 UPnP 协议栈图示

UPnP 是一个多层协议构成的框架体系，每一层都以相邻的下层为基础，同时又是相邻上层的基础，直至达到应用层为止。该图的最下面是就是 IP 和 TCP 这两层，负责设备的网络层地址服务以及可达性，TCP 用来建立传输层的服务。

第三层是 HTTP、HTTPU 和 HTTPMU 层，这一层属于传输协议层。传输的内容都是经过"封装"后，存放在特定的 XML 文件中的。对应的 SSDP、GENA、SOAP 指的是保存在 XML 文件中的数据格式。到这一层，已经解决了 UPnP 设备的 IP 地址和传输信息问题。

第四层是 UPnP 设备体系定义，仅仅是一个抽象的、公用的设备模型。任何 UPnP 设备都必须使用这一层。

第五层是 UPnP 论坛的各个专业委员会的设备定义层。在这个论坛中，不同电器设备由不同的专业委员会定义，例如，电视委员会只负责定义网络电视设备部分，空调器委员会只负责定义网络空调设备部分，依此类推。所有的不同类型的设备都被定义成一个专门的架构或者模板，供建立设备的时候使用。进入这一层，设备已经被指定了明确用途。当然，这些都必须遵守标准化的规范。从目前看，UPnP 已经可以支持大部分的设备，从计算机、计算机外设、移动设备到家用消费类电子设备等，无所不包，随着这个体系的普及，将可能有更多的厂家承认这一标准，最终，可能演变为公认的行业标准。

处于 UPnP 协议最顶端的是应用层，它是由 UPnP 设备制造厂商定义的部分。包括设备、服务相关的描述信息，应用层的信息由设备制造厂商来提供，这部分一般有设备厂商提供的、对设备控制和操作的底层代码等。

14.4 UPnP 工作流程

14.4.1 寻址

在因特网上的每个设备都有唯一的地址标识，UPnP 设备也不例外。地址是整个 UPnP 系统工作的基础条件，每个设备都应当是动态主机配置协议的客户端。当设备首次与网络建立连接后，利用 DHCP 服务，使设备得到一个 IP 地址。这个 IP 地址可以是 DHCP 系统指定的，也可以是由设备选择的。当局域网内没有提供 DHCP 服务时，UPnP 设备按照协议规定会从 169.254.0.0/16 地址范围获取一个局域网内唯一的 IP 地址。设备还可以使用域名，这就需要域名解析服务来处理和转换域名和 IP 地址的对应关系。

14.4.2 发现

- 有控制请求，在当前的网络中查找有无对应的可用设备。

- 某一设备接入网络、取得 IP 地址之后，就开始向网络"广播"自己已经进入网络，即寻找控制请求。

UPnP 发现设备用到的协议是简单服务发现协议（Simple Service Discovery Protocol，SSDP），说明设备是怎样向网络通知或者撤销自己可以提供的服务，控制点（Control Pointer）是如何搜索设备以及设备是如何回应搜索的。

SSDP 格式套用 HTTP1.1 的部分消息头字段，但是和 HTTP 不同，SSDP 是采用 UDP 传输的，而且 SSDP 没有消息体，就是说 SSDP 只有信头而没有信件内容。SSDP 第一个要填充的字段是起始行，说明这是个什么类型的消息。比如填"NOTIFY * HTTP/1.1/r/n"，就说明这个 SSDP 消息是个通知消息，一般设备加入网络或者离开网络都要通知，更新自己的服务后也要通知一下。别的设备看见这个消息的起始行就知道有设备状态变了，自己就打开这个消息看一下有没有需要更新的。如果填"NOTIFY * HTTP/1.1/r/n"，就要填 LOCATION 字段，填一个描述 URL，控制点可以通过这个地址来取得设备的详细信息。填"M-SEARCH * HTTP/1.1/r/n"就是要搜索了；响应别人的搜索就填"HTTP/1.1 200 OK/r/n"。

SSDP 第二个要填充的字段是目的地址 HOST。比如填上"HOST: 239.255.255.250:1900"，就是组播（multicast）搜索，这里 239.255.255.250 是组播地址，就是说这条消息会发给网络里面该组地址的设备，1900 是 SSDP 协议的端口号。如果 HOST 地址是特定地址，那这就是单播（unicast）。响应不填这个字段，它会在 ST 字段里面填响应地址(respone address)，就是发来搜索信息的设备地址，响应消息的话还会发送一个包含自己地址 URL 的字段。响应的意思就是跟发现者说：我好像是你要找的人，我的地址是 XXXX，详细情况请联系我。响应以 UDP 单播的形式进行。

14.4.3 描述

控制点想要得到一个符合 UPnP 规范的设备的更详细信息时，就需要向这个设备发布的统一资源定位符来要。返回来的东西一般是扩展性标记语言（Extensible Markup Language，XML），描述分为两部分：一个是设备描述，是 UPnP 设备的物理描述，就是说这个设备是什么；另一个是这个设备提供的服务列表以及服务描述，就是设备对应的服务描述了，就是设备可以提供哪些服务。这些设备和设备提供的服务的描述格式也是有要求的，开发商也可以自定义，只要符合 UPnP Forum 的规范。比如一个路由器设备，有三层转发、点对点功能和 QoS 功能，那么这个路由器设备就是一个根设备（root device），它下属有三层转发、点对点功能和 QoS 功能这些从设备。路由器的设备描述 XML 中会有一个设备列表，列出三层转发、点对点功能、QoS 这些子设备的基本信息及这些设备描述的 URL，以及设备的呈现 URL，这个 URL 在本地会加载一个网页，在这个网页上可以操作设备及其他拥有的服务。还会有一个服务列表，里面列出路由器设备可调用的服务基本信息及服务描述 URL。服务通过访问服务描述 URL 可以取得服务描述 XML，里面会详细介绍服务的信息，包括干什么用的，属于哪个设备，有哪些功能，每个功能调用都需要哪些参数，以及如何调用此 OpenWrt-IGD 功能等。

14.4.4　控制

在 UPnP 设备描述部分，设备描述信息里还有关于如何控制设备的描述，有一个控制 URL，这个 URL 用来告诉控制点可以向这个 URL 发送不同的控制消息以便使用来控制这个设备，当控制点向设备发出控制时，设备会返回一个信息反馈。这种控制点和设备之间的沟通信息按照简单对象访问协议(SOAP)的格式来写。SOAP 通过 HTTP 来传，现在的版本是 1.1，叫作 SOAP 1.1 UPnP 描述文件。这个描述把控制/反馈信息分成 3 种，分别是 UPnP 控制请求、UPnP 控制响应和 UPnP 控制错误响应。SOAP 协议有消息头和消息体，消息里面就可以写功能调用了。这里可能还需要传参数，比如想播放一个视频，要把视频的 URL 传过去，设备收到后要给予响应，表示能不能执行调用，出错的话会返回一个错误代码。

14.4.5　事件

在服务进行的整个时间内，只要变量值发生了变化或者模式的状态发生了改变，就产生了一个事件，该事件的服务提供者（某设备的某个服务）会把该事件向整个网络进行多播。而且，控制点也可以事先向事件服务器订阅事件信息，就像 RSS 订阅一样，保证将该控制点感兴趣的事件及时准确地单播传送过来。

　　订阅事件通常是控制点向发布者发送订阅消息，控制点也可以向消息发布者发送更新订阅消息、退订消息等请求。消息发布者向消息订阅者推送订阅。事件的订阅和推送这块用的通信协议是通用事件通知框架（General Event Notification Architecture，GENA），通过HTTP/TCP/IP 传送。GENA 的格式详细请参阅 UPnP-arch-DeviceArchitecture-v1.1，下面列出订阅过程供参考。

　　（1）订阅。发布者发送订阅消息主要包含事件 URL 和服务标识 ID 号，这两个可以在设备服务描述信息中找到，以及寄送地址。还会包含一个订阅期限。

　　（2）成功订阅。发布者收到订阅信息，如果同意订阅的话就会为每个新发布者生成一个唯一的发布者标识并记录发布者的有效时间。还会记录一个顺序增长事件关键字用来保证事件确实推送到订阅者那里。比如说有个新事件，关键字是 6，然后把这个事件推送给某个订阅者那里，订阅者那里记录的事件关键字是 4，现在收到的事件关键字是 6，他就知道他没收到关键字为 5 的事件，这样他就向发布者索要漏收的事件，从而保证双方变量值或状态的一致。

　　（3）首次推送。订阅者同意订阅之后还会向发布者发送一组初始变量或状态值，进行首次同步。

　　（4）续订。订阅者必须在订阅到期前发送续订请求进行消息续订。

　　（5）订阅到期。订阅到期后发布者会把订阅者的信息删除，订阅者又回到订阅前的状态。

　　（6）退订。订阅者发送取消订阅信息将会取消订阅。订阅者因非正常退出网络的话，则不会退订直到订阅到期。

　　（7）订阅操作失败信息。当订阅、续订和退订不能被发布者接收或者出现错误时，发布者会发送一个错误代码。

　　关于多播/组播和单播。事件的组播采用 UDP/IP，它和 SSDP 一样，就是端口号变成了 7900。图 14-1 所示的是几个协议的所处层的位置，可以清楚地看到它们之间的差别。首先关于 IP 多播，由于 TCP 只适用于一对一的通信，所以只存在 UDP 多播，多播的重点是提高网络效率，将同一数据包发送给尽可能多的可能未知的计算机。像这种对网内所有设备的频繁消息通知采用多播是为了减小网络负担。SSDP 也是一样，但是 SSDP 和多播这种采用 UDP 方式的协议存在一个问题，就是可靠性不够。解决的办法就是多次通知，但是一般不会超过 3 次，以免增加网络负担，否则就得不偿失了。像 SSDP 的话会采用定期广播宣告的方式，使用各种各样原因而没收到宣告的控制点重新获得设备宣告信息，同时也解决了 UDP 丢包的问题。前面在寻址的时候用到的 DHCP 用的是 UDP 广播。当一个新的设备加入网络时，它想要得到一个个 IP，但又不知道 DHCP 服务器的 IP 地址，所以它就在网内广播，用 255.255.255.255 地址来通知所有计算机。DHCP 服务器收到请求后会为它申请并返回一个 IP 地址。

14.4.6　表达

只要得到了设备的 URL，就可以取得该设备表达的 URL，取得该设备表达的 HTML，然后可以将此 HTML 纳入控制点的本地浏览器上。这部分还包括与用户对话的界面，以及与用户进行会话的处理。因此设备表达可以理解成遥控器。这部分定义描述界面、规范界面以及传输界面内容。远程界面是供控制点用户使用的，控制点用户通过远程界面完成设备描述的获取、控制设备、订阅收取设备事件等。

14.5　UPnP 应用之 IGD

14.5.1　IGD 框架

家庭路由器是一个家庭局域网和互联网之间的网络互联设备，路由器作为专门独立的设备实现一组 UPnP 设备和对家庭网 PC 提供服务。通常这个服务模型也针对小型企业网络。通常这些服务仅针对家庭网内的设备开放，在家庭网外通常不允许使用这些服务。图 14-2 所示的是因特网网关设备（Internet Gateway Device，IGD）在网络中的部署结构。

控制点和 UPnP 设备进行通信并控制 UPnP 设备和服务，是用户请求和设备、服务之间的桥梁。控制点可以发起对设备和服务的查询，从而得到设备和服务的属性。。

LAN 设备是路由器上一个物理局域网接口的虚拟 LAN 设备，家庭局域网通向互联网的入口，和 WAN 设备共同组成了因特网网关设备，是家庭内部侧的网络接口，所有关于因特网的业务请求都必须首先经过 LAN 设备向 WAN 设备进行转发，请求对应的响应也必须最后到达 LAN 设备。

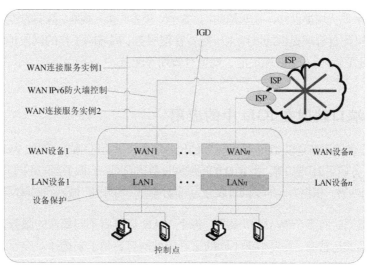

图 14-2 IGD 网络结构

WAN 设备是路由器上一个物理接口的虚拟 WAN 接口设备，互联网的对外接口，具有物理接口的任何属性配置，一个 WAN 设备至少以一种方式连接到互联网。

IGD 设备和服务结构如图 14-3 所示。

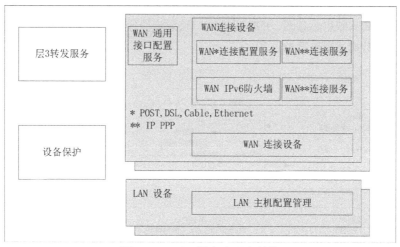

图 14-3 IGD 设备和服务结构

WAN 连接服务提供 WAN 口连接互联网的服务，连接方式可以为 IP 或者 PPP 方式。对于不同的连接方式，有相应的连接属性和管理方式。比如 IP 连接，具备 IP 三层接口的 IP 地址、掩码等属性。

WAN IPv6 防火墙提供 IPv6 防火墙的相关配置、设备的接入规则、数据的转发策略等服务。

LAN 主机配置管理提供局域网主机配置管理服务、局域网工作的网段地址、局域网提供的动态地址配置协议的 IP 地址池、地址有效期等配置。

14.5.2　端口映射在 IGD 中的应用

计算机提供的服务是以 TCP/IP 协议族的传输层端口进行区别的，例如 Web 服务使用 80 端口、FTP 服务使用 21 端口等。当 IGD 的局域网设备访问同一台服务器的不同端口服务时，就需要设置端口映射。根据方向的不同可以分为局域网到广域网和广域网到局域网的端口映射。

当路由器同时有多个 WAN 口服务，每个 WAN 口具有不同属性的服务，这些服务可以体现在不同的运营商，需要根据不同的家庭局域网客户请求来选择对应与此局域网客户端的互联网接口服务。使用地址映射功能可以将家庭局域网内的某个客户端的请求转到指定的 WAN 口服务接口，并使用该 WAN 口服务进行数据处理。

当在局域网内提供某种 Web 服务，并想让广域网的用户可以访问自己局域网的 Web 服务时，可以建立广域网到局域网的端口映射。这种情况下，广域网的用户通过访问自己的公网 IP 服务时，就相当于访问了自己局域网的 Web 服务。

IGD 设置端口映射示意图、IGD 设置端口映射流程分别如图 14-4 和图 14-5 所示。设置端口映射参数描述则见表 14-1。

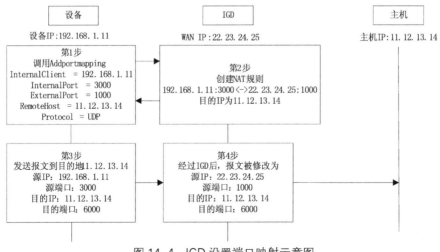

图 14-4　IGD 设置端口映射示意图

表 14-1　设置端口映射参数描述

参　　数	含　　义
NewRemoteHost	要访问的目的 IP 地址
NewExternalPort	数据包从设备出去时使用的端口
NewProtocol	数据包匹配的协议类型
NewInternalPort	数据包进入设备时使用的端口
NewInternalClient	数据包进入设备时的源 IP 地址
NewEnabled	此映射是否被启用
NewPortMappingDescription	此端口映射描述
NewLeaseDuration	映射生效时间

NewLeaseDuration 取值为 1～604800 秒

如果 NewLeaseDuration 为 0，那么默认按照 604800 处理

NewExternalPort 和 NewInternalPort 大于等于 1024

NewInternalClient 是控制点(CP)的 IP 地址

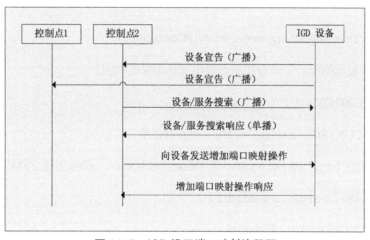

图 14-5　IGD 设置端口映射流程图

（1）设备宣告。UPnP 设备向本网络广播地址 239.255.255.250 的 1900 端口广播自己的属性：

NOTIFY * HTTP/1.1HOST: 239.255.255.250:1900

CACHE-CONTROL: max-age=10

LOCATION:http://IPADDRESS:PORT/.xml

NT: urn:schemas-UPnP-org:device:InternetGatewayDevice:1

NTS: ssdp:alive

SERVER: OS/1.0 UPnP/1.0 product/1.1

USN: uuid: 设备 UUID

（2）设备发现。控制点向本网络广播地址 239.255.255.250 的 1900 端口广播自己搜索的设备或者服务属性，由控制点发起设备搜索动作：

SEARCH * HTTP/1.1

HOST: 239.255.255.250:1900

MAN: "ssdp:discover"

MX: 6

ST: urn:schemas-UPnP-org:service:WANIPConnection:1

（3）设备发现响应。设备对控制点发出发现请求的响应：

HTTP/1.1 200 OK

CACHE-CONTROL: max-age = 7200   响应有效期

LOCATION: http://192.168.0.1:8081/IGDdescription.xml   设备描述文件路径

SERVER: OS/1.0 UPnP/1.0 product/1.1

ST: WANIPConnection   搜索目标

NTS: ssdp:alive

USN: 设备 UUID

（4）获取设备描述文件。控制点向 http://192.168.0.1:8081/IGDdescription.xml 发起获取设备描述文件请求并得到设备描述文件内容。

（5）解析设备描述文件。控制点解析 IGDdescription.xml 文件，解析到 WANDevice 设备、WANConnection 子设备以及 WANIPConnection 服务。

（6）添加端口映射请求。控制点向 WANIPConnection 服务发送 AddPortMapping 动作，用来添加端口映射，所需参数见表 14-1。

14.6　参考资料

- 《UPnP-arch-DeviceArchitecture-v2.0-20150220.pdf》。

- 《UPnP-gw-InternetGatewayDevice-v2-Device-20101210.pdf》。

- 《UPnP-gw-WANConnectionDevice-v2-Device-20100910.pdf》。

- 《UPnP-gw-WANDevice-v2-Device-20100910.pdf》。

- 《UPnP-gw-WANIPConnection-v2-Service-20100910.pdf》。

第 **15** 章
网络测试及分析工具

15.1　NetCat

NetCat 是一个是用于 TCP/UDP 连接和监听的 Linux 工具，是网络传输及调试领域的"瑞士军刀"，比喻其功能强大。NetCat 既可以作为客户端，也可以作为服务器，它可以是一个功能丰富的网络调试和开发工具，也可以自由组织报文进行测试。例如 OpenSIPS 软件使用 NetCat 工具进行功能测试。

NetCat 可以打开 TCP 连接，发送 UDP 报文，监听在 TCP 和 UDP 端口，以及 TCP 端口扫描，而且脚本对用户友好，错误消息输出到屏幕上。

NetCat 最简单的使用方法是作为 TCP 客户/服务器模型的服务器来使用，它能够监听任意指定的端口，并将客户端的请求内容输出到标准输出（即屏幕）中，还可以将输入发送到客户端。命令如下：

```
netcat -l 8080
```

现在 NetCat 将在 8080 端口监听来接受客户端的连接。我们在另外一个窗口来启动客户端打开连接：

```
netcat 127.0.0.1 8080
```

这将建立和 NetCat 服务器的 TCP 连接，服务器的 IP 为 127.0.0.1，端口为 8080，这时你从命令行终端中输入的任何内容都会被发送到指定的目的主机（127.0.0.1）上，任何通过连接返回来的信息都被输出到标准输出上。这个连接会一直持续下去，至到连接两端的程序关闭连接。其实 NetCat 本身进行网络传输时并不关心自己是以"客户端"模式还是

"服务器"模式运行，因为不管是哪种模式它都会来回运送全部数据。区别在于服务器模式需要首先启动，等待客户机的连接。主要支持功能如下：

- 支持客户端和服务器。

- 支持连出和连入，TCP 和 UDP 以及任意源和目的端口。

- 内建端口扫描功能，带有随机数发生器。

- 支持设定 tos 等。

注意： 有两个版本的 NetCat 工具，功能有少许差异。OpenWrt 使用的是 GNU/NetCat0.7.1 对应 ubuntu 下的 nc.traditional 版。另外一个是 OpenBSD/NetCat，没有最重要远程执行命令的 "-e" 选项。

在 make menuconfig 时，选择 NetWork => NetCat，即可编译出来 NetCat 软件包。

NetCat 的工作原理就是从网络的一端读入数据，然后输出到网络的另一端，它可以使用 TCP 或 UDP 协议。它的名字起源于 "cat"，cat 软件的功能是读出文件的内容，然后将文件内容输出到屏幕上。加上 net，就是它可以从文件或网络的一端读取数据，原封不动地将数据发送到另外一台主机或文件中。NetCat 经常缩写为 nc，我们下面来举例说明几种常见用法。

（1）作为客户端。这是最简单的使用方式，例如输入 "nc www.baidu.com 80" 在提示内容输入以下内容，然后再输入两个回车，百度即会对请求做出响应。百度的响应码为 302，表示这里没有内容，暂时转移到别处了。如示例 15-1 所示。

示例 15-1：

```
#>nc www.baidu.com 80
GET  /  HTTP/1.1

HTTP/1.1 302 Moved Temporarily
Date: Tue, 19 Jan 2016 12:06:41 GMT
Content-Type: text/html
Content-Length: 215
Connection: Keep-Alive
Location: http://www.baidu.com/search/error.html
```

```
Server: BWS/1.1
X-UA-Compatible: IE=Edge,chrome=1
BDPAGETYPE: 3
Set-Cookie: BDSVRTM=0; path=/

<html>
<head><title>302 Found</title></head>
<body bgcolor="white">
<center><h1>302 Found</h1></center>
<hr><center>pr-nginx_1-0-258_BRANCH Branch
Time : Mon Jan 18 21:04:41 CST 2016</center>
</body>
</html>
```

（2）作为服务器。如示例 15-2 所示，启动 netcat 命令 netcat -l -p 8080，这里"-l"参数指明 NetCat 处于监听模式，"-p"指定源端口号。假设这台主机 IP 地址为 192.168.6.1，然后从客户端的火狐浏览器输入 http://192.168.6.1:8080。这样浏览器将会将 HTTP 请求发往 NetCat 所监听的 8080 端口，NetCat 会收到浏览器的请求，并全部输出到屏幕上。在防火墙测试时，可以在服务器启动任意端口来测试防火墙是否生效。

示例 15-2：

```
#>netcat -l -p 8080
GET / HTTP/1.1
Host: 192.168.6.1:8080
User-Agent: Mozilla/5.0 (X11; Ubuntu; Linux i686; rv:35.0) Gecko/20100101
Firefox/35.0
Accept: text/html,application/xhtml+xml,application/xml;q=0.9,*/
*;q=0.8
Accept-Language: en-US,en;q=0.5
Accept-Encoding: gzip, deflate
Connection: keep-alive
```

（3）使用 NetCat 进行文件传输。如果研发设备机器上没有 ftp/scp 等文件传输工具，那如何将设备中的日志文件复制出来，以及可执行程序复制进去？可以使用 NetCat 来传输文件，如示例 15-3 所示，研发机器 A 启动服务器进程，并将 aa.pcap 文件传递到 NC 标准输入中，另外的机器 B 执行客户端命令连接服务器，并将命令的标准输出写到文件 bb.pcap 中，执行完成之后将自动退出进程。传输完成后使用 MD5sum 工具计算传输文件的 MD5 码是否一致，如果一致表示传送成功。

示例 15-3:

```
# 研发测试机 Alice, IP 192.168.6.10
#>nc -l -p 8899 < aa.pcap

# 另外一机器 Bob 执行命令
#>nc 192.168.6.10 8899 > bb.pcap
```

（4）使用 NetCat 来进行端口扫描。端口扫描是探测主机服务的流行方法，经常使用的软件是 nmap。NetCat 也支持端口扫描。在 NetCat 的命令行中，使用 "-z" 来指定端口扫描。首先指定选项参数，接着是主机或 IP 地址，最后是服务器端口。端口可以是一些服务名、端口号或者是一个端口范围（例如 N-M）。如示例 15-4 所示，对本机端口进行扫描，发现打开的端口有 3 个，分别为 22 端口启动 SSH 登录协议、53 端口启动 DNS 代理服务、80 端口启动 HTTP 服务。

示例 15-4:

```
#>nc -v -z  -r -i 1 127.0.0.1 20-100
localhost [127.0.0.1] 22 open
localhost [127.0.0.1] 80 (www) open
localhost [127.0.0.1] 53 (domain) open
```

以上命令用来扫描目标主机的 20 ~ 100（两端包含）端口，"-v" 显示详细信息，如不指定将不会在屏幕输出中报告打开的端口；"-z" 表示仅连接不发送任何数据；"-i" 用以指明连接多个端口时，两个端口建立连接的时间间隔。通常情况下，扫描按从低到高的顺序依次扫描指定的端口，使用 "-r" 参数可以让 NetCat 在指定的端口范围内无序地扫描端口，这样可以防止某些防火墙发现端口扫描。

UDP 报文传输时不创建连接，因此 NetCat 不能判断 UDP 服务扫描是否成功，也就是说它不能用于 UDP 端口扫描。

（5）使用 NetCat 来进行 UDP 报文传输。例如开源的 SIP 服务器项目 OpenSIPS 使用 NetCat 进行模拟客户端进行测试。在它的测试脚本 11.sh 中，包含有如示例 15-5 所示的命令脚本。

示例 15-5：

```
# register a user
cat register.sip | nc -q 1 -u localhost 5060 > /dev/null
```

该命令将当前目录的文本文件 register.sip 文件输出，并使用管道符号"|"将内容作为 NC 的标准输入。"-q 1"表示发送完成后等待 1 秒后退出。"-u"表示指定使用 UDP 协议来发送报文。localhost 表示目标地址为 127.0.0.1，5060 为 OpenSIPS 服务器使用的 UDP 监听端口，最后将标准输出重定向到"/dev/null"中。整个命令就是向服务器发起 SIP 注册请求。

（6）使用 NetCat 来提供网络登录服务。NetCat 的强大之处，是可以启动程序来提供远程登录的服务，这样可以提供任何远程操控服务。其主要原理为将远程输入内容通过管道定向到 shell 进程，然后 shell 进程的输出发送到远程机器上。如示例 15-6 所示，在 TCP 端口 1234 处监听，客户端即可通过 NetCat 登录到服务器上。

示例 15-6：

```
#路由器执行命令：
#>nc -l -p 1234 -e /bin/sh

#客户端主机执行命令，这样将连接的服务器，这时可以执行服务器任何命令。
#>nc 192.168.6.1 1234
```

以下为主要选项：

- -l：监听模式，通过该选项 NetCat 将在自己的端口处监听。NetCat 以服务器模式运行，任何客户端软件均可连接到该服务器上。需要使用"-p"指定绑定端口。

- -u：默认使用 TCP，使用该选项将使用 UDP 来通信。

- -p：指定通信源端口号。OpenBSD 版作为服务器不需要使用"-p"指定。作为客户端可以不指定源端口，但一些特殊场景，例如在测试防火墙对源端口的处理时，经常会指定源端口。

- -s source_ip_address：指定用于发送报文的源 IP 地址，在主机有多个接口地址时使用。

- -e, --exec=PROGRAM：在连接成功后执行程序。

- -z：指定 NC 扫描打开的服务，但并不发送任何数据。必须指定服务器地址和端口号或端口号范围，扫描的结果以程序返回值形式查看，如果需要扫描的详细信息需要增加 "-v" 选项。

- -q seconds：在输入结束后等待指定的时间后退出，如果为负值则永远不退出。

- -T tos：设置报文的 tos 标识。

更多命令选项请参考 NetCat 用户手册。

15.2 TcpDump

在进行网络应用程序开发时，如果多人合作开大型软件包括服务器端和客户端软件，并运行在特定网络上，经常会遇到一些网络上的问题，这些可能是服务器、客户端或者真正的网络线路问题，经常会相互争论到底是哪一部分出了问题。程序员通常会自信地怀疑对方的功能出了问题。

例如我曾经遇到的一个问题是防火墙上报访问 URL 地址到日志服务器，经常会有少量报文丢失情况。这时抓包软件 TcpDump 就派上了用场。TcpDump 简单来说就是输出网络上的数据报文。可以根据使用者的选择来对网络上的数据报文进行截获并进行分析。可以根据网络协议、物理接口、IP 地址和端口号等各种条件进行过滤，还可以对捕获报文大小进行控制，等等。

15.2.1 抓取报文

最简单的开始捕获报文的方法是直接使用 TcpDump 并指定捕获的网卡名称即可。

```
tcpdump -i eth0
```

可以使用组合键 Ctrl+C 来结束运行中的捕获程序。另外如果设置了触发停止的条件，捕获达到条件时会自动停止，例如设置到达指定数量的数据包来停止捕获。TcpDump 的可视化输出功能有限，通常是捕获报文并保存下来，然后使用图形用户界面软件 wireshark

来分析。使用"-w"选项来指定文件名即可将报文保存下来。例如以下命令：

```
tcpdump -i eth0 -s 1500  -w aaa0326.cap
```

这个命令将捕获网卡 eth0 端口的所有报文，报文最大长度为 1500 字节，并保存为 aaa0326. cap 文件。

TcpDump 有很多参数来控制在哪里捕获、如何捕获，以及捕获文件如何保存处理等选项，表 15-1 列出了 TcpDump 的常用选项。

表 15-1　TcpDump 的常用选项

选　　项	含　　义
-i \<interface>	指定监听的物理网卡接口
-s	指定每个报文中截取的数据长度
-w \<filename>	把原始报文保存到文件中
-c	当收到指定报文个数后退出，可当作软件执行结束的条件
-n	不要将 IP 地址和端口号进行转换，进行转换会耗费 CPU 时间
-G \<rotate_seconds>	每隔指定的时间，将捕获的报文循环保存为新文件
-D	输出 TcpDump 可以捕获的接口列表，包含接口编号和接口名称
-v	当解析和打印时，输出详细的信息，例如报文的生存时间 TTL、ID 等 IP 报文选项

最常用的选项是"-i"，它被用来指定监听网卡物理接口，因为现代计算机通常有多个接口设备，如果不指定接口，TcpDump 将在系统的所有接口列表中寻找编号最小的、已经配置为启动的接口（回环接口除外）。接口可以指定为"any"，表示捕获所有接口的报文。捕获所有接口设备的报文时不能捕获到混杂模式的报文。例如路由器通常至少有两个接口，eth0 连接互联网，eth1 连接局域网，如果你想捕获到达互联网的数据，你可以指定 eth0 接口。

常用的选项还有"-s"，用于指定从每个报文中截取指定字节的数据，而不是缺省的 68 字节。如果你仅仅对报头感兴趣，就可以不使用该选项，指定为 0 说明不限制报文长度，而是捕获整个报文。一般以太网接口的 MTU 值为 1500，因此指定长度为 1500 即可。

通常我们不在命令行进行分析，因为其输出格式有限，我们将抓包保存下来使用 wireshark 来分析，这时就用到"-w"选项，直接将原始报文保存到文件中，如果文件参数为"-"，就写到标准输出中。

每隔指定的时间将捕获的报文循环保存为新文件，这个需要使用"-G"选项。这一参数需要和"-w"参数配合使用，并指定时间格式才能循环保存为文件，否则将覆盖之前捕获的文件。常用的时间格式有以下几种。

- %d：每月中的第几天，十进制数字从 01 到 31。

- %H：表示当前的小时时间，十进制数字从 00 到 23。

- %M：表示当前的分钟时间，十进制数字从 00 到 59。

- %S：表示当前的秒时间，十进制的 00 到 60。

"-p"禁止本命令把接口修改为混杂模式。这样将仅抓取和本机通信的报文。注意接口有可能因其他原因而处于混杂模式。

"-r"从文件中读取报文（文件是由"-w"选项抓包创建的）。

例 1 tcpdump -i eth0 -s 1500 -G 60 -w zhang%H%M%S.pcap

这个命令指定抓取 eth0 接口的报文，每一个报文长度限制在 1500 字节以内。指定每间隔 60 秒时间就保存一个文件。文件名称格式为 zhang 开头，紧接着是抓取报文的开始时间时分秒，这样可以保存下来便于分析。

例 2 tcpdump -i eth0 -n –vv -c 500

这个命令抓取 eth0 接口的全部报文并输出到屏幕中，不进行地址到域名的转换，并在抓取报文到达 500 个之后退出。通常会在命令行中加上"-n"选项，这样将减少 TcpDump 的域名查询的输出对分析的干扰。

15.2.2 匹配规则

在抓包的过程中，如果不指定匹配规则，网络流量比较大时经常有一些无关的报文也被抓取下来，这样报文占用空间比较大，在智能路由器这样的嵌入式平台存储空间经常不足，因此需要能仅抓取指定规则条件的报文。TcpDump 支持根据匹配规则来抓取报文。这些匹配规则就是一些组合起来的表达式，只有符合表达式要求的报文才会被抓取到。

表达式由一个或多个基本元素加上连接符组成，这些基本元素也称原语，是指不可分割的最小单元。基本元素由一个 ID 和一个或多个修饰符组成，有 3 种不同类型的修饰符。

第 1 种是类型修饰符，共 4 个类型修饰符，分别为 host、net、port 和 portrange。host 修饰符用于指定需要捕获报文的主机或 IP 地址。net 修饰符用于指定需要捕获报文的子网。port 和 portrange 这两个修饰符则分别用于指定端口和端口范围，这两个修饰符是指传输层协议 TCP 和 UDP 的端口号。

第 2 种是传输方向修饰符，包括 src 和 dst。如果没有指明方向则任何方向均匹配。例如 dst 8.8.8.8 表示匹配目的地址为 8.8.8.8。如果你想匹配离开指定机器的报文，可以使用 src 限定符，例如 src 192.168.6.100，如果不指定类型，则是指 host 类型。传输方向修饰符不仅可以修饰地址，也可以用来修饰传输端口。下面例子是仅捕获目标端口为 80 的报文。

```
tcpdump -i eth0 'dst port 80' -v
```

如果我们为服务器，有很多用户访问，那我们可以限定仅捕获指定源 IP 的报文。例如我们是一个 VOIP 服务器，我们可以使用以下命令抓取报文：

```
tcpdump -i eth0 'port 5060 and src 192.168.6.100 ' -v
```

第 3 种是协议修饰符，可以基于特定协议来进行过滤，可以是 IP、ARP、RARP、ICMP、TCP 和 UDP 等协议类型，例如 tcp port 21、udp port 5060 等。

另外这些原语可以使用 and、or 和 not 来进行集合运算组合。集合运算符含义如下。

- and：也可以写为 "&&"，取两个集合的交集。

- or：也可以写为 "||"，取两个集合的并集。

- not：也可以写为 "!"，所修饰的集合取补集。

所有的报文集合是全集，可以进行交、并和补集运算。在多个层次的集合运算时，可以使用小括号来分隔其集合运算符的结合关系。

例如 "host bjbook.net and port http"，表示满足两者的交集，即符合主机 bibook.net 的流量并且端口为 80 的报文。这些所有关键字可以组合起来构成强大的组合条件来满足各种匹配规则的需要，表 15-2 列出了一些常用的表达式。

表 15-2 TcpDump 报文过滤表达式

表 达 式	含 义
host bjbook.net	捕获和主机 bjbook.net 交互的数据包，包含到达和来源的报文
net 191.0.0.0/24	捕获指定网段 191.0.0.0/24 范围内的数据包
port 20	捕获指定端口 20 的数据包，指定 TCP 或 UDP 协议端口匹配，端口号可以是数字也可以是一个名称，这个名称在/etc/services 文件中和端口号数字相对应，例如 port http 则匹配 80 端口的所有流量，包括 TCP 和 UDP 80 端口的流量
portrange 8000-8080	捕获端口范围 8000～8080 的数据包
dst port 80	捕获目的端口为 80 的报文，包含 UDP 和 TCP 报文，dst 指明报文的方向，也可以修饰主机名和 IP 地址
src 192.168.6.100	捕获源 IP 为 192.168.6.100 的报文，src 也可以修饰传输层端口号
ip multicast	IPv4 组播报文，即目标地址为组播地址的报文
arp	只捕获 ARP 协议报文，不包含 IP 报文
ip	捕获 IP 协议报文，不包含 ARP 等协议报文
tcp	指定 TCP 协议
udp	指定 UDP 协议
udp port 53	指定 UDP 协议并且端口为 53，即是 DNS 协议的报文
port 5060 or port 53	指定端口为 5060 或端口为 53 的报文，这在使用 IP 电话时经常用到
not host bjbook.net	所有非主机 bjbook.net 的报文
port 5060 and (host 192.168.6.100 or 192.168.6.102)	端口 5060 的报文，并且满足 IP 地址是 192.168.6.100 或 192.168.6.102，使用括号来改变结合的优先级

例 1 tcpdump udp and port 53 -v

只抓取 UDP 端口 53 的报文，即只捕获 DNS 协议报文，然后输出到标准输出终端中。

例 2 tcpdump -i eth0 -s0 -w zhang.pcap host 10.0.2.15

在网卡 eth0 上抓取报文，报文的 IP 地址是 10.0.2.15，并且不限制报文长度，将报文的全部内容保存下来到 zhang.pcap 这个文件中。

15.2.3 使用举例

通常我们在路由器上使用 TcpDump 抓取报文，将报文传输下来后使用图形软件 wireshark 来分析报文。在路由器上使用需要安装 TcpDump 软件，我们使用以下命令来安装：

```
opkg update
opkg install tcpdump
```

例如我曾经碰到一个问题是，在系统启动时，ARP 协议来请求目标 IP 地址的 MAC 地址，但这个 IP 地址并非和本地机器同网段，这在网关机器带有 ARP 代理情况下工作正常，但是如果下一跳路由器没有 ARP 代理，就会因为没有目标 IP 的 MAC 响应而通信失败。我们在启动时就可以仅抓取 ARP 协议、TFTP 协议、DNS 协议及 ICMP 协议。

```
tcpdump -i eth0 -w aaa.pcap port 59 or port 53 or port 80 or arp or icmp
```

该命令将抓取 TFTP 协议、DNS 协议、HTTP 协议、ARP 协议和 ICMP 协议的报文。

15.3 参考资料

- OpenSIPS（http://opensips.org/pub/opensips/2.1.2/opensips-2.1.2.tar.gz [2016-01-19]）。

- 你应该知道的 UNIX 工具系列（NetCat http://www.catonmat.net/blog/unix-utilities-netcat/）。

- TcpDump 手册（http://www.tcpdump.org/manpages/tcpdump.1.html [2016-7-20]）。

- PCAP-FILTER 使用手册（http://www.tcpdump.org/manpages/pcap-filter.7.html [2016-7-20]）。

欢迎来到异步社区！

异步社区的来历

异步社区（www.epubit.com.cn）是人民邮电出版社旗下 IT 专业图书旗舰社区，于 2015 年 8 月上线运营。

异步社区依托于人民邮电出版社 20 余年的 IT 专业优质出版资源和编辑策划团队，打造传统出版与电子出版和自出版结合、纸质书与电子书结合、传统印刷与 POD 按需印刷结合的出版平台，提供最新技术资讯，为作者和读者打造交流互动的平台。

社区里都有什么？

购买图书

我们出版的图书涵盖主流 IT 技术，在编程语言、Web 技术、数据科学等领域有众多经典畅销图书。社区现已上线图书 1000 余种，电子书 400 多种，部分新书实现纸书、电子书同步出版。我们还会定期发布新书书讯。

下载资源

社区内提供随书附赠的资源，如书中的案例或程序源代码。
另外，社区还提供了大量的免费电子书，只要注册成为社区用户就可以免费下载。

与作译者互动

很多图书的作译者已经入驻社区，您可以关注他们，咨询技术问题；可以阅读不断更新的技术文章，听作译者和编辑畅聊好书背后有趣的故事；还可以参与社区的作者访谈栏目，向您关注的作者提出采访题目。

灵活优惠的购书

您可以方便地下单购买纸质图书或电子图书，纸质图书直接从人民邮电出版社书库发货，电子书提供多种阅读格式。

对于重磅新书，社区提供预售和新书首发服务，用户可以第一时间买到心仪的新书。

用户帐户中的积分可以用于购书优惠。100 积分 =1 元，购买图书时，在 使用积分 里填入可使用的积分数值，即可扣减相应金额。

纸电图书组合购买

社区独家提供纸质图书和电子书组合购买方式，价格优惠，一次购买，多种阅读选择。

社区里还可以做什么？

提交勘误

您可以在图书页面下方提交勘误，每条勘误被确认后可以获得 100 积分。热心勘误的读者还有机会参与书稿的审校和翻译工作。

写作

社区提供基于 Markdown 的写作环境，喜欢写作的您可以在此一试身手，在社区里分享您的技术心得和读书体会，更可以体验自出版的乐趣，轻松实现出版的梦想。

如果成为社区认证作译者，还可以享受异步社区提供的作者专享特色服务。

会议活动早知道

您可以掌握 IT 圈的技术会议资讯，更有机会免费获赠大会门票。

加入异步

扫描任意二维码都能找到我们：

| 异步社区 | 微信服务号 | 微信订阅号 | 官方微博 | QQ 群：368449889 |

社区网址：www.epubit.com.cn

投稿 & 咨询：contact@epubit.com.cn